全国高等院校计算机基础教育研究会

"2016年度计算机基础教学改革课题"立项项目

大学计算机基础

主 编◎张 磊 王志海

参 编◎王全新 刘 音 刘 潇
付婷婷 王 兰 张晓芳

北京邮电大学出版社

www.buptpress.com

内 容 简 介

本书以数据、信息及计算机运行原理为基础，通过介绍计算机前沿应用领域，培养大学生的数据思维、计算思维能力。全书共分为8个部分，分别涉及信息与数据、计算机运行原理、计算机软件、计算机组成结构、数据管理、人工智能、物联网、虚拟现实等方面的内容。

本书既可作为高等院校非计算机专业大学计算机基础课程的教材，也可供相关从业人员学习参考。

图书在版编目(CIP)数据

大学计算机基础 / 张磊，王志海主编 . -- 北京 ：北京邮电大学出版社，2016.8

ISBN 978-7-5635-4899-6

Ⅰ. ①大… Ⅱ. ①张… ②王… Ⅲ. ①电子计算机－高等学校－教材 Ⅳ. ①TP3

中国版本图书馆 CIP 数据核字（2016）第 192828 号

书　　名：大学计算机基础
主　　编：张　磊　王志海
责任编辑：王丹丹
出版发行：北京邮电大学出版社
社　　址：北京市海淀区西土城路 10 号（邮编：100876）
发 行 部：电话：010-62282185　传真：010-62283578
E-mail：publish@bupt. edu. cn
经　　销：各地新华书店
印　　刷：北京通州皇家印刷厂
开　　本：787 mm×1 092 mm　1/16
印　　张：13
字　　数：319 千字
印　　数：1—4 000 册
版　　次：2016 年 8 月第 1 版　2016 年 8 月第 1 次印刷

ISBN 978-7-5635-4899-6　　定　价：26.00 元

前　言

随着21世纪的到来，人类已步入信息社会，信息产业正成为全球经济的主要产业。计算机技术已经成为推动社会发展的主要动力，每个行业都与计算机产生了紧密的联系。

大学计算机作为大学本科的一门公共基础课，主要目的是掌握计算机应用的能力以及在应用计算机过程中自然形成的包括计算思维意识在内的科学思维意识，以满足社会就业需要、专业需要与专业人才培养的需要。

数据是计算机处理的主要对象，而信息是数据的内涵，对领域信息的发现和处理是解决专业问题的重要方面。因此，培养学生的信息意识对使用计算机进行问题求解有很大帮助。本教材共分为8章，分别为信息与数据、计算机运行原理、计算机软件、计算机组成结构、数据管理、人工智能、物联网、虚拟现实等方面的内容。以信息与数据的基本知识为导入，培养学生数据思维意识，通过对计算机运行原理的介绍，使学生了解计算机处理数据的方式及特点，以计算机前沿技术应用以及程序基本原理为基础，结合所学专业特点，培养问题求解的能力，进而提高学生的计算思维。

本教材由担任计算机基础教学工作的教师结合多年的教学经验进行编写。其中，张磊负责第1章和第2章的编写并对全书进行统稿；王志海教授对本书进行了审稿；王全新负责第3章的编写；刘音负责第4章的编写；刘潇负责第5章的编写；付婷婷负责第6章的编写；王兰负责第7章的编写；张晓芳负责第8章的编写。

本教材得到全国高等院校计算机基础教育研究会2016年度计算机基础教学改革课题支持。

由于编者的能力和水平有限，书中难免出现不妥之处，敬请阅读本书的老师、同学和读者指正。

编　者

2016年7月

目　录

第1章　信息与计算

在21世纪的今天，信息技术的应用引起人们生产方式、生活方式乃至思想观念的巨大变化，推动了人类社会的发展和文明的进步。信息已经成为社会发展的重要战略资源和决策资源，信息化水平已经成为衡量一个国家的现代化程度和综合国力的重要标志。计算技术是信息技术发展的主要动力，计算机及相关技术加快了信息化社会的进程。

本章主要介绍信息与数据、信息的特征、信息处理与信息技术以及信息化社会法律意识和道德规范。

1.1　信息与数据

人类是通过信息认识各种事物，借助信息的交流进行人与人之间的沟通，使人们能够互相协作，从而推动社会的进步，生物和机器之间为了能够相互协作也需要信息通信。为了将信息表示出来，便于传递、存储等操作，通过数据的形式对信息进行表示。

1.1.1　信息

什么是信息(Information)？“信息”一次来源于拉丁文“information”，并且在英文、法文、德文、西班牙文中同字，在俄语、南斯拉夫语中同音，表明了它在世界范围内的广泛性。1948年，美国数学家、信息论创始人香农(Claude Elwood Shannon)在题为《通讯的数学理论》的论文中指出：“信息是用来消除随机不定性的东西”；1948年，美国著名数学家、控制论的创始人维纳(Norbert Wiener)在《控制论》一书中指出：“信息就是信息，既非物质，也非能量”。狭义的信息论将信息定义为“两次不定性之差”，即指人们获得信息前后对事物认识的差别；广义信息论认为，信息是指主题(人、生物或机器)与外部客体(环境、其他人、生物或机器)之间相互联系的一种形式，是主体与课题之间的一切有用的消息或知识。我们认为：信息是通过某些介质向人们(或系统)提供关于现实世界新的知识，它来源于数据且不随载体变化而变化，它具有客观性、适用性、传输性和共享性的特点。

信息是人们表示一定意义的符号的集合，是客观存在的一切事物通过物资载体所发生的消息、情报和信号中所包含的一切可传递和交换的内容，如数字、文字、表格、图形、图像、动画和声音等。

信息是客观事物运动状态和存在方式的反映，主要具有如下一些特征。

(1) 信息无处不在

无论是自然界还是人类社会，对客观物质世界间接和概括反映的人类思维都处于永恒的运动之中，因而信息是普遍存在的。由于宇宙间的事物是无限丰富的，所以它们所产生的信息也必然是无限的。客观世界的一切事物都在不断地运动变化着，并表现出不同的特征和差异，这些特征变化就是客观事实，并通过各种各样的信息反映出来。从有人类以来，人们就一直在利用客观存在的大自然中无穷无尽的信息资源。读书、看报可以获得信息，与朋友和同学交谈、看电视、听广播也可以获得信息。在接受大量信息的同时，人们自己也在不断地传递信息。事实上，打电话、写信、发电子邮件，甚至自己的表情或一言一行都是在传递信息。信息就像空气一样，虽然可能看不见摸不着，但它却不停地在人们身边流动，为人们服务。人们需要信息、研究信息，人类生存一时一刻都离不开信息。

(2) 信息的可传递性和共享性

信息无论在空间上还是时间上都具有可传递性和可共享性。例如，人们可以通过多种渠道、采用多种方式来传递信息，这就是信息的可传递性。人们可以依赖语言、文字、表情或动作来进行信息的传递，对于公众信息的传递则可以通过报纸、杂志、文件等实现。随着现在通信技术的发展，信息传递可以通过电话、电报、广播、通信卫星、计算机网络等手段实现。在信息传递的过程中，信息发出后，其自身信息量并不减少，而同一信息可供给多个接受者。这也是信息区别于物质的另一个重要特征，即信息的可共享性。例如，教师授课、专家报告、新闻广播、电视和网站等都是典型的信息共享的实例。

(3) 信息必须依附于载体

信息是事物运动的状态和方式而不是事物本身，因此，它不能独立存在，必须借助某种符号才能表现出来，而这些符号又必须依附于某种物体上。

同一信息的载体是可以变换的。例如，选举某位同学担任班长，表示“同意”这一信息，在不同的场合，可以用举手、鼓掌、在选票上该同学的名字前画圈等多种方式实现。显然，信息的表示符号和物质载体可以变换，但任何信息都不能脱离开具体的符号及其物质载体而单独存在。所以说，没有物质载体，信息就不能存储和传播。人类出来运动大脑进行信息存储外，还要运用语言、文字、图像、符号等记载信息。如果要使信息长期保存下来，就必须利用纸张、胶卷、磁盘等物体作为信息的载体加以存储，再通过电视、收音机、计算机网络等信息媒体进行传播。

(4) 信息的可处理性

信息是可以加工处理的，既可以被编辑、压缩、存储及其有序化，也可以由一种状态转换为另一种状态。在使用过程中，经过综合、分析等处理，原有信息可以实现增值，也可以更有效地服务于不同的人群或不同的领域。例如，新生入学时的“学生登记表”内容包括学生编号、姓名、性别、出生日期、民族、家庭住址、学习经历、家庭主要成员、身体状态、邮政编码等信息。这些信息经过选择、重组、分析、统计可以分别为学生处、图书馆、医疗室、教务处以及财务处等部门使用。

信息的作用主要体现在如下 5 个方面。

(1) 信息是人类认识客观世界及其发展规律的基础

信息是客观事物及其运动状态的反映，是揭示客观事物发展规律的重要途径。在客观世界里，到处充满着各种各样的信息，人类的感觉器官和思维器官接收这些信息，并通过思维器官对收集到的信息进行识别、筛选、提炼、存储等，从而形成不同层次的感性认识和理性认识。

(2) 信息是社会发展进程中的重要资源

在人类社会的发展进程中，物质、能源及信息是构成客观世界的 3 个要素，是维护社会生产和经济发展的重要资源，而信息资源在信息化社会中更具有特别重要的意义。人类借助于对信息资源的开发和利用来实现对其他各种资源的有效获取和使用，信息资源在推动社会发展、促进人类社会进步等方面发挥着日益重要的作用。

(3) 信息是科学技术转化为生产力的桥梁和工具

回顾人类历史发展的过程，从初级社会到高级文明社会经历了5000多年，而人类社会的近代文明史只有几百年，其根本原因是近300年来科学技术作为生产力发挥了关键的作用，造就了人类的近代文明。然而，科学研究成果、技术上的创新作为推动社会前进的直接生产力是需要转化的，而转化的桥梁或工具就是人们所要掌握的信息。纵观现代工业文明，信息无时无刻不在发挥着传播知识成果、继承和发扬人类文明的桥梁和工具作用。如果没有观察和实验数据、研究报告、书刊资料、电子信息、不断扩充和增长的知识，就没有当今的文明社会，而这一切恰恰都来源于信息。这些信息既体现着科学技术自身，也是传播和推广科学技术，使其转化为生产力的工具和手段。

(4) 信息是管理和决策的主要参考依据

从广义上讲，任何管理系统都是一个信息输入、处理、输出及反馈的系统。因为管理者首先要根据被管理对象的基本情况，制订出相应的对策，进而实施管理。更确切地说，对于任何系统，要实现有效的管理，就必须及时获取、传输、生产和反馈足够的信息。只有以信息为基础，管理才能驱动系统的运行；只有掌握足够的信息，才能保证管理功能的充分发挥。

(5) 信息是国民经济建设和发展的保障

信息作为一种重要的资源已经得到社会的广泛认可。信息可以创造财富，通过直接或间接参与生产经营活动，为国民经济从建设发挥重要的作用。

作为一种知识性产品，信息的价值是无法直接计算的，但它的经济效益却是实实在在的。一条适时、正确的信息，可以带来一种新产品；信息的交流可以鼓舞人心、鼓励竞争、消除垄断，使不同的企业或工程得到相互促进的发展；市场信息可以提高经济生产的协调性；技术经济信息可以有利于产品的更新换代和质量的提高，促进技术的进步和生产的发展。

在发达国家，信息经济正迅速发展成为指导现代经济的主题，并且对世界各国的经济发展产生了重大的影响和推动作用。近几年来，我过信息产业的发展异常迅速，信息经济产值的快速增长已很好地证明了信息在经济发展中所起到的巨大作用。

1.1.2　数据

数据是反映客观事物存在形式和运动状态的记录，是信息的载体。数据表现信息的形式是多种多样的，可以是符号、声音、图像等可以被识别的内容。

要严格地区分信息和数据并不十分容易。通俗地认为，数据是客观存在的事实、概念或指令的一种可供加工处理的特殊表达形式，而信息强调的是对人有用的数据，这些数据将影响到人们的行为和决策。

信息与数据既有区别，又有联系。数据是定性、定量描述某一目标的原始资料，包括文字、数字、符号、语言、图像、影像等，它具有可识别性、可存储性、可扩充性、可压缩性、可传递性及可转换性等特点。信息与数据是不可分离的，信息来源于数据，数据是信息的载体。数据是客观对象的表示，而信息则是数据中包含的意义，是数据的内容和解释。对数据进行处理(运算、排序、编码、分类、增强等)就是为了得到数据中包含的信息。数据包含原始事实，信息是数据处理的结果,是将数据处理成有意义的和有用的形式。

单纯的数据不能够确定信息的内容,需要通过数据所产生以及应用的环境才能够表示准确的含义。例如,数字“60”,在成绩单上是课程成绩,在体检表上出现时,可能就是体重了。再如,“骑白马的不一定是王子,还有可能是唐僧。”可见,数据需要通过具体应用环境才可反映信息的内容。

1.1.3 信息的分类

信息无处不在,不仅人与人之间需要通过信息交流,物与人、物与物之间也存在信息传递。为了更好地理解信息,可以对其进行以下分类。

(1) 自然信息。它包括宏观动力学信息、热力学信息、结构信息、性能信息、规律信息以及自然常数和比例关系信息等。其中宏观动力学信息:指一个宏观物体的运动速度、动能、动量等;热力学信息:指一个含有大量分子的系统的组分、每个组分的摩尔数,以及热力学函数、物理化学常数等;结构信息:指事物的静态和动态,事物的界定、特征、分类信息,分子的转动、振动、电子运动、原子核运动、电子自旋、核自旋等;性能信息:指物质的物理和化学性质,如光、电、磁性质,力学性质,化学反应速率、方向性、反应机理,催化性质,生物和生理活性等;规律信息:指自然界发展演化的规律;自然常数和比例关系信息:指如正反电荷相等、正反粒子相等、中子和质子的质量近乎相等。上述类型都在表明,信息主要是一种物质的特征取值。

(2) 生物信息。生物带有大量的信息,而且这些信息在进化发展着。生物信息包括遗传信息、神经—激素信息、代谢信息、人脑信息等许多内容。例如,基因信息(Gene Information)是存储在由 DNA(少数 RNA)分子片段组成的基因中的生物遗传信息。生物代代相传的正是决定他们的种、类及个体生命性状特征的信息。基因信息的生物性状包括结构与功能,如形体、外貌、智力、器官基质及其特征、对某些疾病的敏感性、神经系统等;总数超过 104 个不同的酶;细胞内的复杂过程;形成化合物的聚合物;先天性本能活动的控制等。基因信息的功能实现主要是通过蛋白质。生物之间也有信息传递,例如信息素,几乎所有的动物都证明有信息素的存在,它是由一个个体分泌到体外,被同物种的其他个体通过嗅觉器官(如副嗅球、犁鼻器)察觉,使后者表现出某种行为、情绪、心理或生理机制改变的物质。它具有通信功能,如蚂蚁之间的信息传递。

(3) 人工信息。它是指人类直接和间接创造的信息。它以语言、文字、声音、绘画等方式予以表达。它包括系统人工信息,也就是知识体系,以及一般人工信息和智能人工信息。如汉语、英语、音乐、地图、水墨画、图书等。

(4) 社会信息。社会信息是指人类社会在生产和交往活动中所交流或交换的信息。如企业资源信息、人口数量、春运客流信息、股票信息、情报等。

(5) 其他信息。信息是客观存在的,除了上述几种分类外,还以其他形式存在。例如生物之间的通信,多数动物通过声音传递信息,如象、狼、海豚等,也有通过有规律的动作传递信息,如蜜蜂通过舞蹈向同巢的蜜蜂传递蜜源的信息。寻找蜜源的工蜂体表上剩下的花香,传递了蜜源植物的香味;蜜源距巢的距离超过 100 米时,就对重力方向保持一定的角度,先画直线,然后向右或左旋转,再恢复原来的位置。在这种情况下,直线与重力方向所成的角度,是从蜂巢来看太阳方向与食物方向所成的角度一致的。此外,跳舞的快慢及当时发出的断断续续的翅振动频率和距离成反比，借此也传达了蜜源的距离。跳舞的延续时间越长，则表示蜜源越丰富，需要出动较多的工蜂。更加有趣的是，蜜蜂的舞蹈语言不完全相同，在不同地方的蜜蜂之间有“外语”。例如，我国养殖的意大利蜜蜂会跳圆圈舞、∞形摇摆舞和弯弯的镰刀舞。奥地利蜜蜂只跳∞形摇摆舞，它们之间则无法进行舞蹈语言的沟通了。

1.2 信息处理与计算

信息无处不在，物与物之间需要通过信息进行通信，与我们相关的就是人对信息的处理。在日常生活中，人们时刻与信息打交道，需要根据接收到的信息，做出下一步要做的事情。信息处理就是对信息的接收、存储、转化、传送和发布等。随着计算机科学的不断发展，计算机已经从初期的以“计算”为主的一种计算工具，发展成为以信息处理为主的，集计算和信息处理于一体的，与人们的工作、学习和生活密不可分的一个工具。

信息加工是对收集来的信息进行去伪存真、去粗取精、由表及里、由此及彼的加工过程。它是在原始信息的基础上，生产出价值含量高、方便用户利用的二次信息的活动过程。这一过程将使信息增值。只有在对信息进行适当处理的基础上，才能产生新的、用以指导决策的有效信息或知识。

1.2.1 信息处理

《信息简史》译后记中提到：仅仅一天之内，人类就会产生数以百万计的书籍写作那么大的价值。在全球范围内，我们一共发送了 1 546 亿封电子邮件，发了 4 亿条微博，还在 WordPress 上写了超过 100 万篇博客文章，并留下了 200 万条博客评论。在 Facebook 上，我们一共写了 16 亿字。总之，我们每天会在电子邮件和社交媒体写上约 3.6 万亿字，这相当于 3 600 万册图书(作为对比，整个美国国会图书馆才不过拥有约 2 300 万册图书)。

正如著名的统计学家和作家奈特·西尔弗(Nate Silver)所形容的那样，“每天，人们在一秒钟内产生的信息量相当于国会图书馆所有纸质藏书信息量的三倍。其中大部分是无关的噪音。因此，除非有强大的技术来过滤和处理这些信息，否则就会被它们淹没。”人们每天需要对大量的信息进行处理，主要体现在对信息的接收、存储、转化、传送和发布这 5 个方面。

(1) 信息的接收

信息接收即信息的获取。人的大脑每天通过五种感官接受外部信息，根据美国哈佛商学院有关研究人员的分析资料表明，人的大脑每天通过五种感官接受外部信息的比例分别为：味觉 1%，触觉 1.5%，嗅觉 3.5%，听觉 11%，以及视觉 83%。智能手机、平板电脑、笔记本电脑、台式计算机、智能数字电视、可穿戴设备、楼宇电视、户外 LED……我们的生活已经被各种大小不一的屏幕占据。

人们在获取信息时主要有以下几种来源。文献性信息源，如报刊、百科书、词典及各类出版物等，其特点是以文字形式储存于各种不同的载体上，是目前内容最丰富、使用频率最高的信息源；数据型信息源，如统计图、数表、测量数据等，其特点是以数值形式储存于各种不同的载体上；声像型信息源，如光盘、电话、电影、电视等，其特点是以声音或图像形式出现的信息源，它比文字直观，易于理解；多媒体信息源，如因特网、数码相机、光盘等，其特点是集声音、文字、图像、数据等多种通信媒介为一体。

由于信息来源的技术特点不同，信息获取的方法也多种多样。比如，进行有关问题的现场调查可以采用观察法、问卷调查法、访谈法等；目前，获取信息的最方便方法是计算机检索了。因此，我们可以根据信息需求和已有的条件采用恰当的方法。如果所选择的信息不能满足人们的信息需求，就需要进一步明确信息需求、重新选择信息来源和适时调整信息获取方法以再次获取信息。

(2) 信息的存储

信息存储是将经过加工整理序化后的信息按照一定的格式和顺序存储在特定的载体中的一种信息活动。其目的是为了便于信息管理者和信息用户快速准确地识别、定位和检索信息。

存储介质分为纸质存储和电子存储。不同的信息可以存储在不同的介质上，相同的信息也可以同时存于不同的介质上，作用会有所不同。比如，凭证文件需要用纸介质存储，也需要电子存储；企业中企业结构、人事方面的档案材料、设备或材料的库存账目，纸质及电子存储均适用，以便归档以及联机检索和查询。几种信息存储介质的优缺点如表 1-1 所示。

表 1-1　几种信息存储介质的优缺点

存储介质	优点	缺点
纸张	存量大，体积小，便宜，永久保存性好，并有不易涂改性，存数字、文字和图像一样容易	传送信息慢，检索起来不方便
胶卷	存储密度大，查询容易	阅读时必须通过接口设备，不方便，价格昂贵
计算机	存取速度极快，存储的数据量大	依赖于计算机设备、电源等因素

信息的存储是信息在时间域传输的基础，也是信息得以进一步综合、加工、积累和再生的基础，在人类和社会发展中有重要意义。造纸术、印刷术、摄影、摄像技术、录音、录像技术以及磁盘、磁带、光盘等都是信息存储驱动而产生的技术。这些人造的信息存储技术与设备不仅在存储容量、存取速度方面有可能扩张人脑的存储能力，而且还有更重要的含义：一是它们把人主观认识世界的信息迁移到客观世界的存储介质中，可以不受人死亡的限制而一代一代传下去；二是它们脱离了个人大脑的局限可成为人类社会共享的知识，成为社会的人与人之间进行信息交流的重要媒介。

(3) 信息的转化

信息转化就是把信息根据人们的特定需要进行分类、计算、分析、检索、管理和综合等处理。信息转化过程中，信息编码有着重要的作用。信息编码(Information Coding)是为了方便信息的存储、检索和使用，在进行信息处理时赋予信息元素以代码的过程。即用不同的代码与各种信息中的基本单位组成部分建立一一对应的关系。信息编码必须标准、系统化，设计合理的编码系统是关系信息管理系统生命力的重要因素。日常生活中遇到信息编码的例子有很多，例如，古代战场上通过敲击鼓和钲指挥大军，击鼓进军，鸣金收兵；交通路口的信号灯，红灯表示禁止通行，绿灯表示可以通行；人与人之间交流的语言和文字；远距离通信的旗语；将文字、声音、图像等转换为计算机可以存储的二进制形式等。对信息加密也是信息编码的一部分，近代使用最广泛的就是莫尔斯电码。

莫尔斯电码(又译为摩斯密码，Morse code)是一种时通时断的信号代码，通过不同的排列顺序来表达不同的英文字母、数字和标点符号。它发明于1837年,发明者有争议,是美国人塞缪尔·莫尔斯或者艾尔菲德·维尔。莫尔斯电码是一种早期的数字化通信形式,但是它不同于现代只使用零和一两种状态的二进制代码,短促的点信号"·",读"滴";保持一定时间的长信号"—",读"嗒"。它的代码包括5种:点、划、每个字符间短的停顿(在点和划之间)、每个词之间中等的停顿以及句子之间长的停顿。常用的莫尔斯电码对照表如表1-2、表1-3和表1-4所示。

表1-2 莫尔斯电码字母表

字符	电码符号	字符	电码符号	字符	电码符号	字符	电码符号
A	·—	B	—···	C	—·—·	D	—··
E	·	F	··—·	G	——·	H	····
I	··	J	·———	K	—·—	L	·—··
M	——	N	—·	O	———	P	·——·
Q	——·—	R	·—·	S	···	T	—
U	··—	V	···—	W	·——	X	—··—
Y	—·——	Z	——··				

表1-3 莫尔斯电码数字长码表

字符	电码符号	字符	电码符号	字符	电码符号	字符	电码符号
0	—————	1	·————	2	··———	3	···——
4	····—	5	·····	6	—····	7	——···
8	———··	9	————·				

表1-4 莫尔斯电码标点符号表

字符	电码符号	字符	电码符号	字符	电码符号	字符	电码符号
.	·—·—·—	:	———···	,	——··——	;	—·—·—·
?	··——··	=	—···—	'	·————·	/	—··—·
!	—·—·——	-	—····—	_	··——·—	"	·—··—·
(	—·——·	)	—·——·—	$	···—··—	&	····
@	·——·—·	+	·—·—·				

(4) 信息的传送

信息的传送是信息跨越空间和时间后到达接收目标传播的过程。需要通过信息载体将信息发布,例如空气是声音传播的载体、微波通信、计算机网络通信、光通信等。

(5) 信息的发布

信息的发布就是把信息通过各种表示形式展示出来。在因特网上发布信息或发送电子邮件是目前最快捷、最便宜的信息发布方法。在因特网上寄信,即使收信者远在美国或澳大利亚,信件也能在最短的时间内到达,还能随信件发送声音和图像。通过即时通信软件或者社交软件,可以很快地将自己的信息经由互联网发布。

随着计算机技术的发展,信息处理主要表现为通过计算机对信息的获取、储存、加工、发布和表示。

1.2.2 信息技术与计算

在浩如烟海的信息世界里，要有目的地搜集和获取信息，并对获取的信息进行必要的加工，从而得到有用的信息，就需要通过信息技术来实现。

(1) 什么是信息技术

根据使用的目的、范围和层次不同，对信息技术(Information Technology，IT)的定义也有所不同。一般来说，信息技术是指获取信息、处理信息、存储信息、传输信息等所用到的技术，其核心主要包括传感技术、通信技术、计算机技术以及微电子技术等。可以形象地说，传感技术是扩展人的感觉器官收集信息的功能；通信技术是扩展人的神经系统传递信息的功能；计算机技术是扩展人的思维器官处理信息和决策的功能；而微电子技术可以低成本、大批量地生产出具有高可靠性和高精度的微电子结构模块，扩展了人类对信息的控制和使用能力。

(2) 信息技术的发展及其在人类社会中的作用

信息技术随着科学技术的进步而不断发展。在远古时代，人类只能利用感觉器官来收集信息，用大脑存储和处理信息。19 世纪末，电报、电话的诞生扩大了人们进行信息交流的空间，缩短了信息交流的时间。进入 20 世纪后，随着无线电技术、计算机技术和卫星通信技术的发展，人类传输和处理信息的能力得到很大的提高。人们利用收音机可以收听国内外的新闻；通过电视收看电视节目；用传真机传送图文资料；在网络上用计算机检索信息，实现远程教育等。

人类的信息技术发展历程就是信息革命的历史，人类的进步和科学的发展离不开信息革命。迄今为止，人类社会已经经历了 5 次信息革命。

第一次信息革命是语言的使用，使人类有了交流和传播信息的工具。

第二次信息革命是文字的使用，使人类有了记录和存储信息的工具。

第三次信息革命是造纸和印刷术的使用，使人类有了生产、存储、复制和传送信息的媒介。

第四次信息革命是电报、电话、广播和电视的使用，使人类有了广泛、迅速地传播文字、声音、图像信息的多种媒体。

第五次信息革命是计算机、通信、网络等现代信息技术的综合使用，使人类有了大量存储、高速传递、精确处理、广泛交流、普遍共享信息的手段。

信息技术影响到人类生产和生活的各个方面，每一次信息革命都推动了当时人类在生产和生活等方面的进步，不同的信息革命在人类历史上起着不同的推动作用，而且一次比一次的作用更大、意义更深远。例如，计算机已经在很大的广度和深度上成为人类大脑思维的延伸，并成为人类进行现代化生产和生活无法取代的工具。又如，无线电广播用了 38 年的时间使听众达到了 5 000 万，电视用了 13 年的时间使观众达到了 5 000 万，而 Internet 只用了 5 年的时间就使它的用户超过了 5 000 万。第 5 次信息革命大大加速了人类进入信息化社会的进程。

信息技术的核心是计算机技术，计算是数字世界的基石，已经成为人类生产生活不可分割的组成部分。

1.3 信息化社会法律意识与道德规范

信息化社会的发展，给人们的工作和生活带来极大的便利。与此同时，由于因特网上的信息缺乏规范的管理，也给人们带来了负面的影响，例如通过网络发布虚假信息，黑客入侵事件等。对于信息化环境下的法律问题，需要我们合理制定相关的法律、法规来加强管理，同时也必须加强网络道德建设，起到预防网络犯罪的作用。

1.3.1 信息化社会

当今世界正在迈入信息时代，信息技术与信息产业已经成为推动社会进步和社会发展的主要动力。信息化社会的发展对计算机科学技术提出了新的挑战。为了收集、存储、传输、处理和利用日益剧增的信息资源，以通信、网络和计算机技术相结合为特征的新一代信息革命正在兴起，深刻地影响着社会和经济发展的各个领域。

所谓"信息化社会"的内涵是十分广泛的，可以理解为：在国民经济和社会活动中，通过普遍地采用电子信息设备和信息技术，更有效地利用和开发信息资源，推动经济发展和社会进步，使信息产业在国民经济中的比重占主导地位。在信息化社会中，应该具有以下主要特征。

信息基础设施是由信息传输网络、信息存储设备和信息处理设备集成的统一整体，建立完善的信息基础设施是信息化社会的重要标志。信息基础设施需要在全国乃至全球范围内收集、存储、处理和传输数量巨大的文字、数据、图形、图像以及声音等多媒体信息，具有空前的广泛性、综合性和复杂性，它的建立过程是一项庞大的系统工程。信息基础设施包括遍布全球的各种类型的计算机网络和高性能的计算机系统，它是一个"网中网"，即由计算机网络组成的计算机网络。所有计算机信息中心乃至个人计算机都应该接入这个一体化的网络。

先进的信息技术是信息化的根基。其中所涉及的关键技术包括半导体和微电子技术、网络化的计算机系统和并行处理技术、数字化通信技术、计算机网络技术、海量信息存储技术、高速信息传输技术、可视化技术、多媒体技术等。

信息产业是信息化社会的支柱，主要包括计算机硬件制造业、计算机软件业、信息服务业以及国民经济中各行业的信息化。

信息产业不仅包括了计算机硬件和软件的研究、开发与生产能力以及信息服务业，而且还包括了使用信息技术对传统行业的改造，这体现了利用信息资源而创造的劳动价值。

在信息化社会中，无论是信息基础设施的建设、信息技术的提高和信息产业的发展都离不开信息人才，没有或缺乏高素质的信息人才将一事无成。

信息产业是资本密集型、知识密集型、人才密集型的产业，它的高新技术含量高，对人才素质的要求高。信息化社会不仅需要研究型、设计型的人才，而且需要应用型的人才；不仅需要开发型的人才，而且需要维护型、服务型、操作型的人才。特别是由于信息技术发展的日新月异，要求信息人才具有高度的创新性和良好的适应性。足够数量的高素质信息人才是实现信息化社会的保证和原动力。

信息化社会不仅是科学技术进步的产物，而且也是社会管理体制和政策激励的结果。如果没有现代化的市场体制和相关的政策、法规，信息化社会将无法正常运作。良好的信息环境包括为了保障信息化社会有序运作的各项政策、法律、法规和道德规范，如知识产权、信息安全、信息保密、信息标准化、产业政策、人才政策、职业道德规范等。构建良好的信息环境是实现信息化社会的重要组成部分。

1.3.2 信息安全相关的法律和知识产权的保护

计算机犯罪是当今社会出现的一种新的犯罪形式，与传统的犯罪形式对比，其具有隐蔽性、智商高、年纪轻、社会危害严重、发现和追查困难和法律惩处困难的特点。目前，国内外许多政府纷纷制定和健全信息安全方面的法律。

《宪法》第二章公民的基本权利和义务第 40 条明确规定，公民的通信自由和通信秘密受法律的保护。除因国家安全或者追查刑事犯罪的需要，由公安机关或者检察机关依照法律规定的程序对通信进行检查外，任何组织或者个人不得以任何理由侵犯公民的通信自由和通信秘密。

《刑法》第六章 妨碍社会管理秩序罪 第一节 扰乱公共秩序罪 第 285 条：非法侵入计算机信息系统罪中规定：非法获取计算机信息系统数据、非法控制计算机信息系统罪；提供侵入、非法控制计算机信息系统程序、工具罪。违反国家规定，侵入国家事务、国防建设、尖端科学技术领域的计算机信息系统的，处三年以下有期徒刑或者拘役。违反国家规定，侵入前款规定以外的计算机信息系统或者采用其他技术手段，获取该计算机信息系统中存储、处理或者传输的数据，或者对该计算机信息系统实施非法控制，情节严重的，处三年以下有期徒刑或者拘役，并处或者单处罚金；情节特别严重的，处三年以上、七年以下有期徒刑，并处罚金。提供专门用于侵入、非法控制计算机信息系统的程序、工具，或者明知他人实施侵入、非法控制计算机信息系统的违法犯罪行为而为其提供程序、工具，情节严重的，依照前款的规定处罚。第 286 条：破坏计算机信息系统罪中规定：违反国家规定，对计算机信息系统功能进行删除、修改、增加、干扰，造成计算机信息系统不能正常运行，后果严重的，处五年以下有期徒刑或者拘役；后果特别严重的，处五年以上有期徒刑。违反国家规定，对计算机信息系统中存储、处理或者传输的数据和应用程序进行删除、修改、增加的操作，后果严重的，依照前款的规定处罚。故意制作、传播计算机病毒等破坏性程序，影响计算机系统正常运行，后果严重的，依照第一款的规定处罚。第 287 条：利用计算机实施犯罪的提示性规定。利用计算机实施金融诈骗、盗窃、贪污、挪用公款、窃取国家秘密或者其他犯罪的，依照本法有关规定定罪处罚。

《治安管理处罚法》第三章 违反治安管理的行为和处罚 第一节 扰乱公共秩序的行为和处罚 第 29 条规定：有下列行为之一的，处五日以下拘留；情节较重的，处五日以上十日以下拘留：(一)违反国家规定，侵入计算机信息系统，造成危害的；(二)违反国家规定，对计算机信息系统功能进行删除、修改、增加、干扰，造成计算机信息系统不能正常运行的；(三)违反国家规定，对计算机信息系统中存储、处理、传输的数据和应用程序进行删除、修改、增加的；(四)故意制作、传播计算机病毒等破坏性程序，影响计算机信息系统正常运行的。

《国家安全法》第二章 国家安全机关在国家安全工作中的职权 第 10 条规定：国家安全机关因侦察危害国家安全行为的需要，根据国家有关规定，经过严格的批准手续，可以采取技术侦察措施。第 11 条规定：国家安全机关为维护国家安全的需要，可以查验组织和个人的电子通信工具、器材等设备、设施。

2005 年 4 月 1 日正式施行的《电子签名法》，被称为“中国首部真正意义上的信息化法律”，自此电子签名与传统手写签名和盖章具有同等的法律效力。

1.3.3 网络用户的行为规范与道德准则

遵守网络规定和合理使用网络的重要性是不言而喻的，人们把遵守这些规定成为必要的网络礼仪，或共同的网络道德。

各个国家都指定了相应的法律法规，以约束人们使用计算机以及在计算机网络上的行为。例如，我国公安部公布的《计算机信息网络国际联网安全保护管理办法》中规定，任何单位和个人不得利用国际互联网制作、复制、查阅和传播下列信息。

(1) 煽动抗拒、破坏宪法和法律、行政法规实施的；

(2) 煽动颠覆国家政权，推翻社会主义制度的；

(3) 煽动分裂国家、破坏国家统一的；

(4) 煽动民族仇恨、破坏国家统一的；

(5) 捏造或者歪曲事实，散布谣言，扰乱社会秩序的；

(6) 宣传封建迷信、淫秽、色情、赌博、暴力、凶杀、恐怖，教唆犯罪的；

(7) 公然侮辱他人或者捏造事实诽谤他人的；

(8) 损害国家机关信誉的；

(9) 其他违反宪法和法律、行政法规的。

但是，仅仅靠制定一项法律来制约人们的所有行为是不可能的，也是不实用的。社会依靠道德来规定人们普遍认可的行为规范。随着计算机网络犯罪具有技术型、年轻化的特点和趋势，发达国家已经在学校开设网络道德教育课程。美国计算机伦理协会根据计算机犯罪种种案例，归纳、总结了 10 条计算机职业道德规范，供大家参考。

(1) 不应该用计算机去伤害他人。

(2) 不应该影响他人的计算机工作。

(3) 不应该到他人的计算机里去偷窥。

(4) 不应该用计算机去偷窃。

(5) 不应该用计算机去做假证明。

(6) 不应该复制或利用没有购买的软件。

(7) 不应该未经他人许可使用他人的计算机资源。

(8) 不应该剽窃他人的精神作品。

(9) 应该注意正在编写的程序和正在设计的系统的社会效应。

(10) 应该始终注意，在使用计算机时再进一步加强对同胞的理解和尊敬。

本章小结

本章介绍了信息与数据、信息处理、信息化社会、信息化社会环境下的法律意识与道德规范。信息无处不在，人与人、人与物、物与物的通信都需要传递信息，数据是信息的载体，信息是数据的内涵，数据表示信息的形式多种多样；信息处理是对信息进行接收、存储、转化、传送和发布，在信息技术尤其是计算机技术的影响下，信息处理一般指的是计算机对信息的处理；在信息化社会背景下，要遵守相应的法律和道德规范，规范自身网络行为。通过本章的学习，应掌握信息基本概念、信息处理与计算的关系，能够发现身边有用的信息，并能够将信息通过数据表示出来，为学习后续课程打下基础。

第2章　电子数字计算机

计算机的出现是20世纪最卓越的成就之一，计算机的广泛应用极大地促进了生产力的发展。在当今信息化社会中，计算机已经成为必不可少的工具。美国计算机科学家尼古拉·尼葛洛庞帝在其1996年出版的《数字化生存》一书中指出，计算机将渗透到未来生活的每一个细微的方面。而目前看来，计算机确实已经深入到人们的生活之中，影响并改变着人们的生产、生活、学习等方方面面。

本章主要介绍电子数字计算机的发展、计算机的工作原理、计算机的硬件系统、计算机进制以及计算机的应用领域。

2.1　计算机的产生

20世纪40年代诞生的电子数字计算机（简称为计算机）是20世纪最重大的发明之一，是人类科学技术发展史中的一个里程碑。半个多世纪以来，计算机科学技术有了飞速发展，计算机的性能越来越高、价格越来越便宜、应用越来越广泛。时至今日，计算机已经广泛地应用于国民经济以及社会生活的各个领域，计算机科学技术的发展水平、计算机的应用程度已经成为衡量一个国家现代化水平的重要标志。

2.1.1　计算机的发展

自古以来人类就在不断地发明和改进计算工具，从古老的“结绳计数”到算盘、计算尺、手摇计算机，直到1946年第一台电子计算机诞生，经历了漫长的岁月。然而，电子计算机问世至今虽然只有短短的半个多世纪，但却取得了惊人的发展，已经经历了五代的变革。回顾计算机的发展史可以从中得到许多有益的启示。

计算机的发展与电子技术的发展密切相关，每当电子技术有突破性的进展，就会导致计算机的一次重大的变革。因此，计算机发展史中的“代”通常以其所使用的主要器件（如电子管、晶体管、集成电路、大规模集成电路和超大规模集成电路）来划分。此外，在计算机发展的各个阶段，所配置的软件和使用方式也有不同的特点，成为划分“代”的标志之一。

1. 第一代计算机（1946—1957年）

电子计算机的早期研究是从20世纪30年代末开始的。当时英国的数学家艾伦·图灵在一篇论文中描述了通用计算机应具有全部功能和局限性，这种机器被称为图灵机。1939年，美国衣阿华州立大学的约翰·阿塔那索夫教授和他的研究生克利福德·贝里一起制作了一台成为ABC（Atanasoff Berry Computer）的机器，它是一台仅能求解方程式的专用电子计算机。1944年，哈佛大学的霍华德·艾肯博士和IBM公司的一个工程师小组合作，以100万美元的巨资研制了一台称为Mark-I的计算机。它的体积很大（高8英尺，长55英尺)，速度也很慢(执行一次乘法操作需要 3～5 秒)。而且 Mark-I 仅一部分是电子式的，另外一部分仍然是机械式的。

1946 年，宾夕法尼亚大学的约翰·莫克莱博士和他的研究生普雷斯帕·埃克特一起研制了成为 ENIAC(电子数字积分计算机)的计算机，它被公认为是世界上第一台电子计算机，如图 2-1 所示。ENIAC 是一个庞然大物，全机共使用了 18 000 多个电子管，1 500 多个继电器，占地 167 平方米。ENIAC 的运算速度比 Mark-I 有了很大的提高，达到每秒钟 5 000次，这是划时代的“高速度”。特别是采取了普林斯顿大学数学教授冯·诺依曼“存储程序”的建议，即把计算机程序与数据一起存储在计算机中，从而可以方便地返回前面的指令或反复执行，解决了 ENIAC 在操作上的不便。ENIAC 的诞生，开创了第一代电子计算机的新纪元。1953 年，IBM 公司生产了第一台商业化的计算机 IBM701。随后，IBM 公司共计生产了 19 台这种型号的计算机，满足了当时的需求。

图 2-1　ENIAC

第一代计算机的共同特点是：逻辑器件使用电子管；用穿孔卡片机作为数据和指令的输入设备；用磁鼓或磁带作为外存储器；使用机器语言编程。虽然第一代计算机的体积大、速度慢、耗能高、使用不便且经常发生故障，但是它显示了强大的生命力，预示了将要改变世界的未来。

2. 第二代计算机(1958—1964 年)

第二代计算机的主要特点是：用晶体管代替了电子管；内存初期采用了磁芯体；引入了变址寄存器和浮点运算硬件；利用 I/O 处理机提高了输入输出能力；在软件方面配置了子程序库和批处理管理程序，并且推出了 FORTRAN、COBOL、ALGOL 等高级程序设计语言及相应的编译程序。

由于第二代计算机使用了晶体管，与第一代计算机相比，它的体积小、速度快、能耗低、可靠性高。高级程序设计语言的广泛使用，将计算机从少数专业人员手中解放出来，成为广大科技人员都能够使用的工具，推进了计算机的普及与应用。这个时期典型的计算机有 IBM 公司生产的 IBM7094，如图 2-2 所示和 CDC(Control Data Corporation，控制数据公司)生产的 CDC1640 计算机等。

但是，第二代计算机的输入输出设备速度很慢，无法与主机的计算速度相匹配。这个问题在第三代计算机中得到了解决。

图 2-2 IBM7094 控制台外观

3. 第三代计算机(1965—1971 年)

1958 年,第一个集成电路(Integrated Circuit,IC)问世。所谓集成电路是将大量的晶体管和电子线路组合在一块硅晶片上,故又称其为芯片。小规模集成电路每个芯片上的元件数为 100 个以下,中规模集成电路每个芯片上则可以集成 100～1 000 个元件。1965 年,DEC(Digital Equipment Corporation,数字设备公司)推出了第一台商业化的使用集成电路为主要器件的小型计算机 PDP-8,从而开创了计算机发展史上的新纪元,如图 2-3 所示。

第三代计算机的共同特点是:用小规模或中规模的集成电路来代替晶体管等分立元件;用半导体存储器代替磁芯存储器;使用微程序设计技术简化处理机的结构;在软件方面则广泛引入多道程序、并行处理、虚拟存储系统以及功能完备的操作系统,同时还提供了大量的面向用户的应用程序。

典型的第三代计算机有 IBM 公司的 IBM-360 和 370 系列,如图 2-4 所示,DEC 的 PDP-X 系列和我国生产的 DJS-100 系列等。这些类型的计算机在应用中曾经发挥了重要作用。

图 2-3 PDP-8

图 2-4 IBM-360

4．第四代计算机(1972 年至今)

第四代计算机最为显著的特征是使用了大规模集成电路和超大规模集成电路。大规模集成电路(Large Scale Integration，LSI)每个芯片上的元件数为 1 000～10 000 个；而超大规模集成电路(Very Large Scale Integration，VLSI)每个芯片上则可以集成 10 000 个以上的元件。此外，使用了大容量的半导体存储器作为内存储器；在体系结构方面进一步发展了并行处理、多机系统、分布式计算机系统和计算机网络系统；在软件方面则推出了数据库系统、分布式操作系统以及软件工程标准等。

在第四代计算机要算行计算机最为引人注目了。微型计算机的诞生是超大规模集成电路应用的直接结果。1975 年，第一台商业化的微型计算机 MITS Altair 问世，它使用了 Intel 公司的 8080 芯片。不过，当时的微型计算机并未形成主流，仅仅是面向计算机业余爱好者而已。1977 年苹果计算机公司成立，并先后成功地开发了“APPLE-Ⅰ”和“APPLE-Ⅱ”型的微型计算机系统，使得苹果计算机公司成为微型计算机市场的主导力量之一，如图 2-5 所示。1980 年 IBM 公司与微软公司合作，为个人微型计算机 IBM-PC 配置了专门的操作系统，1981 年 IBM-PC 机问世，如图 2-6 所示。此后许多厂商陆续生产了现在称之为 IBM 兼容机的类似产品。

图 2-5　APPLE-Ⅱ

图 2-6　IBM 5150 PC

时至今日，酷睿系列微处理器应运而生，目前的微型计算机的内存容量可以达到几千兆字节(MB)，硬盘容量可以达到几千吉字节(GB)。现在的微型计算机体积越来越小、性能越来越强、可靠性越来越高、价格越来越低、应用范围越来越广，出现了笔记本型和掌上型等超微型计算机。完善的系统软件、丰富的系统开发工具和商品化的应用程序的大量涌现，通信技术和计算机网络的飞速发展，使得计算机进入了一个大发展的阶段。

5．第五代电子计算机(智能计算机)

第五代电子计算机是智能电子计算机，它是一种有知识、会学习、能推理的计算机，具有能理解自然语言、声音、文字和图像的能力，并且具有说话的能力，使人机能够用自然语言直接对话，它可以利用已有的和不断学习到的知识，进行思维、联想、推理，并得出结论，能解决复杂问题，具有汇集、记忆、检索有关知识的能力。

2.1.2 计算机的分类

由于计算机科学技术的迅猛发展，计算机已经形成一个庞大的家族。从计算机处理的对象、计算机的用途以及计算机的规模等不同角度可作如下分类。

1. 按处理对象分类

按照计算机处理的对象及其数据的表示形式可分为数字计算机(digital computer)、模拟计算机(analog computer)和数字模拟混合计算机(hybrid computer)三类。

(1) 数字计算机。该类计算机输入、处理、输出和存储的数据都是数字量，这些数据在时间上是离散的。非数字量的数据(如字符、声音、图像等)只要经过编码后也可以处理。

(2) 模拟计算机。该类计算机输入、处理、输出和存储的数据是模拟量(如电压、电流、温度等)，这些数据在时间上是连续的。

(3) 数字模拟混合计算机。该类计算机将数字技术和模拟技术相结合，兼有数字计算机和模拟计算机的功能。

2. 按用途分类

按照计算机的用途及其使用的范围，可分为通用计算机(general purpose computer)和专用计算机(special purpose computer)两类。

(1) 通用计算机。该类计算机具有广泛的用途和使用范围，可以应用于科学计算、数据处理和过程控制等。

(2) 专用计算机。该类计算机适用某一特殊的应用领域，如智能仪表、生产过程控制、军事装备的自动控制等。

3. 按规模分类

按照计算机的规模可分为巨型计算机、大/中型计算机、小型计算机、微型计算机、工作站、服务器以及网络计算机等类型。

(1) 巨型计算机。巨型计算机也称为超级计算机，指其运算速度每秒超过 1 亿次的超大型的计算机，该类计算机主要用用于复杂的科学计算及军事等专门的领域。例如，由我国研制的“银河”和“曙光”系列计算机就属于这种类型。2016 年 6 月 20 日下午 3 点，TOP500 组织在法兰克福世界超算大会(ISC)上，“神威·太湖之光”超级计算机系统登顶榜单之首，成为世界上首台运算速度超过十亿亿次的超级计算机，如图 2-7 所示。“神威太湖之光”有 1 000多万个计算核心，4 万多个计算节点，峰值性能高达 12.54 亿亿次/秒，计算速度是“天河二号”的两倍，效能是“天河二号”的 3 倍。

(2) 大/中型计算机。该类计算机也具有较高的运算速度，每秒钟可以执行几千万条指令，并具有较大的存储容量以及较好的通用性，但价格较贵，通常被用来作为银行、铁路等大型应用系统中的计算机网络的主机来使用。

(3) 小型计算机。该类计算机的运算速度和存储容量略低于大/中型计算机，但与终端和各种外部设备连接比较容易，适合作为联机系统的主机，或者工业生产过程的自动控制。

(4) 微型计算机。由于微电子技术的飞速发展，使得计算机的体积越来越小、功能越来越强、价格越来越便宜。微型计算机使用大规模集成电路芯片制作的微处理器、存储器和接口，并配置相应的软件，从而构成完整的微型计算机系统。它的问世在计算机的普及与应用中发挥了重大的推动作用。如果把这种微型计算机制作在一块印刷线路板上，则称其为单板机。如果在一块芯片中包含了微处理器、存储器和接口等微型计算机的最基本的配置，则这种芯片称为单片机。

(5) 工作站。为了某种特殊用途由高性能的微型计算机系统、输入输出设备以及专用软件组成。例如，图形工作站包括高性能的主机、扫描仪、绘图仪、数字化仪、高精度的屏幕显示器、其他通用的输入/输出设备以及图形处理软件，它具有很强的对图形进行输入、处理、输出和存储的能力，在工程设计和多媒体信息处理中有广泛的应用。

(6) 服务器。一种在网络环境下为多个用户提供服务的共享设备，可分为文件服务器、通信服务器、打印服务器等。

(7) 网络计算机。它是一种在网络环境下使用的终端设备，其特点是内存容量大、显示器的性能高、通信功能强，但本机中不一定配置外存，所需要的程序和数据存储在网络的有关服务器中。

图 2-7　神威·太湖之光

2.1.3　计算机的特点

各种类型的计算机虽然在规模、用途、性能、结构等方面有所不同，但它们都具有以下特点。

(1) 运算速度快。目前的巨型机运算速度已经达到每秒钟几百亿次运算，即使是微型计算机，其运算速度也已经大大超过了早期大型计算机的运算速度。因此，计算机可以快速地进行计算和信息处理。

(2) 运算精度高。由于计算机内部采用浮点数表示方法，而且计算机的字长从 8 位、16

位增加到32位、64位，从而使处理的结果具有很高的精确度。

(3) 具有记忆能力。计算机具有内存储器和外存储器，内存储器用来存储正在运行中的程序和有关数据，外存储器用来存储需要长期保存的数据。目前微型计算机的内存容量一般可以达到2 GB且可以进一步扩展，硬盘容量可以达到1 TB，从而可以记忆大量的信息和程序。

(4) 具有逻辑判断能力。能够进行各种逻辑判断，并根据判断的结果自动决定下一步应该执行的指令。

(5) 存储程序。由于计算机内可以存储程序，从而使得计算机可以在程序的控制下自动地完成各种操作，而无须人工干预。

2.1.4 未来计算机

大规模集成电路中使用的制作工艺已经接近极限，如果再继续缩小制作工艺，将导致集成电路漏电及功耗急剧上升，硅半导体技术严重受到物理瓶颈的挑战。未来计算机有以下几个发展方向。

(1) DNA计算机

人们希望使用DNA之间的反应来完成运算过程，如果可以的话，这种方式可能比现在的电子计算机更快、更小，足以把今天的电子计算机变成像算盘那样的老古董。DNA由A、C、G、T四种碱基构成，其中A、T和G、C之间彼此配对，构成一条像拉链般彼此啮合的双螺旋，存储了生物的遗传密码。DNA计算的研究者们认为可以把要运算的对象编码成DNA分子链，并且在生物酶的作用下让它们完成计算，借助大量DNA分子的并行运算获得远超今天电子计算机的性能。

DNA计算机的最大优点在于其惊人的存储容量和运算速度：1立方厘米的DNA存储的信息比一万亿张光盘存储的还多；十几个小时的DNA计算，就相当于所有电脑问世以来的总运算量。更重要的是，它的能耗非常低，只有电子计算机的一百亿分之一。

(2) 量子计算机

量子计算机以处于量子状态的原子作为中央处理器和内存，利用原子的量子特性进行信息处理。

由于原子具有在同一时间处于两个不同位置的奇妙特性，即处于量子位的原子既可以代表0或1，也能同时代表0和1以及0和1之间的中间值，所以，无论从数据存储还是处理的角度，量子位的能力都是晶体管电子位的两倍。

量子计算机在外形上有较大差异，它没有外壳；看起来像是一个被其他物质包围的巨大磁场；它不能利用硬盘实现信息的长期存储；但高效的运算能力使量子计算机具有广阔的应用前景。

(3) 光计算机

与传统硅芯片计算机不同，光计算机用光束代替电子进行计算和存储：它以不同波长的光代表不同的数据，以大量的透镜、棱镜和反射镜将数据从一个芯片传送到另一个芯片。

光计算机有全光学型和光电混合型。相比之下，全光学型计算机可以达到更高的运算速度。研制光计算机，需要开发出可用一条光束控制另一条光束变化的光学“晶体管”，现有的光学“晶体管”庞大而且笨拙，要想短期内使光学计算机实用化还很困难。

(4) 纳米计算机

纳米计算机指将纳米技术运用于计算机领域所研制出的一种新型计算机。“纳米”本是一个计量单位，采用纳米技术生产芯片成本十分低廉，因为它既不需要建设超洁净的生产车间，也不需要昂贵的实验设备和庞大的生产队伍。只要在实验室里将设计好的分子合在一起，就可以造出芯片，大大降低了生产成本。

在纳米尺度下，由于有量子效应，硅微电子芯片不能工作。其原因是这种芯片的工作，依据的是固体材料的整体特性，即大量电子参与工作时所呈现的统计平均规律。如果在纳米尺度下，利用有限电子运动所表现出来的量子效应，可能就能克服上述困难。可以用不同的原理实现纳米级计算。

2.2　计算机的工作原理

计算机在诞生的初期主要是被用来进行科学计算的，因此被称为“计算机”。然而，现在计算机的处理对象已经远远超过了“计算”这个范围，它可以对数字、文字、声音以及图像等各种形式的数据进行处理。实际上，计算机是一种能够按照事先存储的程序，自动、高速地对数据进行输入、处理、输出和存储的系统。一个计算机系统包括硬件和软件两大部分：硬件是由电子的、磁性的、机械的器件组成的物理实体，包括运算器、存储器、控制器、输入设备和输出设备5个基本组成部分；软件则是程序和有关文档的总称，包括系统软件和应用软件两类。系统软件是为了对计算机的软硬件资源进行管理、提高计算机系统的使用效率和方便用户而编制的各种通用软件，一般由计算机生产厂商提供，常用的系统软件有操作系统、程序设计语言反洗系统、连接程序、诊断程序等。应用软件是指专门为某一应用目的而编制的软件，常用的应用软件有字处理软件、表处理软件、统计分析软件、数据库管理系统、计算机辅助软件、实时控制与实时处理软件以及其他应用于国民经济各行各业的应用程序。

计算机能够完成的基本操作机器主要功能如下。

(1) 输入：接受有输入设备(如键盘、鼠标、扫描仪等)提供的数据。

(2) 处理：对数值、字符、图像等各种类型的数据进行操作，按指定的方式进行转换。

(3) 输出：将处理所产生的结果送到相关输出设备(如显示器、打印机、绘图仪等)。

(4) 存储：计算机可以存储程序和各种数据。

2.2.1　计算机系统的组成

一个完整的计算机系统是由硬件系统和软件系统组成的，二者缺一不可。没有软件系统的计算机仅仅包括硬件设备，得不到软件的支持，性能将无法得到展现。而离开硬件系统，再好的软件也无法发挥作用。在计算机发展过程中，计算机软件随硬件技术的发展而发展，同时，软件的不断发展与完善又促进了硬件的新发展，两者的发展相互促进，密不可分。计算机系统的组成如图2-8所示。

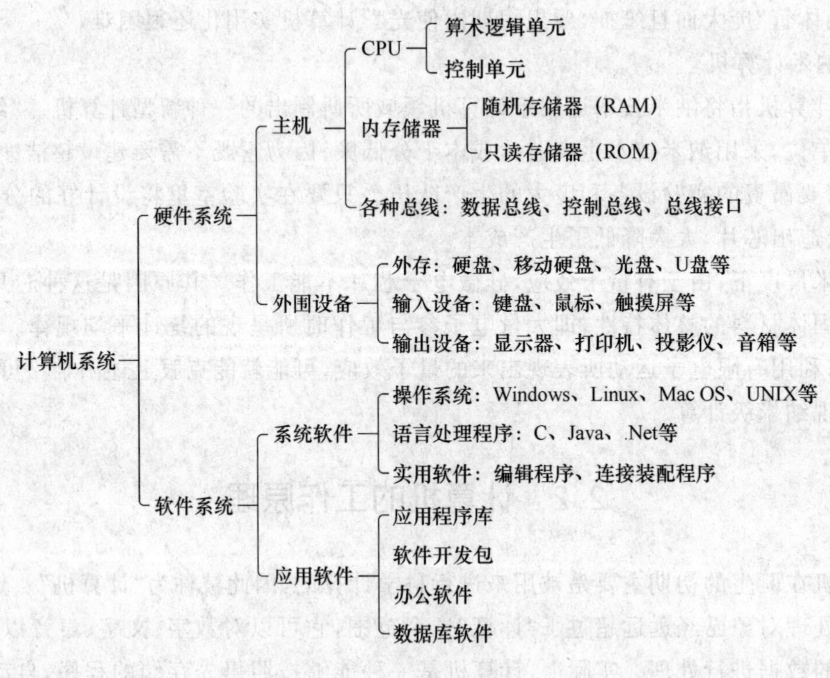

图 2-8 计算机系统的组成

2.2.2 冯·诺依曼体系结构

1945 年,冯·诺依曼首先提出了“存储程序”的概念和二进制原理。后来人们把利用这种概念和原理设计的电子计算机系统称为冯·诺依曼结构计算机。

经过几十年的发展,计算机的工作方式、应用领域、体积和价格等方面都与最初的计算机有了很大的区别,但不管如何发展,存储程序和采用二进制的原理至今仍然是计算机的基本工作原理。

(1) 采用二进制形式表示数据和指令

计算机使用二进制的原因有以下两个。首先,二进制只有 0 和 1 两个状态。可以表示 0 和 1 两种状态的电子器件很多,如开关的接通和断开、晶体管的导通和截止、磁元件的正负极、电位电平的低与高等都可以表示 0 和 1 两个数码。因此使用二进制,电子器件具有实现的可行性。假如采用十进制,要制造具有 10 种稳定状态的物理电路,则是非常困难的。

其次,二进制数的运算规则简单,使得计算机运算器的硬件结构大大简化,实现简单易行,同时也便于逻辑判断。

计算机内部采用二进制代码来表示各种信息,但计算机与用户交流仍然使用人们熟悉和便于阅读的形式,如文字、声音、图像、十进制数等,这中间的转化是由计算机系统自动实现的。

(2) 存储程序的工作方式

将程序和数据事先存放在存储器中,使计算机在工作时能够自动、高效地从存储器中取出指令加以执行,这就是存储程序的工作方式。

存储程序的工作方式使得计算机变成了一种自动执行的机器,一旦将程序存入计算机并启动,计算机就可以自动工作,一条条地执行指令。

2.2.3　计算机系统的硬件组成

冯·诺依曼结构的计算机由运算器、控制器、存储器、输入设备和输出设备五部分组成，其基本结构如图 2-9 所示。

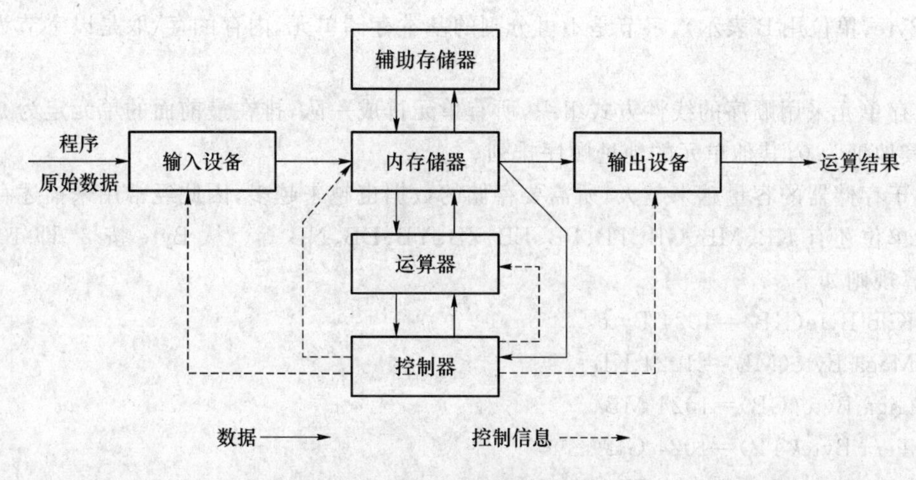

图 2-9　计算机的硬件组成示意图

(1) 运算器

运算器是对二进制数进行运算的部件。运算器在控制器的控制下执行程序中的指令，完成算术运算、逻辑运算、比较运算、位移运算以及字符运算等。其中算术运算包括加、减、乘、除等操作，逻辑运算包括与、或、非等操作。

运算器由算术逻辑单元(Arithmetic Logic Unit，ALU)、寄存器等组成。ALU 完成算术运算、逻辑运算等操作；寄存器用来暂时存储参加运算的操作数或中间结果，常用的寄存器有累加寄存器、暂存寄存器、标志寄存器和通用寄存器等。运算器的主要技术指标是运算速度，其单位是 MIPS(百万指令/秒)。

(2) 控制器

控制器是指挥计算机的各个部件按照指令的功能要求协调工作的部件，是整个计算机系统的控制中心，保证计算机按照预先规定的目标和步骤进行操作和处理。

控制器的主要功能就是依次从内存中取出指令，并对指令进行分析，然后根据指令的功能向有关部件发出控制命令，指挥计算机各部件协同工作以完成指令所规定的功能。

控制器由程序计数器(PC)、指令寄存器(IR)、指令译码器(ID)、时序控制电路以及微操作控制电路等组成。其中，程序计数器用来对程序中的指令进行技术，使得控制器能够依次读取指令；指令寄存器在指令执行期间暂时保存正在执行的指令；指令译码器用来识别指令的功能，分析指令的操作要求；时序控制电路用来生成时序信号，以协调在指令执行周期内各部件的工作；微操作控制电路用来产生各种控制操作命令。

控制器和运算器合在一起被称为中央处理器(Central Processing Unit，CPU)。CPU 是指令的解释和执行部件，计算机发出的所有动作都是由 CPU 控制的。

(3) 存储器

存储器是用来存储数据和程序的部件。由于计算机的信息都是以二进制形式表示的，所以必须使用具有两种稳定状态的物理器件来存储信息。这些物理器件主要有磁芯、半导体器件、磁表面器件和光盘等。

计算机在进行信息存储和处理时的最小单位是一个二进制数，称为1位，单位是比特(bit)，一个比特的数值只能是0或1。

存储器是由一个个存储单元组成，最基本的存储单元是由8个二进制位组成，称为一个字节(Byte，单位用B表示)，字节是不可分割的基本存储单元，内存的存\取是以字节为单位的。

内存单元采用顺序的线性方式组织，所有单元排成一队，排在最前面的单元定为0号单元，即其地址为0，其他单元的地址顺序排列。

由于存储器的容量越来越大，所需要存储的数据也越来越多，因此经常用来描述存储器容量的单位还有KB、MB、GB、TB、PB、EB、ZB、YB、DB、NB等。从Byte按2^{10}即1024变换，换算规则如下。

1 Kilo Byte(KB)＝1024 Byte

1 Mega Byte(MB)＝1024 KB

1 Giga Byte(GB)＝1024 MB

1 Tera Byte(TB)＝1024 GB

1 Peta Byte(PB)＝1024 TB

1 Exa Byte(EB)＝1024 PB

1 Zetta Byte(ZB)＝1024 EB

1 Yotta Byte(YB)＝1024 ZB

1 Bronto Byte(BB)＝1024 YB

1 Nona Byte(NB)＝1024 BB

1 Dogga Byte(DB)＝1024 NB

1 Corydon Byte(CB)＝1024 DB

根据功能的不同，存储器一般可分为内存储器和外存储器两种类型。

内存储器，又称为主存储器，简称内存或主存。用来存放现行程序的指令和数据，具有存取速度快、可直接与运算器及控制器交换信息等特点，但其容量一般不大。按照存取方式，内存储器又可分为随机存储器(Random Access Memory，RAM)和只读存储器(Read Only Memory，ROM)两种。随机存储器用来存放正在执行的程序及所需要的数据，具有存取速度快、集成度高、电路简单等优点，但断电后信息不能保存。只读存储器用来存放监控程序、操作系统等专用程序。

外存储器，又称为辅助存储器，简称外存或辅存。用来存放需要长期保存的信息，其特点是存储容量大、成本低。但它不能直接和运算器、控制器交换信息，需要时可成批地与内存储器交换信息。常用的外存储器有磁盘、U盘、磁带和光盘等。

(4) 输入设备

输入设备是向计算机输入数据和信息的设备，它是计算机与用户或其他设备通信的桥梁。用于输入程序、数据、操作命令、图形、图像以及声音等信息。常用的输入设备有键盘、鼠标、扫描仪、光笔、数字化仪以及语音输入装置等。

(5) 输出设备

输出设备用于将存放在内存中由计算机处理的结果转换为人们所能接受的形式。用于显示或打印程序、运算结果、文字、图形、图像等，也可以播放声音。常用的输出设备有显示器、打印机、绘图仪以及声音播放装置等。

2.2.4 计算机的基本工作原理

指令是能被计算机识别并执行的二进制代码，它规定了计算机能完成的某一种操作。例如，加、减、乘、除、存数、取数等都是一个基本操作，分别可以用一条指令来实现。一台计算机所能执行的所有指令的集合成为该台计算机的指令系统。指令系统是依赖于计算机的，即不同类型的计算机的指令系统不同；另外，计算机硬件只能够识别并执行机器指令，用高级语言编写的源程序必须有程序语言编译系统把它翻译为机器指令后，计算机才能执行。

一般地，指令由操作码和地址码两个部分组成。其中，操作码规定了该指令进行的操作种类，地址码给出了操作数、结果以及下一条指令的地址。在一条指令中，操作码是必须有的。地址码可以有多种形式，如四地址、三地址和二地址等。四地址指令的地址部分包括第一操作数地址、第二操作数地址、存放结果的地址和下一条指令地址，如图 2-10 所示。三地址指令的地址部分只包括第一操作数地址、第二操作数地址和存放结果的地址，下一条指令的地址则从计数器中获得，计算机每执行一条指令后，PC 将自动加 1，从而可形成下一条指令的地址。在二地址指令的地址部分中，使存放操作结果的地址与某一个操作数地址相同，即在执行操作之前该地址存放操作数，操作结束后该地址存放操作结果，这样可以去掉“结果的地址”部分。

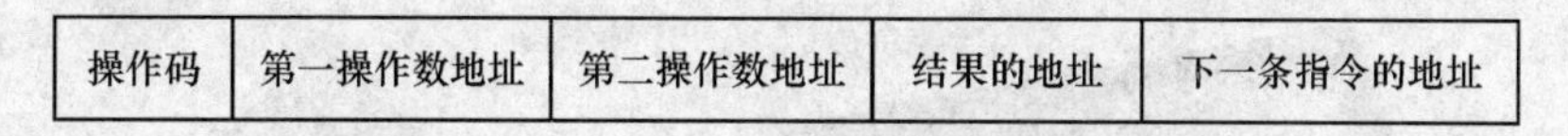

操作码	第一操作数地址	第二操作数地址	结果的地址	下一条指令的地址

图 2-10 四地址指令的一般格式

计算机工作时，有两种信息在流动，分别是数据信息和指令控制信息。数据信息是指原始数据、中间结果、结果数据、源程序等，这些信息从存储器读入运算器进行运算，计算结果再存入存储器或传送到输出设备。指令控制信息是由控制器对指令进行分析、解释后向各部件发出的控制命令，指挥各部件协调地工作。

计算机在执行程序的过程中，先将每条语句分解成一条或多条机器指令，然后按照指令顺序一条一条地执行，直到遇到结束运行的指令为止。

计算机执行指令的过程分为 4 个步骤。

第 1 步，取指令：将要执行的指令从内存中取出并送入控制器中。

第 2 步，分析指令：由控制器对取出的指令进行解码，将指令的操作码转换成相应的控制电位信号，由地址码确定操作数的个数及操作数的来源。

第 3 步，执行指令：根据分析的结果，由控制器发出完成该操作所需要的一系列控制信息，去完成该指令所要求的操作。

第 4 步，上述步骤完成后，指令计数器加 1，为执行下一条指令做好准备。如果遇到转移指令，则将转移地址送入指令计数器。

计算机在运行某一程序时，首先由操作系统把程序由外存装入内存，然后 CPU 从内存读出一条指令到 CPU 内执行，指令执行完后，再从内存读取下一条指令到 CPU 内执行。程序的执行过程就是 CPU 不断地取指令、分析指令和执行指令的过程。

2.3 微型计算机的硬件系统

微型计算机的硬件系统包括主机系统、各种板卡和外部设备。主机系统通常包括主板、CPU、内存、硬盘、光盘驱动器、机箱和电源等。各种板卡(如显卡、声卡、网卡等)接插在主机板的扩展槽上,随着技术的发展,现在很多设备都直接集成在主板上。外部设备包括外部存储器、输入设备和输出设备。

2.3.1 中央处理器

计算机中的中央处理器(CPU)是计算机的核心部件。针对不同的应用范围,CPU 被设计成不同的类型,可分为嵌入式、通用式、微控制式等。嵌入式 CPU 主要用于运行面向特定领域的专用程序,配备轻量级操作系统的智能终端,其应用非常广泛,像移动电话、DVD 播放机、机顶盒、智能手机、平板电视等都在使用嵌入式 CPU。微控制式 CPU 主要用作汽车、空调、自动机械等领域的自控设备中。而通用式 CPU 主要用于 PC、服务器、工作站、笔记本计算机和平板电脑中。

当前可选用的微处理器产品较多,主要有 Intel 公司的 Core 系列、DEC 公司的 Alpha 系列、IBM 和 Apple 公司的 Power PC 系列等。在中国,Intel 公司的产品占有较大的优势,Intel 公司的 Core i7 如图 2-11 所示。

图 2-11 Intel Core i7

计算机的性能在很大程度上由 CPU 的性能决定,而 CPU 的性能主要体现在其运行程序的速度上。影响运行速度的性能指标包括 CPU 的工作频率、Cache 容量、指令系统和逻辑结构等参数。

(1) 主频

主频也叫时钟频率,单位是兆赫(MHz)或千兆赫(GHz),用来表示 CPU 的运算、处理数据的速度。通常,主频越高,CPU 处理数据的速度就越快。

CPU 的主频=外频×倍频系数。主频和实际的运算速度存在一定的关系,但并不是一个简单的线性关系。所以,CPU 的主频与 CPU 实际的运算能力是没有直接关系的,主频表示在 CPU 内数字脉冲信号震荡的速度。在 Intel 的处理器产品中,也可以看到这样的例子:

1 GHz Itanium 芯片能够表现得差不多跟 2.66 GHz 至强(Xeon)/Opteron 一样快,或是 1.5 GHz Itanium 2 大约跟 4 GHz Xeon/Opteron 一样快。CPU 的运算速度还要看 CPU 的流水线、总线等各方面的性能指标。

(2) 外频

外频是 CPU 的基准频率,单位是 MHz。CPU 的外频决定着整块主板的运行速度。通俗地说,在台式机中,所说的超频,都是超 CPU 的外频(当然一般情况下,CPU 的倍频都是被锁住的)相信这点是很好理解的。但对于服务器 CPU 来讲,超频是绝对不允许的。前面说到 CPU 决定着主板的运行速度,两者是同步运行的,如果把服务器 CPU 超频了,改变了外频,会产生异步运行,(台式机很多主板都支持异步运行)这样会造成整个服务器系统的不稳定。

绝大部分计算机系统中外频与主板前端总线不是同步速度的,而外频与前端总线(FSB)频率又很容易被混为一谈。

(3) 总线频率

前端总线(FSB)是将 CPU 连接到北桥芯片的总线。前端总线(FSB)频率(即总线频率)是直接影响 CPU 与内存直接数据交换速度。有一条公式可以计算,即数据带宽=(总线频率×数据位宽)/8,数据传输最大带宽取决于所有同时传输的数据的宽度和传输频率。比方,支持 64 位的至强 Nocona,前端总线是 800 MHz,按照公式,它的数据传输最大带宽是 6.4 Gbit/秒。

外频与前端总线(FSB)频率的区别:前端总线的速度指的是数据传输的速度,外频是 CPU 与主板之间同步运行的速度。也就是说,100 MHz 外频特指数字脉冲信号在每秒钟震荡一亿次;而 100 MHz 前端总线指的是每秒钟 CPU 可接受的数据传输量是 100 MHz×64 bit÷8 bit/Byte=800 Mbit/s。

(4) 倍频系数

倍频系数是指 CPU 主频与外频之间的相对比例关系。在相同的外频下,倍频越高 CPU 的频率也越高。但实际上,在相同外频的前提下,高倍频的 CPU 本身意义并不大。这是因为 CPU 与系统之间数据传输速度是有限的,一味追求高主频而得到高倍频的 CPU 就会出现明显的"瓶颈"效应——CPU 从系统中得到数据的极限速度不能够满足 CPU 运算的速度。一般除了工程样板的 Intel 的 CPU 都是锁了倍频的,少量的如 Intel 酷睿 2 核心的奔腾双核 E6500K 和一些至尊版的 CPU 不锁倍频,而 AMD 之前都没有锁,AMD 推出了黑盒版 CPU(即不锁倍频版本,用户可以自由调节倍频,调节倍频的超频方式比调节外频稳定得多)。

(5) 缓存

缓存大小也是 CPU 的重要指标之一,而且缓存的结构和大小对 CPU 速度的影响非常大,CPU 内缓存的运行频率极高,一般是和处理器同频运作,工作效率远远大于系统内存和硬盘。实际工作时,CPU 往往需要重复读取同样的数据块,而缓存容量的增大,可以大幅度提升 CPU 内部读取数据的命中率,而不用再到内存或者硬盘上寻找,以此提高系统性能。但是由于 CPU 芯片面积和成本的因素来考虑,缓存都很小。

L1 Cache(一级缓存)是 CPU 第一层高速缓存,分为数据缓存和指令缓存。内置的 L1 高速缓存的容量和结构对 CPU 的性能影响较大,不过高速缓冲存储器均由静态 RAM 组成,结构较复杂,在 CPU 管芯面积不能太大的情况下,L1 级高速缓存的容量不可能做得太大。一般服务器 CPU 的 L1 缓存的容量通常在 32～256 KB。

L2 Cache(二级缓存)是CPU的第二层高速缓存,分内部和外部两种芯片。内部的芯片二级缓存运行速度与主频相同,而外部的二级缓存则只有主频的一半。L2高速缓存容量也会影响CPU的性能,原则是越大越好,以前家庭用CPU容量最大的是512 KB,笔记本计算机中也可以达到2 MB,而服务器和工作站上用CPU的L2高速缓存更高,可以达到8 MB以上。

L3 Cache(三级缓存),分为两种,早期的是外置,内存延迟,同时提升大数据量计算时处理器的性能,降低内存延迟和提升大数据量计算能力对游戏都很有帮助。而在服务器领域增加L3缓存在性能方面仍然有显著的提升。具有较大L3缓存的配置利用物理内存会更有效,故它比较慢的磁盘I/O子系统可以处理更多的数据请求。具有较大L3缓存的处理器提供更有效的文件系统缓存行为及较短消息和处理器队列长度。

2.3.2 存储器

存储器是存放程序和数据的装置,存储器的容量越大越好,工作速度越快越好,但二者和价格是互相矛盾的。为了协调这种矛盾,目前的微机系统均采用了分层次的存储器结构,一般将存储器分为三层:主存储器(Memory)、辅助存储器(Storage)和高速缓冲存储器(Cache)。现在一些微机系统又将高速缓冲存储器设计为MPU芯片内部的高速缓冲存储器和MPU芯片外部的高速缓冲存储器两级,以满足高速和容量的需要。

1. 主存储器

主存储器又称内存,CPU可以直接访问它,主要存放将要运行的程序和数据。微机的主存采用半导体存储器,具有体积小、功耗低、工作可靠、扩充灵活等优点。半导体存储器从使用功能上分,有随机存储器(Random Access Memory, RAM),又称读/写存储器;只读存储器(Read Only Memory,ROM)。

随机存储器(Random Access Memory)是一种可以随机读/写数据的存储器,也称为读/写存储器。RAM有以下两个特点:一是可以读出,也可以写入。读出时并不损坏原来存储的内容,只有写入时才修改原来所存储的内容。二是RAM只能用于暂时存放信息,一旦断电,存储内容立即消失,即具有易失性。RAM通常由MOS型半导体存储器组成,根据其保存数据的机理又可分为动态(Dynamic RAM)和静态(Static RAM)两大类。DRAM的特点是集成度高,主要用于大容量内存储器;SRAM的特点是存取速度快,主要用于高速缓冲存储器。

DRAM一般制作成条状,成为内存条,插在主板的内存插槽中。单个内存条的容量有1 GB、2 GB、4 GB、8 GB、32 GB等多种规格。

目前的内存类型有DDR(Double Data Rate,双倍速率同步动态随机存储器)、DDR2、DDR3、DDR4四种。图2-12和图2-13分别为DDR4台式机内存和DDR3笔记本计算机内存。

图2-12 DDR4台式机内存

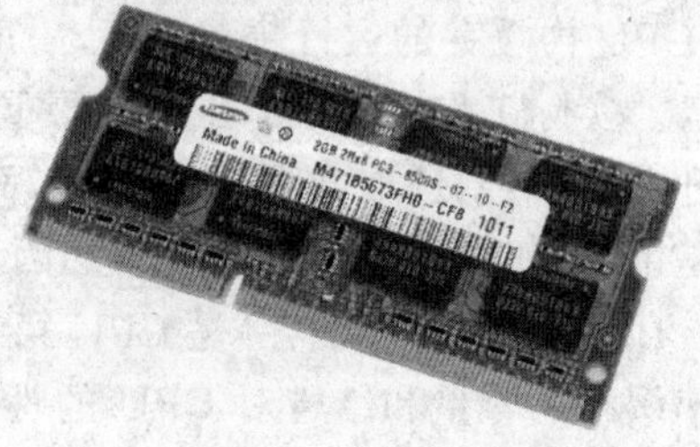

图2-13 DDR3笔记本计算机内存

只读存储器(Read Only Memory),顾名思义,它的特点是只能读出原有的内容,不能由用户再写入新内容。原来存储的内容是采用掩膜技术由厂家一次性写入的,并永久保存下来。它一般用来存放专用的固定的程序和数据。只读存储器是一种非易失性存储器,一旦写入信息后,无须外加电源来保存信息,不会因断电而丢失。

按照是否可以进行在线改写来划分,又分为不可在线改写内容的ROM,以及可在线改写内容的ROM。不可在线改写内容的ROM包括掩膜ROM(Mask ROM)、可编程ROM(PROM)和可擦除可编程ROM(EPROM);可在线改写内容的ROM包括电可擦除可编程ROM(EEPROM)和快擦除ROM(Flash ROM)。

CMOS存储器(Complementary Metal Oxide Semiconductor Memory,互补金属氧化物半导体内存)是一种只需要极少电量就能存放数据的芯片。由于耗能极低,CMOS内存可以由集成到主板上的一个小电池供电,这种电池在计算机通电时还能自动充电。因为CMOS芯片可以持续获得电量,所以即使在关机后,它也能保存有关计算机系统配置的重要数据。

2. 辅助存储器

辅助存储器属外部设备,又称为外存,常用的有磁盘、光盘、磁带等。通过更换盘片,容量可视作无限,主要用来存放后备程序、数据和各种软件资源。但因其速度低,CPU必须要先将其信息调入内存,再通过内存使用其资源。

磁盘分为软磁盘和硬磁盘两种(简称软盘和硬盘)。软盘容量较小,一般为1.2～1.44 MB。硬盘的容量目前已达16 TB,常用的也在1 TB以上。硬盘是计算机主要的存储媒介之一,由一个或者多个铝制或者玻璃制的碟片组成。碟片外覆盖有铁磁性材料。硬盘有固态硬盘(SSD盘,新式硬盘)、机械硬盘(HDD,传统硬盘)、混合硬盘(HHD,一块基于传统机械硬盘诞生出来的新硬盘)。SSD采用闪存颗粒来存储,HDD采用磁性碟片来存储,混合硬盘(Hybrid Hard Disk,HHD)是把磁性硬盘和闪存集成到一起的一种硬盘。绝大多数硬盘都是固定硬盘,被永久性地密封固定在硬盘驱动器中。

硬盘的尺寸主要有3.5英寸台式机硬盘,广泛用于各种台式计算机;2.5英寸笔记本硬盘,广泛用于笔记本计算机、桌面一体机、移动硬盘及便携式硬盘播放器;1.8英寸微型硬盘,广泛用于超薄笔记本计算机、移动硬盘及苹果播放器,如图2-14和图2-15所示。

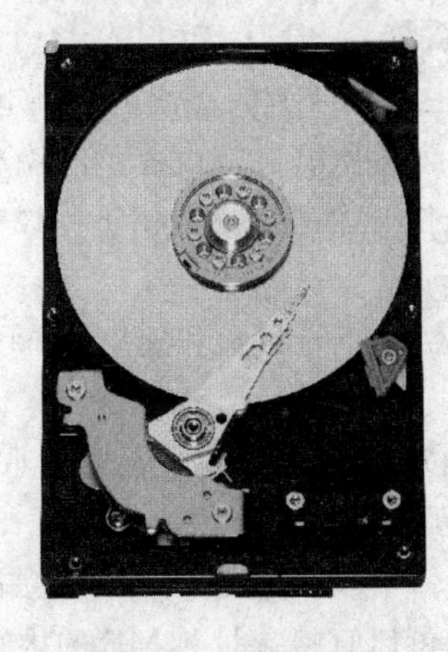

图2-14　机械硬盘

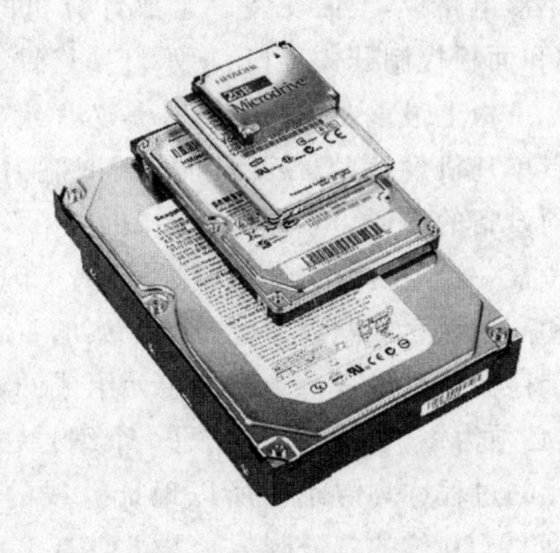

图2-15　不同尺寸硬盘比较

硬盘接口分为 IDE(Integrated Drive Electronics)、SATA(Serial ATA)、SCSI(Serial Attached SCSI)、光纤通道和 SAS 五种。IDE 接口硬盘多用于家用产品中,也部分应用于服务器,SCSI 接口的硬盘则主要应用于服务器市场,而光纤通道只在高端服务器上,价格昂贵。目前,多数硬盘的接口是 SATA。硬盘接口如图 2-16 和 2-17 所示。

图 2-16　SATA 接口硬盘

图 2-17　IDE 接口硬盘

光盘的读写过程和磁盘的读写过程一致,不同就在于它是利用激光束在盘面上烧出斑点进行数据的写入,通过辨识反射激光束的角度来读取数据。光盘和光盘驱动器都有只读和可读写之分。根据光盘结构,光盘主要分为 CD、DVD、蓝光光盘等几种类型。

移动存储指便携式的数据存储装置,指带有存储介质且(一般)自身具有读写介质的功能,不需要或很少需要其他装置(例如计算机)等的协助。现代的移动存储主要有移动硬盘、U 盘和各种记忆卡。不属于移动存储的存储设备有硬盘、软盘、光盘等介质,内置/外置磁盘驱动器等。U 盘,全称 USB 闪存盘,英文名"USB flash disk"。它是一种使用 USB 接口的无须物理驱动器的微型高容量移动存储产品,通过 USB 接口与计算机连接,实现即插即用。目前,U 盘的最大存储容量达到了 1 TB。

2.3.3　总线标准和主板

主板,又叫主机板(mainboard)、系统板(systemboard)或母板(motherboard);它分为商用主板和工业主板两种。它安装在机箱内,是微机最基本的也是最重要的部件之一。主板一般为矩形电路板,上面安装了组成计算机的主要电路系统,一般有 BIOS 芯片、I/O 控制芯片、键和面板控制开关接口、指示灯插接件、扩充插槽、主板及插卡的直流电源供电接插件等元件。主板上最重要的构成组件是芯片组(Chipset)。而芯片组通常由北桥和南桥组成,也有些以单片机设计,增强其性能。这些芯片组为主板提供一个通用平台供不同设备连接,控制不同设备的沟通。系统主板如图 2-18 所示。

要考察一台主机板的性能,除了要看 CPU 的性能与存储器的容量和速度外,采用的总线标准和高速缓存的配置情况也是考察的重要因素。

由于存储器是由一个个存储单元组成的,为了快速地从指定的存储单元中读取或写入数据,就必须为每个存储单元分配一个编号,并称为该单元的地址。利用地址标号查找指定存储单元的过程称为寻址。所以地址总线的位数就确定了计算机管理内存的范围。比如 20 根地址线(20 位的二进制数),共可以有 1 兆个编号,即可以直接寻址 1 MB 的内存空间;若有 32 根地址线,则寻址范围扩大 4 096 倍,达 4 GB。

图 2-18 系统主板

数据总线的位数决定了计算机一次能传送的数据量。在相同的时钟频率下，64 位数据总线的数据传送能力将是 8 位数据总线的 8 倍以上。

为了产品的互换性，各计算机厂商和国际标准化组织统一把数据总线、地址总线和控制总线组织起来形成产品的技术规范，并称为总线标准。目前在通用微机系统中常用的总线标准有 ISA、EISA、VESA、PCI 和 PCMCIA 等，分别简介如下。

(1) ISA(Industrial Standard Architecture)总线

该总线最早安排了 8 根数据总线，共 62 个引脚，主要满足 8088CPU 的要求。后来又增加了 36 个引脚，数据总线扩充到 16 位，总线传输率达到 8 Mbit/s，适应 80286CPU 的需求，成为 AT 系列微机的标准总线。

(2) EISA(Extend ISA)总线

该总线的数据线和地址线均 32 根，总线数据传输率达到 33 Mbit/s，满足了 80386CPU 和 80486CPU 的要求，并采用双层插座和相应的电路技术保持与 ISA 总线的兼容。

(3) VESA(也称 VL-BUS)总线

该总线的数据线有 32 根，留有扩充到 64 位的物理空间。采用局部总线技术使总线数据传输率达到 133 Mbit/s，支持高速视频控制器和其他高速设备接口，满足了 80386CPU 和 80486 CPU 的要求，并采用双层插座和相应的电路技术保持与 ISA 总线的兼容。支持 Intel、AMD、Cyrix 等公司的 CPU 产品。

(4) PCI(Peripheral Controller Interface)总线

PCI 总线采用局部总线技术，在 33 MHz 下工作时数据传输率为 132 Mbit/s，不受制于处理器且保持与 ISA、EISA 总线的兼容。同时 PCI 还留有向 64 位扩充的余地，最高数据传输率为 264 Mbit/s，支持 Intel80486、Pentium 以及更新的微处理器产品。

2.3.4 常用的输入/输出设备

输入/输出(I/O)设备又称外部设备或外围设备，简称外设。输入设备用来将数据、程序、控制命令等转换成二进制信息，存入计算机内存；输出设备将经计算机处理后的结果显示或打印输出。外设种类繁多,常用的外部设备有键盘、显示器、打印机、鼠标器、绘图机、扫描仪、光学字符识别装置、传真机、智能书写终端设备等。其中键盘、显示器、打印机是目前用得最多的常规设备。

(1) 键盘

尽管目前人工的语音输入法、手写输入法、触摸输入法,自动的扫描识别输入法等的研究已经有了巨大的进展,相应的各类软、硬件产品也已开始推广应用,但近期内键盘仍将是最主要的输入设备。依据键的结构形式,键盘分为有触点和无触点两类。有触点键盘采用机械触点按键,价廉但易损坏。无触点键盘采用霍尔磁敏电子开关或电容感应开关,操作无噪声、手感好、寿命长,但价格较贵。键盘的外部结构一直在不断地更新,现今常用的是标准 101、102、103 键盘。键盘的接口电路已经集成在主机板上,可以直接插入使用,如图 2-19 所示。

图 2-19 键盘

(2) 显示器

显示器由监视器(Monitor)和装在主机内的显示控制适配器(Adapter)两部分组成。

目前主流的显示器是液晶显示器。液晶显示器的工作原理:液晶是一种介于固体和液体之间的特殊物质,它是一种有机化合物,常态下呈液态,但是它的分子排列却和固体晶体一样非常规则,因此取名液晶。它的另一个特殊性质在于,如果给液晶施加一个电场,会改变它的分子排列,这时如果给它配合偏振光片,它就具有阻止光线通过的作用(在不施加电场时,光线可以顺利透过),如果再配合彩色滤光片,改变加给液晶电压大小,就能改变某一颜色透光量的多少,也可以形象地说改变液晶两端的电压就能改变它的透光度(但实际中这必须和偏光板配合)。

(3) 鼠标

鼠标器目前已经成为最常用的输入设备之一。它通过串行接口和计算机相连,其上有两个或三个按键,即有两键鼠标和三键鼠标。将鼠标器上的按键分别称为左键、右键和中键,当前最常用的是在食指下的左键,其次是右键。鼠标器的基本操作为移动光标、单击、双击和拖动鼠标。即当鼠标器正常连接到计算机、其驱动软件被正确安装并启动运行后屏幕上就会出现一个箭头形状的符号,这时移动鼠标器此箭头形符号也随之移动。随移动鼠标器而移动的屏幕符号称为鼠标的光标,也简称鼠标。当鼠标光标处于某确定位置时按一下鼠标器按键称为单击鼠标;迅速地连续两次点按鼠标器按键称为双击鼠标;若按下鼠标器按键不放并移动鼠标就称为拖动鼠标。显然单击和双击鼠标器有左右之分，后文中的“单击”或“双击”若不加说明即指单击或双击鼠标器左键。

(4) 打印机

打印机也经历了数次更新，目前已进入了激光打印机(Laser Printer)的时代，但针式点阵击打式打印机(Dot Matrix Impact Printer)仍在广泛应用。点阵打印机是利用电磁铁高速地击打 24 根打印针而把色带上的墨汁转印到打印纸上，工作噪声较大，速度较慢，约 1～2 页/分(即每分钟打印 1～2 页 B5 纸)，分辨率也只有 120～180 点/英寸(即每英寸上 120～180 点)；激光打印机利用激光产生静电吸附效应，通过硒鼓将碳粉转印并定影到打印纸上，工作噪声小，普及型的输出速度也在 6 页/分，分辨率高达 600 点/英寸以上。另一种打印机是喷墨打印机，各项指标都处于前两种打印机之间。激光打印机和针式打印机如图 2-20 和图 2-21 所示。

图 2-20　激光打印机

图 2-21　针式打印机

2.4　信息的数字化表示

数据是信息的载体，计算机加工的对象是数据。计算机所处理的数据除了数学中的数值外，用数字编码的字符、声音、图形、图像等都是数据。数据有各种各样的类型，即使是数值也有整型、实型、双精度型、逻辑型之分。计算机所处理的数据都是使用二进制编码表示的。

2.4.1　数制

按进位的原则进行计数称为进位计数制，简称数制。在日常生活中最常用的数值是十进制。除了十进制计数以外，在我们生活中还有许多非是进制的技术方法。例如，计时采用六十进制，即 60 秒为 1 分，60 分为 1 小时；1 星期有 7 天，是七进制；1 年有 12 个月，使用的是十二进制的计数法。由于在计算机中是使用电子器件的不同状态来表示数，而电信号一般只有两种状态，即电信号电平的高低表示，因此，在计算机中采用的数制是二进制。由于二进制不便于书写，所以还需要使用八进制和十六进制。

(1) 基数

数制是 N 进制，其进位规则就是“逢 N 进一”。这里的 N 指的是数制中需要的字符的总个数，称为基数。例如，十进制通过 0、1、2、3、4、5、6、7、8、9 这 10 个不同的符号来表示数值，即十进制数制中字符的个数是 10，基数为 10。

(2) 位权

在某种数制中，每个数位上的数码所代表的数值大小等于在这个数位上的数码乘以一个固定的数值，这个固定的数值就是这种进位计数制中该数位上的位权。也可以理解为对于多位数，处在某一位上的"1"所表示的数值的大小。例如十进制第 2 位的位权为 10，第 3 位的位权为 100；而二进制第 2 位的位权为 2，第 3 位的位权为 4，对于 N 进制数，整数部分第 i 位的位权为 $N^{(i-1)}$，而小数部分第 j 位的位权为 N^{-j}。

(3) 十进制数(Decimal)

十进制数使用 0～9 共 10 个阿拉伯数字符号，其二是相邻两位之间为"逢十进一"或"借一当十"的关系，即同一数码在不同的数位上代表不同的数值。数位的序号为以小数点为界，其左边的数位序号为 0，向左每进一位序号加一，先后向右每走一位序号减一。由此任一个十进制数都可以表示为一个按位权展开的多项式之和，如十进制数 5 432.1 可表示为

$$5\ 432.1D=5\times10^3+4\times10^2+3\times10^1+2\times10^0+1\times10^{-1}$$

其中 10^3、10^2、10^1、10^0、10^{-1} 分别是千位、百位、十位、个位和十分位的位权。

(4) 二进制数(Binary)

二进制使用的符号仅采用"0"和"1"，所以基数是 2；相邻两位之间为"逢二进一"或"借一当二"的关系。它的"位权"可表示成"2^i"，2 为其基数，i 为数位序号，取值法和十进制相同。所以任何一个二进制数都可以表示为按位权展开的多项式之和，如二进制数 1 100.1 可表示为

$$1\ 100.1B=1\times2^3+1\times2^2+0\times2^1+0\times2^0+1\times2^{-1}$$

对于二进制小数，小数点向右移动一位，数就扩大 2 倍；反之，小数点向左移动一位，数就缩小 2 倍，这个性质与十进制类似。二进制的算术运算规则如下。

加法法则：0+0=0　0+1=1　1+0=1　1+1=10

减法法则：0-0=0　0-1=1(向高位借位)　1-0=1　1-1=0

乘法法则：0×0=0　0×1=0　1×0=0　1×1=1

除法法则：0÷1=0　1÷1=1　1÷0 和 0÷0 无意义

(5) 八进制数(Octal)

和十进制与二进制类似，八进制用的数码共有 8 个，即 0～7，基数是 8；相邻两位之间为"逢八进一"和"借一当八"的关系，它的"位权"可表示成"8^i"。任何一个八进制数都可以表示为按位权展开的多项式之和，如八进制数 1 234.5 可表示为

$$1\ 234.5O=1\times8^3+2\times8^2+3\times8^1+4\times8^0+5\times8^{-1}$$

(6) 十六进制数(Hexadecimal)

十六进制用的数码共有 16 个，除了 0～9 外又增加了 6 个字母符号 A、B、C、D、E、F，分别对应 10、11、12、13、14、15，其基数是 16；相邻两位之间为"逢十六进一"和"借一当十六"的关系，它的"位权"可表示成"16^i"。任何一个十六进制数都可以表示为按位权展开的多项式之和，如数 3AC7.D 可表示为

$$3AC7.DH=3\times16^3+10\times16^2+12\times16^1+7\times16^0+13\times16^{-1}$$

在对不同数制具体数值进行描述时,可以通过添加字母后缀或者下角标注来区分,如表 2-1所示。

表 2-1　常用进位计数值的表示方法

数制	计算规则	基数	数字符号	权值	表示形式
二进制	逢二进一	2	0、1	2^i	110B,$(110)_2$
十进制	逢十进一	10	0～9	10^i	190D,$(190)_{10}$
八进制	逢八进一	8	0～7	8^i	170O,$(170)_8$
十六进制	逢十六进一	16	0～9、A、B、C、D、E、F	16^i	12AH,$(12A)_{16}$

数制虽然有很多表示形式,但不论是哪种数制,其计数和运算都有共同的规律和特点。采用位权表示法的数制具有以下 3 个特点:

① 数字的总个数等于基数。

② 最大的数字比基数小 1。

③ 每个数字都要乘以基数的幂次,该幂次由每个数字所在的位置决定。

对于 N 进制而言,其基数为 N,使用 N 个字符表示数值,其中最大的数字为 N－1,任何一个 N 进制数 $A=A_nA_{n-1}\cdots A_1A_0A_{-1}A_{-2}\cdots A_{-m}$ 均可表示为如下形式:

$$A=A_n\times N^n+A_{n-1}\times N^{n-1}+\cdots+A_1\times N^1+A_0\times N^0+A_{-1}\times N^{-1}+\cdots+A_{-m}\times N^{-m}$$
$$=\sum_{i=n}^{0}A_i\times N^i+\sum_{i=-1}^{-m}A_i\times N^i=\sum_{i=n}^{-m}A_i\times N^i$$

2.4.2　不同数制间的转换

将数从一种数制转换为另一种数制的过程成为数制间的转换。因为通常使用的是十进制数,而计算机中使用的是二进制数。因此,必须将输入的十进制数转换为计算机能够接受的二进制数,计算机运算结束后再将二进制数转换为人们习惯的十进制数展示给用户。在计算机中引入八进制和十六进制的目的是为了书写和表示上的方便,在计算机内部信息的存储和处理仍然使用二进制数。十进制数与其他进制数之间的对应关系如表 2-2 所示。

表 2-2　十进制数与其他进制数之间的对应关系

十进制	二进制	八进制	十六进制	十进制	二进制	八进制	十六进制
1	1	1	1	9	1001	11	9
2	10	2	2	10	1010	12	A
3	11	3	3	11	1011	13	B
4	100	4	4	12	1100	14	C
5	101	5	5	13	1101	15	D
6	110	6	6	14	1110	16	E
7	111	7	7	15	1111	17	F
8	1000	10	8	16	10000	20	10

1. 十进制数转换为非十进制数

将十进制数转换为二进制、八进制或十六进制等非十进制数的方法是类似的，其步骤是将十进制数分为整数和小数两部分分别进行转换。

(1) 十进制整数转换为非十进制整数

将十进制整数转换为非十进制整数采用“除基取余法”，即将十进制整数逐次除以需转换为数制的基础，直到商为0为止，然后将所得到的余数自下而上排列即可。简言之，将十进制整数转换为非十进制整数的规则：除基取余，先余为低(位)，后余为高(位)。

【例 2-1】 将十进制整数39转换为二进制整数。

解

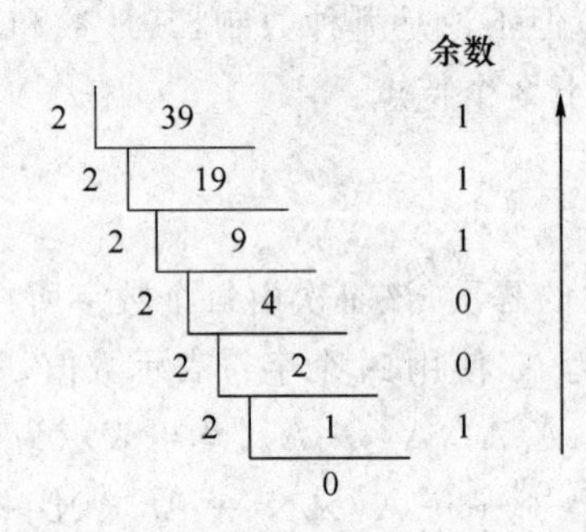

则得：$(39)_{10}=(100111)_2$

【例 2-2】 将十进制整数39转换为八进制整数。

解

余数

8 | 39 ... 7

8 | 4 ... 4

0

则得：$(39)_{10}=(47)_8$

【例 2-3】 将十进制整数39转换为十六进制整数。

解

余数

16 | 39 ... 7

16 | 2 ... 2

0

则得：$(39)_{10}=(27)_{16}$

(2) 十进制小数转换为非十进制小数

将十进制小数转换为非十进制小数采用“乘基取整法”，即将十进制小数逐次乘以需要转换为数制的基数，直到小数部分的当前值等于0为止，然后将所得到的整数自上而下排列。简言之,该规则为:乘基取整,先整为高(位),后整为低(位)。

【例 2-4】 将十进制小数 0.625 转换为二进制小数。

解

$$\begin{array}{rr|c}
 & 0.625 & \text{整数} \\
\times & 2 & \\
\hline
 & 1.25 & 1 \\
 & 0.25 & \\
\times & 2 & \\
\hline
 & 0.5 & 0 \\
\times & 2 & \\
\hline
 & 1.0 & 1
\end{array}\ \downarrow$$

则得:$(0.625)_{10}=(0.101)_2$

【例 2-5】 将十进制小数 0.725 转换为二进制小数。

解

$$\begin{array}{rr|c}
 & 0.725 & \text{整数} \\
\times & 2 & \\
\hline
 & 1.45 & 1 \\
 & 0.45 & \\
\times & 2 & \\
\hline
 & 0.9 & 0 \\
\times & 2 & \\
\hline
 & 1.8 & 1 \\
 & 0.8 & \\
\times & 2 & \\
\hline
 & 1.6 & 1 \\
 & \vdots &
\end{array}\ \downarrow$$

则得:$(0.725)_{10}=(0.1011\cdots)_2$

由上例可见,十进制小数并不是都能够用到有限位的其他进制数精确地表示。这时应根据精度要求转换到一定的位数为止,然后将得到的整数自上而下排列作为该十进制小数的二进制近似值。

如果一个十进制整数既有整数部分,又有小数部分,则应将整数部分和小数部分分别进行转换,然后把两者相加便得到结果。

【例 2-6】 将十进制数 75.625 转换为二进制数。

解 由于$(75)_{10}=(1001011)_2$ $(0.625)_{10}=(0.101)_2$

所以:$(75.625)_{10}=(1001011.101)_2$

2. 非十进制数转换为十进制数

非十进制数转换为十进制数采用“位权法”,即把各个非十进制数按权展开,然后求和,便可得到转换结果。

【例 2-7】 将二进制数 11011 转换为十进制数。

解 $(11011)_2=1\times2^4+1\times2^3+0\times2^2+1\times2^1+1\times2^0=16+8+0+2+1=(27)_{10}$

【例 2-8】 将二进制数 10110.001 转换为十进制数。

解 $(10110.001)_2=1\times2^4+0\times2^3+1\times2^2+1\times2^1+0\times2^0+0\times2^{-1}+0\times2^{-2}+1\times2^{-3}$

$=16+0+4+2+0+0+0+0.125=(22.125)_{10}$

表 2-3 中分别列出了常见十进制整数和小数与二进制整数和小数之间的对照表。

表 2-3　常见十进制数与二进制数之间的对照表

十进制数	二进制数	十进制数	二进制数
0	0	10	1010
0.0625($=2^{-4}$)	0.0001	11	1011
0.125($=2^{-3}$)	0.001	12	1100
0.25($=2^{-2}$)	0.01	13	1101
0.5($=2^{-1}$)	0.1	14	1110
1($=2^{0}$)	1	15	1111
2($=2^{1}$)	10	16($=2^{4}$)	10000
3	11	32($=2^{5}$)	100000
4($=2^{2}$)	100	64($=2^{6}$)	1000000
5	101	128($=2^{7}$)	10000000
6	110	256($=2^{8}$)	100000000
7	111	512($=2^{9}$)	1000000000
8($=2^{3}$)	1000	1024($=2^{10}$)	10000000000
9	1001	2048($=2^{11}$)	100000000000

【例 2-9】 将八进制数 104 转换为十进制数。

解　$(104)_8=1\times8^2+0\times8^1+4\times8^0=64+0+4=(68)_{10}$

【例 2-10】 将十六进制数 12D.4 转换为十进制数。

解　$(12D.4)_{16}=1\times16^2+2\times16^1+13\times16^0+4\times16^{-1}=256+32+13+0.25=(301.25)_{10}$

3. 二进制与其他进制之间的转换

(1) 二进制与八进制之间的转换

由于 3 位二进制数恰好是 1 位八进制数，所以若把二进制数转换为八进制数，只要以小数点为界，将整数部分自右向左 3 位一组，小数部分自左向右 3 位一组（不足 3 位用 0 补足），然后将各个 3 位二进制数转换为对应的 1 位八进制数，即得到转换结果。反之，若将八进制数转换为二进制数，只要把每 1 位八进制数转换为对应的 3 位二进制数即可。

【例 2-11】 将二进制数 11011010111001.1011101 转换为八进制数。

解　$(11011010111001.1011101)_2=(11\quad 011\quad 010\quad 111\quad 001.101\quad 110\quad 100)_2$

$=(3\quad 3\quad 2\quad 7\quad 1.5\quad 6\quad 4)_8$

则得：$(11011010111001.1011101)_2=(33271.564)_8$

【例 2-12】 将八进制数 127.245 转换为二进制整数。

解　$(33271.564)_8=(011\quad 011\quad 010\quad 111\quad 001.101\quad 110\quad 100)_2$

则得：$(33271.564)_8=(11011010111001.1011101)_2$

(2) 二进制与十六进制之间的转换

类似地，由于 4 位二进制数恰好是 1 位十六进制数，所以若把二进制数转换为十六进制数，只要以小数点为界，将整数部分自右向左 4 位一组，小数部分自左向右 4 位一组(不足 4 位用 0 补足)，然后将各个 4 位二进制数转换为对应的 1 位十六进制数，即得到转换结果。反之，若将十六进制数转换为二进制数，只要把每 1 位十六进制数转换为对应的 4 位二进制数即可。

【例 2-13】 将二进制数 11011010111001. 1011101 转换为十六进制数。

解 $(11011010111001.1011101)_2=(11\ \ 0110\ \ 1011\ \ 1001.1011\ \ 1010)_2$

$=(3\ \ 6\ \ B\ \ 9.B\ \ A)_{16}$

则得：$(11011010111001.1011101)_2=(36B9.BA)_{16}$

【例 2-14】 将十六进制数 4FBA. 9C 转换为二进制数。

解 $(4FBA.9C)_{16}=(1000\ \ 1111\ \ 1011\ \ 1010.1001\ \ 1100)_2$

则得：$(4FBA.9C)_{16}=(1000111110111010.100111)_2$

2.4.3 符号数的表示方式

在数学中，是通过正负号放在绝对值前来表示该数是正数还是负数。在计算机中使用符号位来表示正数和负数。通常将符号位放在数的最前面，“0”表示正数，“1”表示负数。在计算机中，负数有 3 种表示方法：原码、反码和补码。任何正数的原码、反码和补码的形式完全相同，而负数的表示不同。通常将数在计算机内的各种编码表示称为机器数，把其所代表的实际值叫作机器数的真值。

(1) 原码

数 X 的原码标记为$[X]_{原}$，用符号位和数值表示带符号数，正数的符号位用“0”表示，负数的符号位用“1”表示，数值部分用二进制形式表示。

例如，使用 8 位二进制数描述，$[+66]_{原}=01000110$，$[-66]_{原}=11000110$

(2) 反码

数 X 的反码标记为$[X]_{反}$，正数的反码与原码相同，负数的反码对概述的原码除符号位外按位取反。

例如，使用 8 位二进制数描述，$[+66]_{反}=01000110$，$[-66]_{饭}=10111001$

(3) 补码

数 X 的补码标记为$[X]_{补}$，正数的补码与原码相同，负数的补码为该数的原码除符号位外按位取反，然后再最后一位加 1。

例如，使用 8 位二进制数描述，$[+66]_{补}=01000110$，$[-66]_{补}=10111010$

2.4.4 数的定点表示和浮点表示

在计算机内部，并不是显式的表示出小数点，而是通过对小数点的位置加以规定来表示。根据数中小数点的位置是否固定，可分为定点表示法和浮点表示法来表示小数点。

(1) 定点表示法

计算机中所有数的小数点的位置是固定不变的，因此小数点无须使用专门的记号表示出来。常用的定点数主要有定点小数格式和定点整数格式两种。

定点小数格式把小数点固定在数值部分最高位的左边。因此，定点小数格式表示的所有数都是绝对值小于 1 的纯小数。

定点整数格式把小数点固定在数值部分最低位的右边。因此,定点整数格式表示的所有数都是绝对值在一定范围内的整数。

(2) 浮点表示法

浮点数是指小数点位置不固定的数。一个浮点数分为阶码和尾数两部分,其中,阶码用于表示小数点在该数中的位置,尾数用于表示数的有效数值。由于阶码表示小数点的位置,所以阶码总是一个整数,可以是正整数也可以是负整数,尾数可以采用整数或纯小数两种形式。

2.4.5 信息的计算机编码

由于计算机只能识别二进制代码,数字、字母、符号等必须以特定的二进制代码来表示,称为它们的二进制编码。

(1) 十进制数的编码

当十进制小数转换为二进制数时将会产生误差,为了精确地存储和运算十进制数,可用若干位二进制数码来表示1位十进制数,称为二进制编码的十进制数,简称二—十进制代码BCD(Binary Code Decimal)。由于十进制数有10个数码,起码要用4位二进制数才能表示一位十进制数,而4位二进制数能表示16个符号,所以就存在有多种编码方法。其中8421码是常用的一种,它利用了二进制数的展开表达式形式,即各位的位权由高位到低位分别是8、4、2、1,方便了编码和解码的运算操作。若用BCD码表示十进制数8421就可以直接写出结果:1000 0100 0010 0001。BCD码与十进制数字对应表如表2-4所示。

表 2-4 BCD(8421)码与十进制数字对应表

十进制数字	BCD码	十进制数字	BCD码	十进制数字	BCD码	十进制数字	BCD码
0	0000	3	0011	6	0110	9	1001
1	0001	4	0100	7	0111		
2	0010	5	0101	8	1000		

(2) 字母和常用符号的编码

在英语书中用到的字母为52个(大、小写字母各26个),数码10个,数学运算符号和其他标点符号等约32个,再加上用于打字机控制的无图形符号等,共计近128个符号。对128个符号编码需要7位二进制数,且可以有不同的排列方式,即不同的编码方案。其中ASCII代码(American Standard Code for Information Interchange,美国标准信息交换码)是使用最广泛的字符编码方案。ASCII编码表如附录A所示。

ASCII在初期主要用于远距离的有线或无线电通信中,为了及时发现在传输过程中因电磁干扰引起的代码出错,设计了各种校验方法,其中奇偶校验是最多采用的一种。即在7位ASCII之前再增加一位用做校验位,形成8位编码。若采用偶校验,即选择校验位的状态使包括校验位在内的编码内所有为"1"的位数之和为偶数。例如大写字母"C"的7位编码是"1000011",共有3个"1",则使校验位置"1",即得到字母"C"的带校验位的8位编码"11000011";若原7位编码中已有偶数位"1",则校验位置"0"。在数据接收端则对接受的每一个8位编码进行奇偶性检验,若不符合偶数个(或奇数个)"1"的约定就认为是一个错码,并通知对方重复发送一次。由于8位编码的广泛应用,8位二进制数也被定义为一个字节,成为计算机中的一个重要单位。

(3) 汉字编码

汉字是世界上使用最多的文字，是联合国的工作语言之一，汉字处理的研究对计算机在我国的推广应用和加强国际交流都是十分重要的。但汉字属于图形符号，结构复杂，多音字和多义字比例较大，数量太多(字形各异的汉字据统计有 50 000 个左右，常用的也在 7 000 个左右)。这些导致汉字编码处理和西文有很大的区别，在键盘上难于表现，输入和处理都难得多。依据汉字处理阶段的不同汉字编码可分为输入码、显示字形码、机内码和交换码。

在键盘输入汉字用到的汉字输入码现在已经有数百种，商品化的也有数十种，广泛应用的有五笔字型码、全/双拼音码、自然码等。但归纳起来可分为数字码、拼音码、字形码和音形混合码。数字码以区位码、电报码为代表，一般用 4 位十进制数表示一个汉字，每个汉字编码唯一，记忆困难。拼音码又分全拼和双拼，基本上无须记忆，但重音字太多。为此又提出双拼双音、智能拼音和联想等方案，推进了拼音汉字编码的普及使用。字形码以五笔字型为代表，优点是重码率低，适用于专业打字人员应用，缺点是记忆量大。自然码则将汉字的音、形、义都反映在其编码中，是混合编码的代表。

要在屏幕或在打印机上输出汉字，就需要用到汉字的字形信息。目前表示汉字字形常用点阵字形法和矢量法。

点阵字形是将汉字写在一个方格纸上，用一位二进制数表示一个方格的状态，有笔画经过记为“1”，否则记为“0”，并称其为点阵。把点阵上的状态代码记录下来就得到一个汉字的字形码。显然，同一汉字用不同的字体或不同大小的点阵将得到不同的字形码。由于汉字笔画多，至少要用 16×16 的点阵(简称 16 点阵)才能描述一个汉字，这就需要 256 个二进制位，即要用 32 字节的存储空间来存放它。若要更精密地描述一个汉字就需要更大的点阵，比如 24×24 点阵(简称 24 点阵)或更大。将字形信息有组织地存放起来就形成汉字字形库。一般 16 点阵字形用于显示，相应的字形库也称为显示字库。

矢量字形则是通过抽取并存放汉字中每个笔画的特征坐标值，即汉字的字形矢量信息，在输出时依据这些信息经过运算恢复原来的字形。所以矢量字形信息可适应显示和打印各种字号的汉字。其缺点是每个汉字需存储的字形矢量信息量有较大的差异，存储长度不一样，查找较难，在输出时需要占用较多的运算时间。

有了字形库，要快速地读到要找的信息，必须知道其存放单元的地址。当输入一个汉字并要把它显示出来，就要将其输入码转换成为能表示其字形码存储地址的机内码。根据字库的选择和字库存放位置的不同，同一汉字在同一计算机内的内码也将是不同的。

上面看到，汉字的输入码、字形码和机内码都不是唯一的，不便于不同计算机系统之间的汉字信息交换。为此我国制订了《信息交换用汉字编码字符集基本集》，即 GB2312—80，提供了统一的国家信息交换用汉字编码，称为国标码。该标准集中规定了 682 个西文字符和图形符号、6 763 个常用汉字。6 763 个汉字被分为一级汉字 3 755 个和二级汉字 3 008 个。每个汉字或符号的编码为两字节，每个字节的低 7 为汉字编码，共计 14 位，最多可编码 16 384 个汉字和符号。为避开 ASCII 中的控制码，国标码规定了 94×94 的矩阵，即 94 个可容纳 94 个汉字的“区”，并将汉字在区中的位置称为“位号”。汉字所在的区号和位号合并起来就组成了该汉字的区位码。利用区位码可方便地换算为机内码：高位内码＝区号＋20H＋80H，低位内码＝位号＋20H＋80H。

其中加 20H 是为了避开 ASCII 的控制码(在 0～31);加 80H 是把每字节的最高位置“1”以便于与基本的 ASCII 区分开来。

除 GB2312—80 外,GB7589—87 和 GB7590—87 两个辅助集也对非常用汉字做出了规定,三者共定义汉字 21 039 个。

(4) 多媒体信息表示

计算机不仅能处理文字、数据,还能处理声音、图像、视频等多媒体信息。在多媒体计算机中,对各种多媒体信息也是基于二进制表示的,只是形式更复杂。

计算机中广泛应用的数字化声音文件有两类:一类是专门用于记录乐器声音的 MIDI 文件;另一类是采集各种声音的机械振动而得到的数据文件,称为波形文件,波形文件就是声音文件数字化的结果,可以通过录音来获取。音源发出的声音经麦克风转换为模拟信号,模拟声音信号经声卡的采样、量化、编码,得到数字化结果。

数字图像是以 0 或 1 的二进制数据表示的,便于修改、易于复制、保存。数字图像有两种形式,矢量图(Vector-based Image)和位图(Bit-mapped Image)。

矢量图是以数学方式来记录图像的,由软件制作而成,其优点是信息存储量小,分辨率完全独立,在图像的尺寸放大或缩小的过程中图像的质量不受任何影响。

位图是以点或像素的方式来记录图像的,图像由许许多多的小点组成。创建位图图像最常用的方法就是通过扫描来获得。图像数字化的过程是:先将图像分割成像素,再将像素对应的信号转换成二进制编码信息,如图 2-22 所示。图像信号也是经过采样、量化、编码过程转换成数字信号。位图图像的优点是色彩显示自然、逼真,但在图像的放大缩小过程中会产生失真,随着图像尺寸或精度的提高,所占用的存储空间急剧增大。

图 2-22　位图示例

(5) 信息的组织、传输和检索

计算机系统以层次结构组织数据,该层次结构从位(bit)、字节(Byte)开始,进而形成域、记录、文件和数据库。位是计算机数据处理的最小单位,8 位称为一个字节,可表示一个字符,两个字节可表示一个汉字;一组字符可以表达一个单词;一组单词、数值或汉字可以形成一个域;一组相关的域可以形成记录;一组同类的记录可以形成一个文件,一组相关的文件可以形成数据库。

信息传输就是把人们需要的信息从空间中的一点传送到另一点,其核心问题是如何准确、迅速、安全、可靠地完成传输任务。信息传输需借助于许多先进、高效的通信设备与技术，如光纤通信、卫星通信、计算机与网络通信、图像传输和移动通信等。关于这些具体的通信设备与技术，本章不作详细介绍，有兴趣的读者可以参阅后面的章节或有关的著作。

信息检索(Information Retrieval)就是从海量数据中查找所需要的信息，它经历了手工检索、计算机检索到网络化、智能化检索等多个发展阶段。目前，信息检索已经发展到网络化和智能化的阶段。信息检索的对象从相对封闭，稳定一致，由独立数据库集中管理的信息内容扩展到开放、动态、更新快、分布广泛、管理松散的Web内容；信息检索的用户也由原来的情报专业人员扩展到包括商务人员、管理人员、教师学生、各专业人士等在内的普通大众，他们对信息检索从结果到方式提出了更高、更多样化的要求。适应网络化、智能化以及个性化的需要是目前信息检索技术发展的新趋势。

2.5　计算机的应用领域

由于计算机具有以上特点，因而它对人类科学技术的发展产生了深远的影响，极大地增强了人类认识世界、改造世界的能力，在国民经济和社会生活的各个领域有着非常广泛的应用。按照应用领域划分，计算机有以下几个方面用途：科学计算、数据处理、实时控制、人工智能、计算机辅助工程和辅助教育、娱乐与游戏等。本节将从行业的角度，介绍计算机在制造业、商业、银行与证券业、交通运输业、办公自动化与电子政务、教育、医学、科学研究以及艺术与娱乐等中的综合应用。其中既包括了传统的应用，也包括了许多新的应用领域，同时也介绍了将计算机应用于各行各业所使用的主要技术和方法。

2.5.1　计算机在制造业中的应用

制造业是计算机的传统应用领域。在制造业的工厂使用计算机可减少工人数量、缩短生产周期、降低生产成本、提高企业效益。计算机在制造业中的应用主要有计算机辅助设计(CAD)、计算机辅助制造(CAM)以及计算机集成自造系统(CIMS)等。

(1) 计算机辅助设计

计算机辅助设计(Computer Aided Design，CAD)是使用计算机来辅助人们完成产品或工程的设计任务的一种方法和技术。CAD使得人与计算机均能发挥各自的特长，它利用计算机的大量信息的存储、检索、分析、计算、逻辑判断、数据处理以及绘图等功能，并与人的设计策略、经验、判断力和创造性相结合，共同完成产品或者工程项目的设计工作，实现设计过程的自动化或半自动化。目前，建筑、机械、汽车、飞机、船舶、大规模集成电路、服装等设计领域都广泛地使用了计算机辅助设计系统，大大提高了设计质量和成产效率。

由于计算机辅助设计需要利用计算机来进行绘图、计算、工程管理，因此对计算机硬件有较高的要求，即运算速度要快、存储容量要大、显示器的屏幕要打并且需要配置绘图仪、扫描仪等输入/输出设备。以前的CAD系统都是运行在大型机或小型机上的。随着微型计算机性能的提高，目前CAD软件已经可以在高性能微型计算机或工作站上运行，CAD软件的功能也十分强大，它不仅用计算机的显示器代替了手工制图板，用计算机绘图代替了人工绘图，而且可以快速地创建和修改对象，特别是采用了三维动画技术，使得设计者可以创造出旋转的三维图像，并能够在仿真的环境中进行试验。

目前应用较广泛的CAD软件是Autodesk公司开发的AutoCAD。该软件具有完善的图形绘制和图形编辑功能，可采用多种方式进行二次开发或用户定制，可进行多种图形格式的转换，具有较强的数据交换能力，同时支持多种硬件设备和操作平台。它所具有的精确快捷的绘图、个性化造型设计功能以及开放性的设计平台，可以适应机械、建筑、汽车、电子、绘图、服装以及航天航空等行业的设计需求。

(2) 计算机辅助制造

计算机辅助制造(Computer Aided Manufacturing，CAM)是使用计算机辅助人们完成工业产品的制造任务。通常可以定义为能通过直接或间接地与工厂生产资源接口的计算机来完成制造系统的计划、操作工序控制和管理工作的计算机应用系统。也就是说，利用CAM技术从对设计文档、工艺流程、生产设备等的管理，到对加工与生产装置的控制和操作，都可以在计算机的辅助下完成。

计算机辅助制造是一个使用计算机以及数字技术来生成面向制造的数据的过程。计算机辅助制造的应用可分为两大类。

① 计算机直接与制造过程连接的应用这种应用系统中的计算机与制造过程及生产装置直接连接，进行制造过程的监视和控制。例如计算机过程监视系统、计算机过程控制系统以及数控加工系统等。

② 计算机不直接与制造过程连接的应用这种应用系统中的计算机只是用来提供生产计划、作业调度计划、发出指令和有关信息，以便使生产资源的管理更加有效，从而对制造过程进行支持。

由于生产过程中的所有信息都可以利用计算机来存储和传送，而且可以把CAD的输出(即设计文档)作为CAM设备的输入，所以CAD系统与CAM系统相结合能够实现无图纸加工，进一步提高生产的自动化水平。一个CAD/CAM系统除了主机、外存储器、I/O设备和通信接口之外，其软件一般包括以下3个部分：设计用的交互图形系统和支持软件，数控编程软件、工艺与夹具等产品辅助软件，为设计和制造服务的工程数据库。

(3) 计算机集成制造系统

将计算机技术、现代管理技术和制造技术集成到整个制造过程中所构成的系统成为计算机集成制造系统(Computer Integrated Manufacturing System，CIMS)。它是在新的生产组织概念和原理指导下形成的一种新型生产方式，代表了当今制造业组织生产、进行经营管理走向信息化的一种理念和标志。从企业的生产和经营管理角度来看，CIMS是制造业应用先进的生产制造技术，建立企业现代化生产和管理模式的手段，它利用计算机将从接受订单、进行设计与生产到入库与销售的整个过程连接起来，形成一条自动的流水线，从而大大缩短制造周期。从企业信息化的角度来看，CIMS是实现信息和数据管理的继承，即将有关企业的组织机构、产品设计、生产制造、经营管理等各个环节的数据进行全方位的集成，以支持系统集成的各部分应用，使其能够有效地进行数据交换和处理。

CIMS的目标是将先进的信息处理技术贯穿到制造业的所有领域，它把传统企业中相互分离的各种自动化技术(如计算机辅助设计、计算机辅助制造、计算机辅助生产管理、自动物料管理、柔性制造技术、计算机辅助质量管理、数控机和机器人等)通过计算机和计算机网络有机地结合起来，形成一个统一的整体，对企业的各个层次提供计算机辅助和控制，使企业内部互相关联的活动能够快速、高效、协调地进行。

在CIMS中集成了管理科学、计算机辅助设计、计算机辅助制造、计算机辅助生产管理、自动物料管理、柔性制造技术、计算机辅助质量管理、数控机和机器人等先进技术，其支撑技术是数据库和计算机网络。项目介绍 CIMS 的有关技术。

① 材料需求计划(Material Require Planning,MRP)是制造业的一种管理模式，它强调由产品来决定零部件(即成本的需求)，最终产品的需求决定了主生产计划，通过计算机可以迅速地完成对零部件需求的计算。

② 制造资源计划(Manufacturing Resource Planning,MRP)是一种推动式的生产管理方式，即在闭环 MRP 完成对生产的计划于控制的基础上，进一步将经营、生产、财务和人力资源等系统结合，形成制造资源计划，主要有生产计划、材料需求计划、能源需求计划、财务管理以及成本管理等子系统组成，其发展方式向是 ERP。

③ 企业资源计划(Enterprise Require Planning,ERP)是企业全方位的管理解决方案，主持企业混合制造环境，可移植到各种硬件平台，采用 DBMS、CASE 和 4GL 等软件工具，并具有 C/S 结构、GUI 和开放式系统结构等特征。

④ 准时制造(Just-in-Time,JIT)系统又称及时生产系统，其基本目标是在正确的实践、地点完成正确的事情，以期达到零库存、无缺陷、低成本的理想化的生产模式。准时制造系统能够自动地对产品的货存量进行监测，从而使得制造厂家不仅能够保证准时供货，而且能够使存货量保持在最低的水平，以减少资金的占用。

⑤ 敏捷制造(Agile Manufacturing,AM)系统不仅要求响应快，而且要灵活善变，以便使企业的生产能够快速地适应市场的需求。它将组织、技术和人有机地集成在一起，以达到实施并行工程、制造商的动态组合、技术敏感、缩短设计生产周期、提高产品质量等目的。

⑥ 虚拟制造(Virtual Manufacturing,VM)即采用如前所述的虚拟现实技术提供一种在计算机上进行而不直接消耗物质资源的能力。其实质是以计算机支持的仿真技术和虚拟现实技术为工具，对设计、制造等生产过程进行统一建模，对未来的生产过程进行模拟，并对产品的性能、技术等进行预测，以达到降低成本、缩短设计和生产周期、质量最优、效率最高的目的。

2.5.2 计算机在商业中的应用

商业也是计算机应用最为活跃的传统领域之一，零售业是计算机在商业中的传统应用。在电子数据交换基础上发展起来的电子商务则将从根本上改变企业的供销模式和人们的消费模式。

(1) 零售业

计算机在零售业中的应用改变了购物的环境和方式。在大型超市中，琳琅满目的商品陈列在货架上供自由地挑选，收银机自动识别贴在商品上的条形码标识的品名和价格，并快速地打印出账单。商场内所有的收银机均与中央处理机的数据库相连接，能够自动地更新商品的价格、计算折扣、更新商品的库存清单。此外，收银机采集的数据还可用来供商场的管理人员统计销售情况、分析市场趋势。

有些商店允许顾客使用信用卡、借记卡等购物。读卡装置读取卡上的信息，并通过计算机和网络，自动地将顾客在发卡银行账号下的资金以电子付款的方式转入商店的账号。大型的连锁超市利用计算机和计算机网络，将遍布各地的超市、供货商、配送中心等连接在一起，建立良好的供货、配送、销售体系，改变了传统零售业的面貌。

(2) 电子数据交换

电子数据交换(Electronic Data Interchange,EDI)是现代计算机技术与通信技术相结合的产物。近20年来,EDI技术在工商业界获得了广泛应用,并不断地完善与发展。特别是在Internet环境下,EDI技术已经成为电子商务的核心技术之一。

EDI是计算机与计算机之间商业信息或行政事务处理信息的传输,同时EDI应具备三个基本要素:用统一的标准编制文件、利用电子方式传送信息以及计算机与计算机之间的连接。

商业信息和行政事务处理信息的内容十分广泛,主要包括产品、规格、询价、采购、付款、计划、合同、凭证、到货通知、财务报告、贸易伙伴、广告、税收、报关等。商业信息的表现形式也非常丰富,它们可以是文字、图表、图像或声音。使用EDI可以保证信息通过网络正确地传送,而且由于EDI与企业的管理信息系统的密切结合,接收的信息可以直接保存在数据库中,需要发送的信息也可以从数据库中提取,从而大大提高了工作效率,节省了时间和经费,减少了出错的可能性。

EDI产生于20世纪60年代末,美国的航运业首先使用了EDI技术进行点对点的计算机与计算机间通信。

随着计算机网络技术的发展,使EDI技术日趋成熟,应用领域逐步扩大到了银行业、零售业等,出现了许多行业性的EDI标准。此后,美国ANSIX.12委员会与欧洲一些国家联合研究了EDI的国际标准(UN/EDIFACT),推进了EDI跨行业应用的发展。进入20世纪90年代,出现了Internet EDI,从而EDI由使用专用网扩大到Internet,使得中小企业也能够进入应用EDI技术的行列。

(3) 电子商务

电子商务作为信息技术与现代经济贸易相结合的产物,已经成为人类社会进入知识经济、网络经济时代的重要标志。

所谓电子商务(Electronic Commerce,EC)是组织或个人用户在以通信网络为基础的计算机系统支持下的网上商务活动,即当企业将其主要业务通过内联网(Intranet)、外联网(Extranet)以及因特网(Internet)与企业的职员、客户、供应商以及合作伙伴直接相连时,其中所发生的各种商业活动。

电子商务是通过计算机和网络技术建立起来的一种新的经济秩序,它不仅涉及电子技术和商业交易本身,而且涉及金融、税务、教育等其他领域。它包括了从销售、市场到商业信息管理的管过程,任何能利用计算机网络加速商务处理过程、减少商业成本、创造商业价值、开拓商业机会的商务活动都可以纳入电子商务的范畴。

电子商务的广泛应用将彻底改变传统的商务活动方式,使企业的生产和管理、人们的生活和就业、政府的职能、法律法规以及文化教育等社会的诸多方面产生深刻的变化。

电子商务不仅具有传统商务的基本特定还具有以下特点。

① 对计算机网络的依赖性。无论是网上广告、网上销售、网上洽谈、网上订货、网上付款、网上服务等商务活动都依赖于计算机网络。

② 地域的高度广泛性。Internet是一个规模庞大、遍布全球的国际交互网,基于Internet的电子商务可以跨越地域的限制,成为全球性的商务活动。

③ 商务通信的快捷性。电子商务采用了计算机网络来传递商务信息,使得商务通信具有交互性、快捷性和实时性,大大提高了商务活动的效率。

④ 成本的低廉性。电子商务可以实现无店铺销售,消费者可以从网上的虚拟商店中选购商品,通过网上支付实现交易。

⑤ 电子商务的安全性。网上交易的安全性是影响电子商务普及的关键因素。目前,从技术上到法律上都在不断地完善,以保证电子商务安全可靠地进行。

⑥ 系统的集成性。电子商务涉及计算机技术、通信技术、网络技术、多媒体技术以及商业、银行业、金融业、物流业、法律、税务、海关等众多领域,各种技术、部门、功能的综合与集成是电子商务的有一个重要的特点。

按照电子商务的交易对象可分为以下几种类型。

① 企业与消费者之间的电子商务(Business to Customer,B2C)。它类似于电子化的销售,通常以零售业和服务业为主,企业通过计算机网络向消费者提供商品或服务,是利用计算机网络使消费者直接参与经济活动的高级商务形式。

② 企业与企业之间的电子商务(Business to Business,B2B)。由于企业之间的交易涉及的范围广、数额大,所以企业与企业之间的电子商务是电子商务的重点。

③ 企业与政府之间的电子商务(Business to Government,B2G)。该类电子商务包括政府采购、税收、外贸、报关、商检、管理条例的发布等。

④ 消费者与消费者之间的电子商务(Consumer to Consumer,C2C)。C2C 商务平台就是通过为买卖双方提供一个在线交易平台,使卖方可以主动提供商品上网拍卖,而买方可以自行选择商品进行竞价。

⑤ 线下商务与互联网之间的电子商务(Online to Offline,O2O)。这样线下服务就可以用线上来揽客,消费者可以用线上来筛选服务,还有成交可以在线结算,很快达到规模。该模式最重要的特点是:推广效果可查,每笔交易可跟踪。

⑥ BoB 模式,供应方(Business)与采购方(Business)之间通过运营者(Operator)达成产品或服务交易的一种电子商务模式。核心目的是帮助那些有品牌意识的中小企业或者渠道商们能够有机会打造自己的品牌,实现自身的转型和升级。

⑦ 企业网购引入质量控制(Enterprise Online Shopping Introducequality Control,B2Q),交易双方网上先签意向交易合同,签单后根据买方需要可引进公正的第三方(验货、验厂、设备调试工程师)进行商品品质检验及售后服务。

2.5.3 计算机在银行与证券业中的应用

计算机和网络在银行与金融业中的广泛应用,为该领域带来了新的变革和活力,从根本上改变了银行和金融机构的业务处理模式。

(1) 电子货币

货币是一种可以用来衡量其他任何商品的价值并可以用来交换的特殊商品。随着人类社会经济和科学技术的发展,货币的形式从商品货币到金属货币和纸币,又从现金形式发展到票据和信用卡等。

电子货币是计算机介入货币流通领域后产生的,是现代商品经济高度发展要求资金快速流通的产物。由于电子货币是利用银行的电子存款系统和电子清算系统来记录和转移资金的,所以它具有使用方便、成本低廉、灵活性强、适合于大宗资金流动等优点。目前银行使用的电子支票、银行卡、电子现金等都是电子货币的不同表现形式。

(2) 网上银行与移动支付

网上银行的建立和银行卡的广泛使用代表了计算机网络给银行业带来的变革。随着移动数据通信技术的发展而产生的移动支付服务方式,为移动用户进行电子支付带来了极大地便利。

所谓网上银行是指通过 Internet 或其他公用信息网，将客户的计算机终端连接至银行，实现将银行服务直接送到企业办公室或者家中的信息系统，是一个包括了网上企业银行、网上个人银行以及提供网上支付、网上证券和电子商务等相关服务的银行业务综合服务体系。

移动银行和移动支付，计算机网络和无线通信技术的发展使得电子支付迎来了一个新的发展机遇。无线数据通信技术向社会公众提供迅速、准确、安全、灵活、高效的信息交流的有力手段，使得用户不仅可以在任何时间而且可以在任何地点进行信息交流。在银行业中无线数据通信技术被成功地应用于移动银行和移动商务，其中核心功能是移动支付。移动银行可以向移动用户提供的服务包括移动银行账户业务、移动支付业务、移动经纪业务以及现金管理、财产管理、零售资产管理等业务。

(3) 证券市场信息化

证券交易是筹集资金的一种有效方式。计算机在证券市场中的应用为投资者进行证券交易提供了必不可少的环境。证券网络系统的建设和实施网上证券交易是证券市场信息化的主要特征。

网上证券交易系统是建立在证券网络系统上的一个能提供证券综合服务的业务系统，证券投资者利用证券交易系统提供的各种功能获取证券交易信息和进行网上证券交易。

利用证券交易系统能够为券商和投资者提供综合证券服务，其功能包括信息类服务、交易类服务和个性化服务三种。

信息类服务能提供证券的及时报价、行情图表、新闻信息、个股资料、版块资料、券商公告以及排行榜等信息，并提供对证券市场行情及个股进行各种分析的功能，如大盘分析、报价分析、技术指标分析、涨跌幅分析、成交量分析、资金流向分析、券商公告分析等。

交易类服务能提供实时交易、网上交易、委托下单、交割以及交易与资金查询等服务功能。

个性化服务能提供为个人“度身定制”各种证券服务的功能，包括按终端用户的个人需求设定系统参数、技术分析参数、自选股、板块股以及首页等。

在网上证券交易系统中，所有的交易都由证券市场的计算机系统进行记录和跟踪。计算机根据交易活动确定证券价格的变化，投资者或经纪人使用微型计算机终端实时地了解证券价格的变化以及当前证券的交易情况，并根据计算机给出的报价直接在微型计算机终端上认购或者售出某一种证券。网上证券交易是一种基于计算机技术、现代通信技术和计算机网络技术的全新证券业务经营模式。

2.5.4 计算机在交通运输业中的应用

交通运输业可以比喻为是现代社会的大动脉。航空、铁路、公路和水运都在使用计算机来进行监控、管理或提供服务。交通监控系统、座席预订系统、全球卫星定位系统以及智能交通系统等都是计算机在交通运输业中的典型应用。

(1) 交通监控系统

飞机是一种能够实现快速旅行或运输的交通工具。为了保证飞行的安全，空中交通控制(ATC)系统十分必要。随着空中交通量和机场业务量的剧增，依靠人工来进行空中交通控制已无法满足实际需求，必须使用计算机来进行控制。利用计算机，地面指挥人员可以掌控空中的被控飞机的飞行轨迹和飞行状况，飞机上安装有接收/发送装置，负责与地面的

ATC系统进行通信。飞机上可以安装防碰撞系统,用来自动躲避接近的其他飞行物。飞机上的计算机中还可以存储气象信息,以保证在恶劣天气环境下飞机的安全。

在铁路交通中列车监控系统同样重要。例如,铁路车站的微机连锁系统能够密切监控车站的股道占用情况、道岔开闭状态、信号灯显示状态以及列车的运行情况,并给出列车进站、出站或通过的进路和相应的信号现实,以保证列车运行的绝对安全。

在公路交通中的监控系统通过各种传感器、摄像机、显示屏等来监视公路网中的交通流量和违章车辆,并通过信号灯系统指挥车辆的行驶。智能化的公路交通控制系统可以最大限度地发挥道路的利用率,保障行车的安全。

(2) 座席预定与售票系统

以前要购买火车票或者飞机票,需要到车站、机场或指定的售票点购买,而且售票人员难以全面、准确地掌握车次、航班和已收票和待售票的情况。这样不仅给旅客带来了不便,而且可能会造成座席的冲突或空闲。使用计算机联网的座席预定与售票系统则可以完满地解决这些问题。

座席预定与售票系统是一个由大型数据库和遍布全国乃至全世界的成千上万台计算机终端组成的大规模计算机综合系统。计算机终端可以设在火车站、机场、售票点、旅馆、旅行社、大型企业或公司,也可以使家庭的个人计算机。座席预定与售票系统的主机通过计算机网络与分布在各地的计算机或者订票终端相连接,接收订票信息,并通过专门的管理软件对大型数据库中的票务信息进行实时、准确的维护和管理。

(3) 智能交通系统

智能交通系统(Intelligent Traffic System,ITS)又称智能运输系统(Intelligent Transportation System),是将先进的科学技术(信息技术、计算机技术、数据通信技术、传感器技术、电子控制技术、自动控制理论、运筹学、人工智能等)有效地综合运用于交通运输、服务控制和车辆制造,加强车辆、道路、使用者三者之间的联系,从而形成一种保障安全、提高效率、改善环境、节约能源的综合运输系统。

智能交通系统是一个复杂的综合性的系统,从系统组成的角度可分成以下一些子系统:先进的交通信息服务系统(ATIS)、先进的交通管理系统(ATMS)、先进的公共交通系统(APTS)、先进的车辆控制系统(AVCS)、货运管理系统、电子收费系统(ETC)、紧急救援系统(EMS)等。

2.5.5 计算机在办公自动化与电子政务中的应用

在当今信息化社会中,每时每刻都在生成大量的信息,无论是政府、执法部门以及企业都需要使用计算机对信息进行有效的管理。

办公自动化(Office Automation,OA)是将现代化办公和计算机网络功能结合起来的一种新型的办公方式。办公自动化没有统一的定义,凡是在传统的办公室中采用各种新技术、新机器、新设备从事办公业务,都属于办公自动化的领域。在行政机关中,大多把办公自动化叫作电子政务,企事业单位就都叫OA,即办公自动化。通过实现办公自动化,或者说实现数字化办公,可以优化现有的管理组织结构,调整管理体制,在提高效率的基础上,增加协同办公能力,强化决策的一致性,最后实现提高决策效能的目的。

电子政务是运用计算机、网络和通信等现代信息技术手段,实现政府组织结构和工作流程的优化重组,超越时间、空间和部门分隔的限制,建成一个精简、高效、廉洁、公平的政府运作模式，以便全方位地向社会提供优质、规范、透明、符合国际水准的管理与服务。

2.5.6 计算机在教育中的应用

在信息化社会下，教育通过与计算机与相关技术的结合，加快了教育信息化的进程。

(1) 校园网

校园网是为学校师生提供教学、科研和综合信息服务的宽带多媒体网络。首先，校园网应为学校教学、科研提供先进的信息化教学环境。校园网是一个宽带、具有交互功能和专业性很强的局域网络。多媒体教学软件开发平台、多媒体演示教室、教师备课系统、电子阅览室以及教学、考试资料库等，都可以在该网络上运行。如果一所学校包括多个专业学科(或多个系)，也可以形成多个局域网络，并通过有线或无线方式连接起来。其次，校园网应具有教务、行政和总务管理功能。

(2) 计算机辅助教学

计算机辅助教学(Computer Aided Instruction，CAI)是在计算机辅助下进行的各种教学活动，以对话方式与学生讨论教学内容、安排教学进程、进行教学训练的方法与技术。

CAI 为学生提供一个良好的个人化学习环境。综合应用多媒体、超文本、人工智能、网络通信和知识库等计算机技术，克服了传统教学情景方式上单一、片面的缺点。它的使用能有效地缩短学习时间，提高教学质量和教学效率，实现最优化的教学目标。计算机辅助教学向网络化、标准化、虚拟化、合作化发展。

(3) 在线课程

随着计算机网络的发展以及移动可视终端的普及，人们可以在任何时间任何地点通过网络查看视频信息、与他人进行交互。在线课程为很多人提供了学习资源，包括公开课、MOOC 等。其中，MOOC(Massive Open Online Courses)，即网络大型开放式网络课程，它是一种针对大众人群的在线课堂，人们可以通过网络来学习的在线课堂。这种教育的核心是有效地实现了教、学、评、测、练、认证、小组、社交。

2.5.7 计算机在医学中的应用

计算机在医学领域中也是必不可少的工具。它可以用于患者病情的诊断与治疗、控制各种数字化医疗仪器、病员监护和健康护理、医学研究与教育以及为缺医少药的地区提供医学专家系统和远程医疗服务。

(1) 医学专家系统

专家系统是计算机在人工智能领域的典型应用。所谓专家系统是将某一领域专家的知识存储在计算机的知识库内，系统中配置有相应的推理机构，根据输入的信息和知识库中的知识进行推理、演绎，从而获得结论。

医学专家系统可以将著名医学专家或医生的知识和经验存储到知识库中，并建立从病情表述和检测指标到诊断结论以及治疗方案的推理机构。这样根据患者的病情和各种检测数据，就可以诊断出患的疾病以及作出治疗方案。对于缺医少药的地区或者不具备某种医疗能力的医院，医学专家系统可以为患者提供当地医院无法提供的医疗服务。

(2) 远程医疗系统

远程医疗系统和虚拟医院是计算机技术、网络技术、多媒体技术与医学相结合的产物，它能够实现涉及医学领域的数据、文本、图像和声音等信息的存储、传输、处理、查询、显示及交互,从而在对患者进行远程检查、诊断、治疗以及医学教学中发挥重要的作用。

远程医疗系统是一个开放的分布式系统,它由远程医疗网络和远程医疗软件两大部分组成。远程医疗网络是远程医疗的基础设施,目前通过 Internet 来实现。远程医疗软件主要包括远程诊断、专家会诊、在线检测、信息服务和远程教学等子系统。

(3) 数字化医疗仪器

一些现代化的医疗检测仪器或治疗仪器已经实现了数字化,在超声波仪、心电图仪、脑电图仪、核磁共振仪、X 光摄像机等医疗检测设备中由于嵌入了计算机,可以采用数字成像技术,使得图像更加清晰。而且,数字化的图像可以使用图像处理软件进行处理,例如,截取和放大所关心部位的图像、增强图像边缘轮廓线、调整图像的灰度以及为图像增添彩色等,使医疗仪器向智能化迈出了重要一步。

使用计算机可以对治疗设备的动作进行准确的控制。例如使用超微型的医用机器人,可以顺着血管进入人体的心脏,去精心"修补"心脏的缺失;使用计算机控制的激光仪器来治疗白内障等。

目前,医疗检测仪器或治疗仪器的研制和生产正向智能化、微型化、集成化、芯片化和系统工程化发展。利用计算机技术、仿生学技术、新材料以及微制造技术等高新技术,将使新型的医疗仪器成为主流。

(4) 患者监护与健康护理

使用由计算机控制的患者监护装置可以对危重病人的血压、心脏、呼吸等进行全方位的监护,以防止意外发生。患者或医务人员可以利用计算机来查询病人在康复期应该注意的事项,解答各种疑问,使病人尽快恢复健康。使用营养数据库可以对各种视频的营养成分进行分析,为病人或者健康人提出合理的饮食结构建议,以保证各种营养成分的均衡摄入。

2.5.8 计算机在科学研究中的应用

科学研究是计算机的传统应用领域。主要用来进行科技文献的存储与查询、复杂的科学计算、系统仿真与模拟、复杂现象的跟踪与分析以及知识发现等。

(1) 科技文献的存储与检索

科技文献的检索与查询是开展科学研究工作的先导。在进行任何一项科学研究工作之前都必须对该课题国内外的研究状况有一个全面、深入的了解,避免花费不必要的精力去重复做他人已经做过的工作或者重蹈他人已经失败的覆辙。

当今社会处于知识更新十分迅速的知识经济时代,"信息爆炸"是信息化社会的一个重要特征。在这浩如烟海的信息世界里,如果不使用计算机来存储和检索信息,将无法正常地进行科学研究和科技成果的交流。

传统的文献、资料都是印刷型的,随着微电子技术和光电技术的发展,出现了大量的非印刷型材料,如光盘、软件、数据库等电子型的出版物。电子出版物的出现为使用计算机进行存储和检索创造了良好的条件。

目前,可以通过网络在电子图书馆中查询图书信息,通过专用的科技文献检索系统,可以查询论文、专利等科技文献。

(2) 科学计算

科学计算是使用计算机完成在科学研究和工程技术领域中所提出的大量复杂的数值计算问题,是计算机的传统应用之一。科学计算所涉及的领域包括基础学科研究、尖端设备的研制,船舶设计、飞机制造、电路分析、天气预报、地质探矿等,这些领域都需要大量数制计算。

(3) 计算机仿真

在科学研究和工程技术中需要做大量的实验,要完成这些实验需要花费大量的人力、物力、财力和时间。使用计算机仿真系统来进行科学实验是一条切实可行的捷径。

计算机仿真可以应用于用其他方法需要进行反复的实际实验或者无法进行实际实验的场合。国防、交通、制造业等的科学研究是仿真技术的主要应用领域。

2.5.9 计算机在艺术与娱乐中的应用

娱乐是人们日常生活中的重要一项,在信息化社会下,移动终端日益普及,计算机在其中起到了非常重要的作用。

(1) 美术与摄影

艺术家可以使用专门的软件作为工具来创作绘画、雕塑等艺术作品。平面和三维设计软件提供了很多便捷的功能。

在摄影方面,数码产品已经普及。可以对数码照片进行保存、复制、处理等操作,如可以使用 PhotoShop 软件对图片进行编辑,得到想要的效果。

(2) 电影与电视

在影视中,人工制造出来的假象和幻觉,被称为影视特效。电影摄制者利用它们来避免让演员处于危险的境地,减少电影的制作成本,也可以利用它们来让电影更扣人心弦。视特效作为电影产业中或不可缺的元素之一,为电影的发展作出了巨大的贡献。电影电视作品中出现特效的原因如下:影视作品的内容及片中生物/场景有的完全是虚构的,在现实中不存在,比如说怪物、特定星球等。既然不存在,但是需要在影视中呈现出来,所以需要这方面的专业人士为创造和解决;现实在可以存在,但是不可能做出某种特定效果,同样也需要特效来解决。比如说,某人从三十层楼跳下来,现实中不可能让演员这么做,这就需要计算机合成。另外就是现实中完全可以呈现,但由于成本太高或效果不好,就必须用特效来解决,比如战争片中常见的飞机爆炸等。

(3) 多媒体娱乐与游戏

多媒体技术、动漫技术以及网络技术使得计算机能够以图像与声音的继承形式提供最新的娱乐和游戏的方式。许多计算机游戏是由剧本作家、影视演员、动画师以及计算机专业人员联合开发的。

本章小结

本章介绍了有关计算机的基础知识,包括计算机的基本结构与工作原理、计算机的运算基础、数制之间的转换,以及计算机在不同领域的应用。计算机作为现代化生活中不可缺少的一部分,在人们生产生活中起着越来越重要的作用,通过学习计算机相关基础知识,了解计算机工作原理。计算机所处理的数据只能是二进制数据,也就是说,如果要通过计算机处理信息,都要将其是转换为二进制的形式,包括数字、声音、图像、视频等。目前,计算机几乎对每个行业领域都有影响,通过学习计算机的领域应用,拓宽视野、提高将计算机与实际应用相结合的能力。

第3章 计算机软件

在前面的章节中,我们已认识到一个完整的计算机系统由硬件系统和软件系统组成。硬件系统是指计算机系统中的各种物理装置,包括控制器、运算器、存储器、输入/输出设备等,它是组成计算机的物质实体,是计算机系统的物质基础。它是看得见摸得着的。软件是相对于硬件而言的,没有任何软件支持的计算机称为裸机,裸机本身几乎不能完成任何功能,只有配备一定的软件,才能发挥其功用。软件系统着重解决如何管理和使用机器的问题,软件系统包括计算机程序及其有关文档。实际呈现在用户面前的计算机系统是经过若干层软件改造的计算机,而其功能的强弱也与其配备的软件的丰富程度有关。

通过本章的学习,我们可以了解到计算机软件系统的概念与分类、操作系统的概念和功能、当前流行的软件、软件工程基本概念以及程序设计语言等相关内容。

3.1 概 述

计算机软件(Computer Software,也称软件、软体)是指计算机系统中的程序及其文档。

我国颁布的“计算机软件保护条例”对程序的定义如下:“计算机程序是指为了得到某种结果而可以由计算机等具有信息处理能力的装置执行的代码化指令序列,或者可被自动地转换成代码化指令序列的符号化序列,或者符号化语句序列”,程序是计算任务的处理对象和处理规则的描述,程序是软件的主体,一般保存在存储介质(如软盘、硬盘和光盘)中,以便在计算机上使用。文档是指用自然语言或者形式化语言所编写的用来描述程序的内容、组成、设计、功能规格、开发情况、测试结构和使用方法的文字资料和图表。文档对于使用和维护软件尤其重要,随着软件产品发布的文档主要是使用手册,其中包含了该软件产品的功能介绍、运行环境要求、安装方法、操作说明和错误信息说明等。文档是为了便于了解程序所需的阐明性资料。程序必须装入机器内部才能工作,文档一般是给用户看的,不一定装入机器。软件是用户与硬件之间的接口界面。用户主要是通过软件与计算机进行交流。软件是计算机系统设计的重要依据。为了方便用户,使计算机系统具有较高的总体效用,在设计计算机系统时,必须通盘考虑软件与硬件的结合,以及用户的要求和软件的要求。

软件的功能如下。

(1) 运行时,能够提供所要求功能和性能的指令或计算机程序集合。

(2) 程序能够处理信息的数据结构。

(3) 描述程序功能需求以及程序如何操作和使用所要求的文档。

软件是一系列按照特定顺序组织的计算机数据和指令的集合。一般来讲软件被划分为系统软件、应用软件。其中系统软件为计算机使用提供最基本的功能,但是并不针对某一特定应用领域。而应用软件则恰好相反,不同的应用软件根据用户和所服务的领域提供不同的功能。

软件系统层次图如图 3-1 所示。

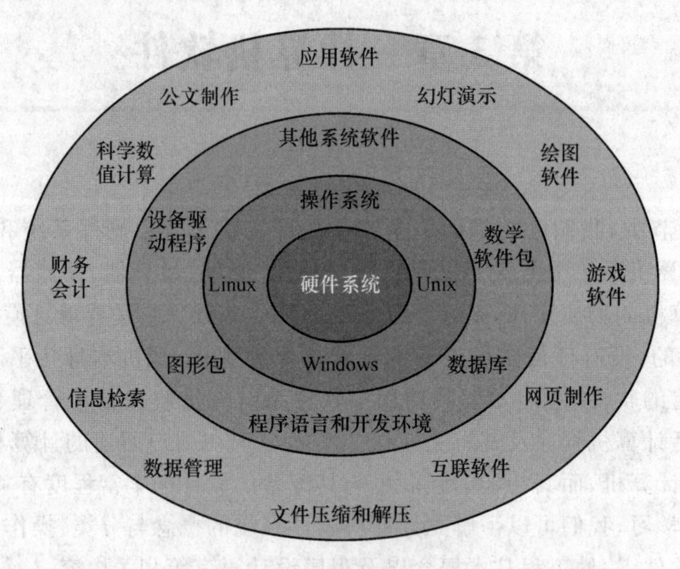

图 3-1　软件系统层次图

3.2　系统软件

系统软件是管理、监控和维护计算机资源的软件，是用来扩大计算机的功能、提高计算机的工作效率、方便用户使用计算机的软件，人们借助于软件来使用计算机。系统软件是计算机正常运转不可缺少的，一般由计算机生产厂家或专门的软件开发公司研制，出厂时写入 ROM 芯片或存入磁盘(供用户选购)。任何用户都要用到系统软件，其他程序都要在系统的软件支持下运行。

系统软件主要分为操作系统软件(软件的核心)、各种语言处理程序和各种数据库管理系统三类。

3.2.1　操作系统的历史

系统软件的核心是操作系统。操作系统是由指挥与管理计算机系统运行的程序模板和数据结构组成的一种大型软件系统，其功能是管理计算机的软硬件资源和数据资源，为用户提供高效、全面的服务。正是由于操作系统的飞速发展，才使计算机的使用变得简单而普及。

操作系统是管理计算机软硬件资源的一个平台，没有它任何计算机都无法正常运行。在个人计算机发展史上曾出现过许多不同的操作系统，其中最为常用的有 5 种：DOS、Windows、Linux、UNIX 和 OS/2。

(1) 20 世纪 80 年代前

第一部计算机并没有操作系统。这是由于早期个人计算机的建立方式(如同建造机械计算机)与效能不足以执行如此程序。但在 1947 年发明了晶体管，以及莫里斯·威尔克斯(Maurice Vincent Wilkes)发明的微程序方法,使得计算机不再是机械设备,而是电子产品。系统管理工具以及简化硬件操作流程的程序很快就出现了,且成为操作系统的基础。到了20世纪60年代早期,商用计算机制造商制造了批次处理系统,此系统可将工作的建置、调度以及执行序列化。此时,厂商为每一台不同型号的计算机创造不同的操作系统,因此为某计算机而写的程序无法移植到其他计算机上执行,即使是同型号的计算机也不行。

到了1964年,IBM推出了一系列用途与价位都不同的大型计算机IBM System/360,大型主机的经典之作。而它们都共享代号为OS/360的操作系统(而非每种产品都用量身定做的操作系统)。让单一操作系统适用于整个系列的产品是System/360成功的关键,且实际上IBM大型系统便是此系统的后裔;为System/360所写的应用程序依然可以在现代的IBM机器上执行。

OS/360也包含另一个优点:永久贮存设备——硬盘驱动器的面世(IBM称为DASD(Direct Access Storage Device))。另一个关键是分时概念的建立:将大型计算机珍贵的时间资源适当分配到所有使用者身上。分时也让使用者有独占整部机器的感觉;而Multics的分时系统是此时众多新操作系统中实践此观念最成功的。

1963年,奇异公司与贝尔实验室合作以PL/I语言建立的Multics,是激发20世纪70年代众多操作系统建立的灵感来源,尤其是由AT&T贝尔实验室的丹尼斯·里奇与肯·汤普逊所建立的Unix系统,为了实践平台移植能力,此操作系统在1969年由C语言重写;另一个广为市场采用的小型计算机操作系统是VMS。

(2) 20世纪80年代

第一代微型计算机并不像大型电脑或小型电脑,没有装设操作系统的需求或能力;它们只需要最基本的操作系统,通常这种操作系统都是从ROM读取的,此种程序被称为监视程序(Monitor)。

20世纪80年代,家用计算机开始普及。通常此时的计算机拥有8-bit处理器加上64 KB内存、屏幕、键盘以及低音质喇叭。而80年代早期最著名的套装计算机为使用微处理器6510(6502芯片特别版)的Commodore C64。此计算机没有操作系统,而是以8 KB只读内存BIOS初始化彩色屏幕、键盘以及软驱和打印机。它可用8 KB只读内存BASIC语言来直接操作BIOS,并依此撰写程序,大部分是游戏。此BASIC语言的解释器勉强可算是此计算机的操作系统。

早期最著名的磁盘启动型操作系统是CP/M,它支持许多早期的微计算机,且其功能被MS-DOS大量抄袭。

最早期的IBM PC其架构类似C64。当然它们也使用了BIOS以初始化与抽象化硬件的操作,甚至也附了一个BASIC解释器!但是它的BASIC优于其他公司产品的原因在于它有可携性,并且兼容于任何符合IBM PC架构的机器上。这样的PC可利用Intel-8088处理器(16-bit寄存器)寻址,并最多可有1 MB的内存,然而最初只有640 KB。软式磁盘机取代了过去的磁带机,成为新一代的储存设备,并可在它512 KB的空间上读写。为了支持更进一步的文件读/写概念,磁盘操作系统(Disk Operating System,DOS)因而诞生。此操作系统可以合并任意数量的磁区,因此可以在一张磁盘片上放置任意数量与大小的文件。文件之间以档名区别。IBM并没有很在意其上的DOS,因此以向外部公司购买的方式取得操作系统。

1980 年微软公司取得了与 IBM 的合约，并且收购了一家公司出产的操作系统，在将之修改后以 MS-DOS 的名义出品，此操作系统可以直接让程序操作 BIOS 与文件系统。到了 Intel-80286 处理器的时代，才开始实现基本的储存设备保护措施。MS-DOS 的架构并不能完全满足所有需求，因为它同时只能执行最多一个程序（如果想要同时执行程式，只能使用 TSR 的方式来跳过 OS 而由程序自行处理多任务的部分），且没有任何内存保护措施。对驱动程序的支持也不够完整，因此导致诸如音效设备必须由程序自行设置的状况，造成不兼容的情况所在多有。许多应用程序因此跳过 MS-DOS 的服务程序，而直接存取硬件设备以取得较好的效能。虽然如此，但 MS-DOS 还是变成了 IBM PC 上面最常用的操作系统（IBM 自己也有推出 DOS，称为 IBM-DOS 或 PC-DOS）。MS-DOS 的成功使得微软成为地球上最赚钱的公司之一。

而 20 世纪 80 年代另一个崛起的操作系统异数是 Mac OS，此操作系统紧紧与麦金塔计算机捆绑在一起。此时一位施乐帕罗奥托研究中心员工 Dominik Hagen 访问了苹果计算机的史蒂夫·乔布斯，并且向他展示了此时施乐发展的图形化使用者界面。苹果计算机惊为天人，并打算向施乐购买此技术，但因帕罗奥托研究中心并非商业单位而是研究单位，因此施乐回绝了这项买卖。在此之后苹果一致认为个人计算机的未来必定属于图形使用者界面，因此也开始发展自己的图形化操作系统。现今许多我们认为是基本要件的图形化接口技术与规则，都是由苹果计算机打下的基础（例如下拉式菜单、桌面图标、拖曳式操作与双点击等）。但正确来说，图形化使用者界面的确是施乐创始的。

(3) 20 世纪 90 年代

Apple 计算机，苹果计算机的第一代产品。延续 80 年代的竞争，20 世纪 90 年代出现了许多影响未来个人计算机市场深厚的操作系统。由于图形化使用者界面日趋繁复，操作系统的能力也越来越复杂与巨大，因此强韧且具有弹性的操作系统就成了迫切的需求。此年代是许多套装类的个人计算机操作系统互相竞争的时代。

80 年代于市场崛起的苹果计算机，由于旧系统的设计不良，使得其后继发展不力，苹果计算机决定重新设计操作系统。经过许多失败的项目后，苹果于 1997 年推出新操作系统——Mac OS 的测试版，而后推出的正式版取得了巨大的成功。让原先失意离开苹果的 Steve Jobs 风光再现。

除了商业主流的操作系统外，从 80 年代起在开放原码的世界中，BSD 系统也发展了非常久的一段时间，但在 90 年代由于与 AT&T 的法律争端，使得远在芬兰赫尔辛基大学的另一股开源操作系统——Linux 兴起。Linux 内核是一个标准 POSIX 内核，其血缘可算是 UNIX 家族的一支。Linux 与 BSD 家族都搭配 GNU 计划所发展的应用程序，但是由于使用的许可证以及历史因素的作弄下，Linux 取得了相当可观的开源操作系统市占率，而 BSD 则小得多。

相较于 MS-DOS 的架构，Linux 除了拥有傲人的可移植性（相较于 Linux，MS-DOS 只能运行在 Intel CPU 上），它也是一个分时多进程内核，以及良好的内存空间管理（普通的进程不能存取内核区域的内存）。想要存取任何非自己的内存空间的进程只能通过系统调用来达成。一般进程是处于使用者模式（User mode）底下，而执行系统调用时会被切换成内核模式（Kernel mode），所有的特殊指令只能在内核模式执行，此措施让内核可以完美管理系统内部与外部设备，并且拒绝无权限的进程提出的请求。因此理论上任何应用程序执行时的错误，都不可能让系统崩溃(Crash)。

另外，微软对于更强力的操作系统呼声的回应便是 Windows NT 于 1993 年的面世。

1983 年开始微软就想要为 MS-DOS 建构一个图形化的操作系统应用程序，称为 Windows(有人说这是比尔·盖茨被苹果的 Lisa 计算机上市所刺激)。

一开始 Windows 并不是一个操作系统，只是一个应用程序，其背景还是纯 MS-DOS 系统，这是因为当时的 BIOS 设计以及 MS-DOS 的架构不甚良好之故。

在 90 年代初，微软与 IBM 的合作破裂，微软从 OS/2(早期为命令行模式，后来成为一个很成功但是曲高和寡的图形化操作系统)项目中抽身，并且在 1993 年 7 月 27 日推出 Windows NT 3.1，一个以 OS/2 为基础的图形化操作系统。并在 1995 年 8 月 15 日推出 Windows 95。

直到这时，Windows 系统依然是建立在 MS-DOS 的基础上，因此消费者莫不期待微软在 2000 年所推出的 Windows 2000 上，因为它才算是第一个脱离 MS-DOS 基础的图形化操作系统。

Windows NT 系统的架构：在硬件阶层之上，有一个由微内核直接接触的硬件抽象层(HAL)，而不同的驱动程序以模块的形式挂载在内核上执行。因此微内核可以使用诸如输入输出、文件系统、网络、信息安全机制与虚拟内存等功能。而系统服务层提供所有统一规格的函数调用库，可以统一所有副系统的实作方法。尽管 POSIX 与 OS/2 对于同一件服务的名称与调用方法差异甚大，它们一样可以无碍地实作于系统服务层上。在系统服务层之上的副系统，全都是使用者模式，因此可以避免使用者程序执行非法行动。

DOS 副系统将每个 DOS 程序当成一进程执行，并以个别独立的 MS-DOS 虚拟机器承载其运行环境。另外一个是 Windows 3.1 NT 模拟系统，实际上是在 Win32 副系统下执行 Win16 程序。因此达到了安全掌控为 MS-DOS 与早期 Windows 系统所撰写之旧版程序的能力。然而此架构只在 Intel 80386 处理器及后继机型上实作。且某些会直接读取硬件的程序，例如大部分的 Win16 游戏，就无法套用这套系统，因此很多早期游戏便无法在 Windows NT 上执行。

Windows NT 有 3.1、3.5、3.51 与 4.0 版。

Windows 2000 是 Windows NT 的改进系列(事实上是 Windows NT 5.0)、Windows XP(Windows NT 5.1)以及 Windows Server 2003(Windows NT 5.2)、Windows Vista(Windows NT 6.0)、Windows 7(Windows NT 6.1)也都是立基于 Windows NT 的架构上。

而本年代渐渐增长并越趋复杂的嵌入式设备市场也促使嵌入式操作系统的成长。

大型机与嵌入式系统使用多样化的操作系统。大型主机有许多开始支持 Java 及 Linux 以便共享其他平台的资源。嵌入式系统百家争鸣，从给 Sensor Networks 用的 Berkeley Tiny OS 到可以操作 Microsoft Office 的 Windows CE 都有。

3.2.2 计算机操作系统

操作系统是计算机系统软件的核心，有多种分类方法。按照操作系统所提供的功能进行分类，可以分为批处理操作系统、分时操作系统、实时操作系统、单用户操作系统、网络操作系统和分布式操作系统等。

(1) 批处理操作系统

批处理操作系统是一种早期用在大型机上的操作系统，其特点就是用户脱机使用计算机、作业成批处理和多道程序运行。批处理操作系统允许用户事先将由程序、数据以及作业说明书组成的作业直接交给系统管理员，并按指定的时间收取运行结果，用户不直接与计算机打交道。系统管理员不是立即进行输入作业，而是要等到一定时间或作业达到一定数量之后才进行成批输入。由系统操作员将用户提交的作业分批进行处理，每批中的作业由操作系统控制执行，用户根据输出结果分析作业运行情况，确定是否需要适当修改在此上机。批处理操作系统现在已经不多见了。

(2) 分时操作系统

分时操作系统的主要特点是将 CPU 的时间划分成时间片，轮流接受和处理各个用户从终端输入的命令。如果用户的某个处理要求时间较长，分配的一个时间片不够用，它只能暂停下来，等待下一次轮到时再继续运行。由于计算机的处理速度很快，用户感觉不到等待时间，似乎这台计算机专为自己服务一样。典型的分时系统由 UNIX、Linux、VMS、IBM TSS/370 和 Multics 等。

(3) 实时操作系统

实时操作系统是指系统能及时响应外部事件的请求，对信号的输入、计算和输出都能在规定的时间内完成，并控制所有实时任务协调一致地运行。也就是说，计算机对输入信息要以足够快的速度进行处理，并在确定的时间内做出反应或进行控制。其响应速度时间在秒级、毫秒级或微秒级甚至更小，超出时间范围就失去了控制的实际，控制也就失去了意义。响应时间的长短根据具体应用领域及应用对象对计算机系统的实时性要求不同而不同。实时系统是较少有人为干预的监督和控制系统，其软件依赖于应用的性质和实际使用的计算机的类型。实时系统的应用十分广泛，通常用在工业控制和信息实时处理方面，工业控制主要包括数控机床、电力生产、飞行器、导弹发射等方面的自动控制，信息实时处理主要包括民航中的查询班机航线和票价、银行系统中的财务处理。实时操作系统的主要特点是高响应性、高可靠性、高安全性等。分时操作系统与实时操作系统的主要差别是在交互能力和响应时间上，分时系统注重交互性，而实时系统响应时间要求高。UNIX 操作系统就是典型的多道批处理、分时、实时相结合的多任务分时操作系统，这类操作系统通常用在大、中、小型计算机或工作站中。

(4) 单用户操作系统

单用户操作系统是随着微机的发展而产生的，用来对一台计算机的硬件和软件资源进行管理，通常分为单用户单任务和单用户多任务两种类型。单用户单任务的主要特征是在一个计算机系统内一次只能支持运行一个用户程序，此用户独占计算机系统的全部硬件和软件资源。常用的单用户单任务操作系统有 MS-DOS、PCDOS、CP/M 等。单用户多任务操作系统也是为单个用户服务的，但它允许用户一次提交多项任务。常用的单用户多任务操作系统有 OS/2、Windows 系列等，这类操作系统通常用在微机系统中。

(5) 网络操作系统

网络操作系统用来对多台计算机的硬件和软件资源进行管理和控制，提供网络通信和网络资源的共享功能。它是负责管理整个网络资源和方便网络用户的程序的集合，要保证网络中信息传输的准确性、安全性和保密性，提高系统资源的利用率和可靠性。网络操作系统除了一般操作系统的五个基本功能之外，还应具有网络管理模块。网络管理模块的主要功能是提供高效而可靠的网络通信能力；提供多种网络服务，如远程作业录入服务、分时服务、文件传输服务；对网络中的共享资源进行管理；实现网络安全管理。网络操作系统允许用户通过系统提供的操作命令与多台计算机硬件和软件资源打交道，通常用在计算机网络系统中的服务器上。最有代表性的几种网络操作系统是 Novell 公司的 Netware、Microsoft 公司的 Windows 2000 Server/Windows XP、UNIX、Linux 等。

(6) 分布式(多处理机)操作系统

分布式系统是由多台计算机经网络连接在一起而组成的系统，系统中任意两台计算机可以通过远程调用交换信息，系统中的计算机无主次之分，系统中的资源供所有用户共享，一个程序可以分布在几台计算机上并行地运行，互相协作完成一个共同的任务。分布式系统的引入主要是为了增加系统的处理能力，节省投资，提高系统的可靠性。

在众多操作系统中，MS-DOS、UNIX、Linux、Windows 操作系统是主要的操作系统。

(1) MS-DOS 操作系统

MS-DOS 操作系统是美国微软公司在 1981 年为 IBM-PC 微型机开发的操作系统。它是一种单用户、单任务、字符用户界面的操作系统。在运行时，单个用户的唯一任务占用计算机上的资源，包括所有的硬件和软件资源。

(2) UNIX 操作系统

UNIX 是一个交互式的多用户、多任务的操作系统，自 1974 年问世以来，迅速地在世界范围内推广。UNIX 起源于一个面向研究的分时系统，后来成为一个标准的操作系统，可用于网络、大型机和工作站。UNIX 系统运行在计算机系统的硬件和应用程序之间，负责管理硬件并向应用程序提供简单一致的调用界面，控制应用程序的正确执行。

UNIX 操作系统是在 1969 年由 AT&T 贝尔实验室的 Ken Thompson、Dennis Ritchie 和其他研究人员开发的，它引入了 Multics 项目的很多特征，能够适合科研环境的需求。UNIX 系统建立之初就是一个用户负担得起的高效多用户、多任务操作系统。

Multics 是在 20 世纪 60 年代 UNIX 出现之前，由欧洲的剑桥通用电气、AT&T 贝尔实验室以及麻省理工学院的科研人员发起的，称为多重访问系统和多路复用信息计算系统(Multics)，支持分时操作。Multics 系统除了时间共享以外，还在文件管理、程序交互和多任务等方面引入了很多新的概念。对多任务来说，计算机不仅能够适应不同的用户，而且某个用户还能同时运行多个任务。UNIX 系统随着越来越多的科研人员的使用在贝尔实验室变得非常普及。1973 年，Dennis Ritchie 与 Ken Thompson 合作开始用 C 语言改写 UNIX 系统代码。此时，Dennis Ritchie 已经将 C 语言开发成了一个灵活的程序开发工具，C 语言的优势之一就是它能够通过一组通用的编程命令直接访问计算机的硬件结构。UNIX 逐步地由一种科研工具发展成为一种标准的软件产品，并由 AT&T 贝尔实验室发布。起初，UNIX 只被当作一种科研产品，第一个 UNIX 版本是免费向很多知名大学的计算机科学系发布的，在 20 世纪 70 年代发布了几个版本的 UNIX，直到 1979 年发布了版本 7。20 世纪 70 年代中期，加州大学伯克利分校成为主要的 UNIX 开发者。伯克利在系统中加入了很多的功能，后来都成为标准。1975 年，伯克利通过它本身的发行机构，发布了自己版本的 UNIX。BSD UNIX 后来成为美国国防部高级研究工程局(DARPA)的研究项目的基础，BSD 包括了强大的文件管理功能以及基于 TCP/IP 网络协议的网络特征。BSD UNIX 成为AT&T贝尔实验室版本的主要竞争对手，同时，其他独立开发版本的UNIX也在萌芽。1980年，Microsoft和SCO发布了PC版的UNIX，即Xenix。1983年，AT&T发布了一个商业版本的UNIX，即System V版本1。随着System V、BSD和Sun OS等的发展，UNIX成为一种关键的商业支持软件产品。AT&T将UNIX转移到一个新的组织叫UNIX系统实验室，BSDUNIX的很多特征被并入后来的System V。1991年，UNIX系统实验室发布了System V版本4(SVR4)，它并入了BSD、Sun OS和Xenix中的诸多特性。随后很多软件公司也开发了自己版本的UNIX。主流版本有IBM的AIX、Hewlett—Packard的HP—UX、Apple的A/UX、DEC的ULTRIX和DEC OSF/1、SiliconGraphics的IRIX、SUN公司的Solaris、SCO的BSDI和SCO UNIX等。后来又出现了在PC和Mac等微机系统上运行的免费发行版本Linux，很多版本是基于SVR4同时并入了BSD UNIX的主要特征。BSDI直接基于BSD UNIX，可在微机系统上使用。

所有这些版本的UNIX反映了UNIX能够很容易地适应不同应用的事实。UNIX能够通过修改以集中在某种特殊任务上，这也反映出UNIX的起源是一个科学研究环境。UNIX可以适用于管理商业操作或支持图像处理工作，同时大部分的版本都包括同样的核心命令、特征和应用。

虽然目前有很多不同的UNIX版本可用，但开发商都在致力于一种通用标准。IBM、Hewlett-Packard、Next、Apple和SUN分别支持不同版本的UNIX，但它们都具有大部分的共同特征。甚至两种相互竞争的用户图形界面，Motif和Open—Look也被集成为一种新的图形用户界面标准，叫作公用桌面环境(CDE，Common Desk Environment)。

UNIX系统除了具有文件管理、程序管理和用户界面等所有操作系统共有的传统特征外，又增加了另外两个特性：一是与其他操作系统的内部实现不同，UNIX是一个多用户、多任务系统；二是与其他操作系统的用户界面不同，具有充分的灵活性。作为一个多任务系统，用户可以请求系统同时执行多个任务。在运行一个作业的时候，可以同时运行其他作业。例如，在打印文件的同时可以编辑文件，而不必等待打印文件完毕再编辑文件。作为多用户系统，多个人可以同时使用该系统。几个用户可以同时登录到系统上，每人都可以通过自己的终端与系统交互。

起初UNIX是为科研人员设计的操作系统，主要目标就是生成一个系统以支持科研人员不断变化的需求。为了实现这一点，汤普逊(Thompson)将系统设计成能够处理很多不同种类的任务。所以灵活性则变得比硬件效率更为重要。虽然像UNIX这样灵活的系统并不一定比那些更加灵活的与硬件相捆绑的系统快，但是UNIX够处理用户所能遇到的各种任务。这种灵活性使UNIX成为用户可用的操作系统，用户不只限于和操作系统进行有限的固定交互，相反可以为用户提供一套强大的工具，而且用户可以配置并对系统编程以满足特殊需求。从这个意义上说，UNIX是一个面向用户的操作系统。

UNIX是在操作系统发展历史上具有重要作用的一种多用户多任务操作系统，其结构紧凑，使用方便，便于修改、维护和扩充，易于移植，已成为微型机和中小型机上使用的主流操作系统。

(3) Linux操作系统

Linux操作系统是目前全球最大的一个自由软件，具有完备的网络功能，且具有稳定性、灵活性和易用性等特点。Linux最初由芬兰人LinusTorvalds开发，其源程序在

Internet 上公布以后，引起了全球电脑爱好者的开发热情，许多人下载该源程序并按自己的意愿完善某一方面的功能，再发回到网上，Linux 也因此被雕琢成为一个全球最稳定、最有发展前景的操作系统。

Linux 是一套免费使用和自由传播的类 UNIX 操作系统，它主要用于基于 Intelx86 系列 CPU 的计算机上。这个系统是由全世界各地的成千上万的程序员设计和实现的，其目的是建立不受任何商品化软件的版权制约、全世界都能自由使用的 UNIX 兼容产品。

Linux 最早开始于一位名叫 LinusTorvalds 的计算机业余爱好者，当时他是芬兰赫尔辛基大学的学生。他的目的是想设计一个代替 Minix（是由一位名叫 Andrew Tannebaum 的计算机教授编写的一个操作系统示教程序）的操作系统，这个操作系统可用于 386、486 或奔腾处理器的个人计算机上，并且具有 UNIX 操作系统的全部功能，因而开始了 Linux 雏形的设计。

Linux 以它的高效性和灵活性著称，它能够在 PC 上实现全部的 UNIX 特性，具有多任务、多用户的能力。Linux 操作系统软件包不仅包括完整的 Linux 操作系统，而且还包括了文本编辑器、高级语言编译器等应用软件。它还包括带有多个窗口管理器的 X—Windows 图形用户界面，如同使用 Windows NT 一样，允许使用窗口、图标和菜单对系统进行操作。

Linux 之所以受到广大计算机爱好者的喜爱，主要原因有三个：一是它属于自由软件，用户不用支付任何费用就可以获得它和它的源代码，并且可以根据自己的需要对它进行必要的修改，无偿使用，无约束地继续传播。二是它具有 UNIX 的全部功能，任何使用 UNIX 操作系统或想要学习 UNIX 操作系统的人都可以从 Linux 中获益。Linux 目前在工作站上非常流行，但由于它缺少专业操作系统的技术支持和稳定性，不能用于关键任务的服务器。三是它集成了 WWW 服务器、FTP 服务器、数据库等 Internet 的服务，方便用户基于 Web 应用。

Linux 是一个与 UNIX 完全兼容的免费操作系统，但它的内核完全全部编写，并公布所有源代码。由于具有结构清晰、功能简捷等特点，许多编程高手和业余计算机专家不断地为它增加新的功能，已经成为一个稳定可靠、功能完善、性能卓越的操作系统。尽管目前基于 Linux 操作系统的应用软件还不是很多，但它有望成为在微机中广泛使用的一个操作系统。

(4) 其他操作系统

除上述操作系统之外，值得注意的还有 Macintosh OS（苹果公司）、OS/2（IBM）操作系统。前者是美国苹果计算机公司为自己的 Macintosh 微型机开发的一种多任务操作系统，于 1984 年推出，是当时计算机市场上第一个成功采用图形用户界面的操作系统，但在我国比较少见。后者是美国 IBM 公司在微型机为代替 DOS 而开发的性能优良的操作系统。它能够充分发挥 32 位机的能力，并具有方便的图形用户界面。其最新产品为 OS/2 Warp。

3.2.3 手机操作系统

手机操作系统主要应用在智能手机上。主流的智能手机有 Google Android 和苹果的 iOS 等。智能手机与非智能手机都支持 JAVA，智能机与非智能机的区别主要看能否基于系统平台的功能扩展，非 JAVA 应用平台，还有就是支持多任务。

手机操作系统一般只应用在智能手机上。目前，在智能手机市场上，中国市场仍以个人信息管理型手机为主，随着更多厂商的加入，整体市场的竞争已经开始呈现出分散化的态势。从市场容量、竞争状态和应用状况上来看，整个市场仍处于启动阶段。目前应用在手机上的操作系统主要有 Android（安卓）、iOS（苹果）、Windows Phone（微软）、Symbian（诺基亚）、BlackBerry OS（黑莓）、Windows Mobile（微软）等。常见的手机操作系统如图 3-2 所示。

图 3-2 常见的手机操作系统

iOS 是由苹果公司开发的手持设备操作系统。苹果公司于 2007 年 1 月 9 日的 Macworld 大会上公布这个系统，以 Darwin（Darwin 是由苹果计算机的一个开放源代码操作系统）为基础，属于类 UNIX 的商业操作系统。2012 年 11 月，根据 Canalys 的数据显示，iOS 已经占据了全球智能手机系统市场份额的 30%，在美国的市场占有率为 43%。

2012 年 2 月，iOS 平台上的应用总量达到 552 247 个，其中游戏 95 324 个，为 17.26%；书籍类 60 604 个，排在第二，为 10.97%；娱乐应用排在第三，总量为 56 998 个，为 10.32%。

2012 年 6 月，苹果公司在 WWDC 2012 上宣布了 iOS 6，提供了超过 200 项新功能。2013 年 3 月，推出 iOS 6.1.3 更新，修正了 iOS 6 的越狱漏洞和锁屏密码漏洞。2013 年 6 月，苹果公司在 WWDC 2013 上发布了 iOS 7，重绘了所有的系统 APP，去掉了所有的仿实物化，整体设计风格转为扁平化设计，于 2013 年秋正式开放下载更新。iOS 的产品有如下特点。

(1) 优雅直观的界面。iOS 创新的 Multi-Touch 界面专为手指而设计。

(2) 软硬件搭配的优化组合。Apple 同时制造 iPad、iPhone 和 iPod Touch 的硬件和操作系统都可以匹配，高度整合使 APP（应用）得以充分利用 Retina（视网膜）屏幕的显示技术、Multi-Touch（多点式触控屏幕技术）界面、加速感应器、三轴陀螺仪、加速图形功能以及更多硬件功能。Facetime（视频通话软件）就是一个绝佳典范，它使用前后两个摄像头、显示屏、麦克风和 WLAN 网络连接，使得 iOS 是优化程度最好、最快的移动操作系统。

(3) 安全可靠的设计。设计了低层级的硬件和固件功能，用以防止恶意软件和病毒；还设计有高层级的 OS 功能，有助于在访问个人信息和企业数据时确保安全性。

(4) 多种语言支持。iOS 设备支持 30 多种语言，可以在各种语言之间切换。内置词典支持 50 多种语言，Voice Over（语音辅助程序）可阅读超过 35 种语言的屏幕内容，语音控制功能可读懂 20 多种语言。

(5) 新UI的优点是视觉轻盈,色彩丰富,更显时尚气息。Control Center的引入让操控更为简便,扁平化的设计能在某种程度上减轻跨平台的应用设计压力。

3.3 应用软件

为解决计算机各类问题而编写的程序称为应用软件。它又可分为应用软件包与用户程序。应用软件随着计算机应用领域的不断扩展而与日俱增。

3.3.1 办公软件

办公软件包是为办公自动化服务的。现代办公涉及对文字、数字、表格、图表、图形、图像、语音等多种媒体信息的处理,需要用到不同类型的办公软件。办公软件一般包括字处理、桌面排版、演示软件、电子表格等;为了方便用户维护大量的数据,为了与网络时代同步,目前推出的办公软件包还提供了小型的数据库管理系统、网页制作软件、电子邮件等。

常用的办公软件包有Microsoft公司的Microsoft Office和金山公司的WPS Office,如图3-3所示。它们具有优秀的办公处理能力和方便实用的设计,深受广大用户喜爱。以下按功能分别简述办公软件包的有关软件。

图3-3 常用办公软件

(1) 字处理软件

字处理软件主要用于将文字输入到计算机,进行存储、编辑、排版等,并以各种所需的形式显示、打印。现在的字处理软件功能已扩大到能处理图形(包括插入、编辑图片、绘制图表、编印数学公式、艺术字等),还可增加声音等多媒体信息的功能。目前常用的文字处理软件有Microsoft Word、WPS Office金山文字等。

(2) 桌面出版软件

桌面出版软件比字处理软件更深入一步,更加增强了对图形设计技术的处理,可提供更复杂、更专业的排版和输出效果,主要用于对报纸、书籍、杂志等出版业。常用的有北大方正排版软件、Adobe Page Marker、Corel Ventura等。实际上现在的字处理软件已经综合了桌面出版的许多功能,使两类应用程序之间的差别模糊起来。例如,Microsoft Word软件也已广泛用于书籍出版业。

(3) 网页制作软件

随着互联网的普及,网页制作软件发展迅速。网页制作软件使得用户不必使用HTML语言编写网页的文本、装配图形元素、超链接到其他网站。最常用的网页制作软件有Microsoft FrontPage、Macromedia Dreamweaver、Claris Page等,Microsoft Word软件也提供了将Word文档转换成HTML文档的功能。

(4) 演示软件

演示软件是专门制作幻灯片和演示文稿的优秀软件,它可以通过计算机播放文字、图形、图像、声音等多媒体信息,广泛用于产品介绍、会议演讲、学术报告和课堂教学。常见的多媒体演示软件有 Microsoft PowerPoint、WPS Office 套件金山演示和 Lotus Freelance Graphics 等。

(5) 电子表格软件

计算机的最大特长就是计算,根据计算的结果进行分析、图表化、评价、预测发展趋势等。电子表格软件用来对表格输入文字、数字或公式,利用大量内置函数库,可方便、快速地计算。电子表格提供数值分析与数据筛选功能,还可以绘制成各种各样的统计图表,供决策使用。常见的电子表格软件有 Microsoft Excel、WPS Office 金山表格、Lotus1-2-3 等。

3.3.2 行业软件

随着计算机技术和网络技术的发展,软件已经成为各行各业为提高工作效率所必需的工具。行业软件是针对特定行业而专门制定的、具有明显行业特性的软件。下面列举几个行业相关软件。

(1) 动画制作软件

图片比单纯文字更容易吸引人的目光,而动画又比静态图片引人入胜。一般动画制作软件都会提供各种动画编辑工具,只要依照自己的想法来排演动画。镜的工作就交给软件处理,例如,一只蝴蝶从花园一角飞到另一角,制作动画时只要指定起始与结束镜头,并决定飞行时间,软件就会自动产生每一个画面的程序。动画制作软件还提供场景变换、角色更替等功能。动画制作软件广泛用于游戏软件、电影制作、产品设计、建筑效果图等。

常见的动画制作软件有 3D MAX、Flash、After Effect 等。

3D MAX 是 Autodesk 公司推出的 PC 的三维动画(简记为 3D)制作软件。3D MAX 源自 3D Studio,具有建模、修改模型、赋材质、运动控制、设置灯光和摄像机、插值生成动画以及后期制作等功能。3D MAX 操作界面如图 3-4 所示。

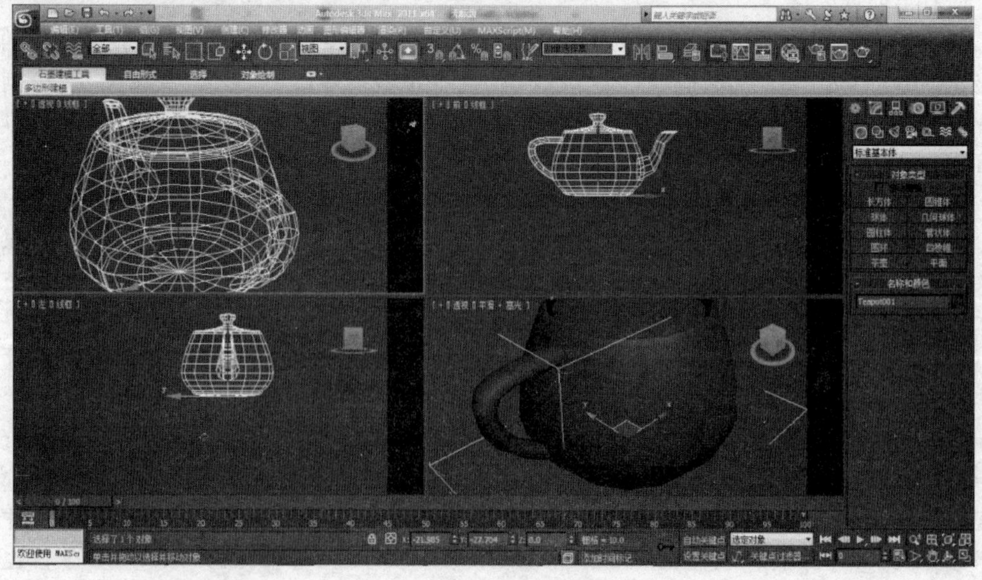

图 3-4　3D MAX 操作界面

(2) 绘图软件

绘图软件主要用于创建和编辑矢量图文件。在矢量图文件中,图形由对象的集合组成,这些对象包括线、圆、椭圆、矩形等,还包括创建图形所必需的形状、颜色以及起始点和终止点。绘图软件主要用于创作杂志、书籍等出版物上的艺术线图以及用于工程和3D模型。常用的绘图软件有Adobe Illustrator、AutoCAD、CorelDraw、Macromedia Free Hand等。

AutoCAD(Autodesk Computer Aided Design)是Autodesk公司首次于1982年开发的自动计算机辅助设计软件,用于二维绘图、详细绘制、设计文档和基本三维设计,现已经成为国际上广为流行的绘图工具。AutoCAD具有良好的用户界面,通过交互菜单或命令行方式便可以进行各种操作。它的多文档设计环境,让非计算机专业人员也能很快地学会使用。在不断实践的过程中更好地掌握它的各种应用和开发技巧,从而不断提高工作效率。AutoCAD具有广泛的适应性,它可以在各种操作系统支持的微型计算机和工作站上运行。AutoCAD操作界面如图3-5所示。

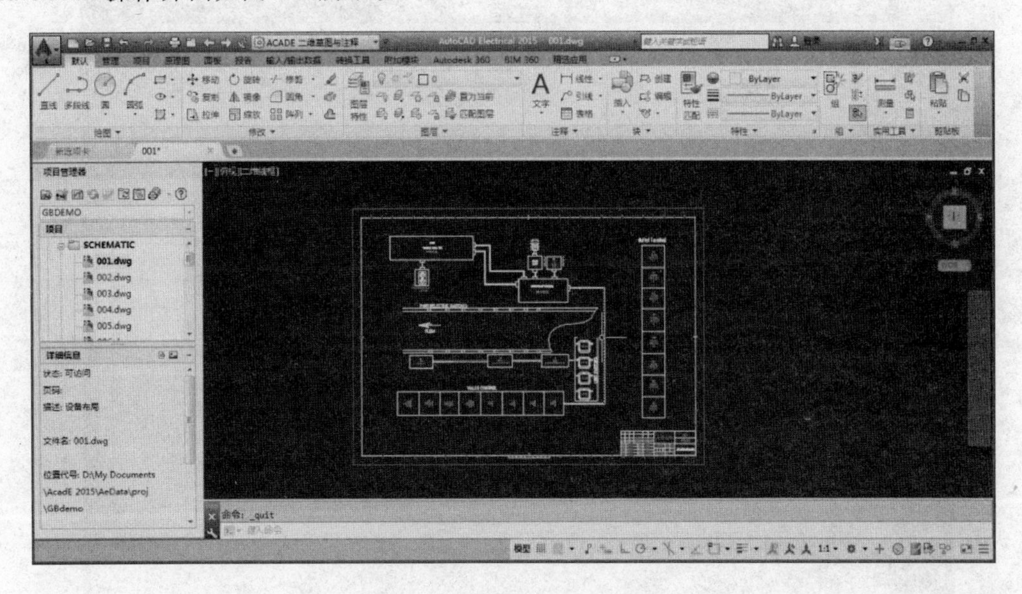

图3-5 AutoCAD操作界面

(3) 统计软件

统计一词起源于国情调查,最早意为国情学。一般来说,统计包括三个含义:统计工作、统计资料和统计科学。统计工作、统计资料、统计科学三者之间的关系是:统计工作的成果是统计资料,统计资料和统计科学的基础是统计工作,统计科学既是统计工作经验的理论概括,又是指导统计工作的原理、原则和方法。英语中统计学家和统计员是同一个单词,但统计学并不是直接产生于统计工作的经验总结。每一门科学都有其建立、发展和客观条件,统计科学则是统计工作经验,社会经济理论,计量经济方法融合、提炼、发展而来的一种边缘性学科。统计相关专业需要处理大量的数据,包括数据收集、数据整理、数据分析等操作。统计软件包含多个模块,可以完成常见的统计分析,如均数、标准差、中位数、百分位数,二项分布和Poisson分布的概率等。常见的统计软件包括SAS、SPSS、Excel、S-plus、Eviews等。

SPSS是“社会科学统计软件包”(Statistical Package for the Social Science)的简称,是一种集成化的计算机数据处理应用软件,是世界上公认的三大数据分析软件之一(SAS、

SPSS和SYSTAT)。1968年,美国斯坦福大学H. Nie等三位大学生开发了最早的SPSS统计软件,并于1975年在芝加哥成立了SPSS公司,已有30余年的成长历史,全球约有25万家产品用户,广泛分布于通信、医疗、银行、证券、保险、制造、商业、市场研究、科研、教育等多个领域和行业。伴随SPSS服务领域的扩大和深度的增加,SPSS公司已决定将其全称更改为Statistical Product and Service Solutions(统计产品与服务解决方案)。目前,世界上最著名的数据分析软件是SAS和SPSS。SAS由于是为专业统计分析人员设计的,具有功能强大,灵活多样的特点,为专业人士所喜爱。而SPSS是为广大的非专业人士设计,它操作简便,好学易懂,简单实用,因而很受非专业人士的青睐。此外,比起SAS软件来,SPSS主要针对社会科学研究领域开发,因而更适合应用于教育科学研究,是国外教育科研人员必备的科研工具。1988年,中国高教学会首次推广了这种软件,从此成为国内教育科研人员最常用的工具。SPSS操作界面如图3-6所示。

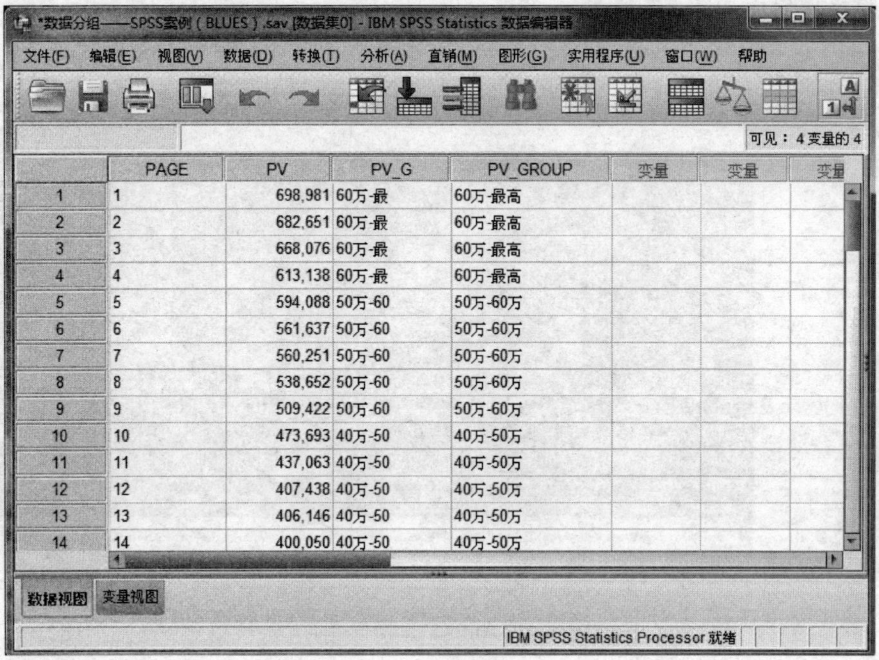

图3-6 SPSS操作界面

(4) 地理新系统软件

地理信息系统(Geographic Information System,GIS)是能提供存储、显示、分析地理数据功能的软件。主要包括数据输入与编辑、数据管理、数据操作以及数据显示和输出等。作为获取、处理、管理和分析地理空间数据的重要工具、技术和学科,得到了广泛关注和迅猛发展。从技术和应用的角度,GIS是解决空间问题的工具、方法和技术;从学科的角度,GIS是在地理学、地图学、测量学和计算机科学等学科基础上发展起来的一门学科,具有独立的学科体系;从功能上,GIS具有空间数据的获取、存储、显示、编辑、处理、分析、输出和应用等功能;从系统学的角度,GIS具有一定结构和功能,是一个完整的系统。地理信息系统在最近取得了惊人的发展,广泛应用于资源调查、环境评估、灾害预测、国土管理、城市规划、邮电通信、交通运输、军事公安、水利电力、公共设施管理、农林牧业、统计、商业金融等几乎所有领域。常见的地理信息系统软件有 ArcGIS、MapGIS、SuperMap、GeoStar 等。

ArcGIS 产品线为用户提供一个可伸缩的,全面的 GIS 平台。ArcObjects 包含了大量的可编程组件,从细粒度的对象(例如单个的几何对象)到粗粒度的对象(例如与现有 ArcMap 文档交互的地图对象)涉及面极广,这些对象为开发者集成了全面的 GIS 功能。每一个使用 ArcObjects 建成的 ArcGIS 产品都为开发者提供了一个应用开发的容器,包括桌面 GIS(ArcGIS Desktop)、嵌入式 GIS(ArcGIS Engine)以及服务 GIS(ArcGIS Server)。ArcMap 的操作界面如图 3-7 所示。

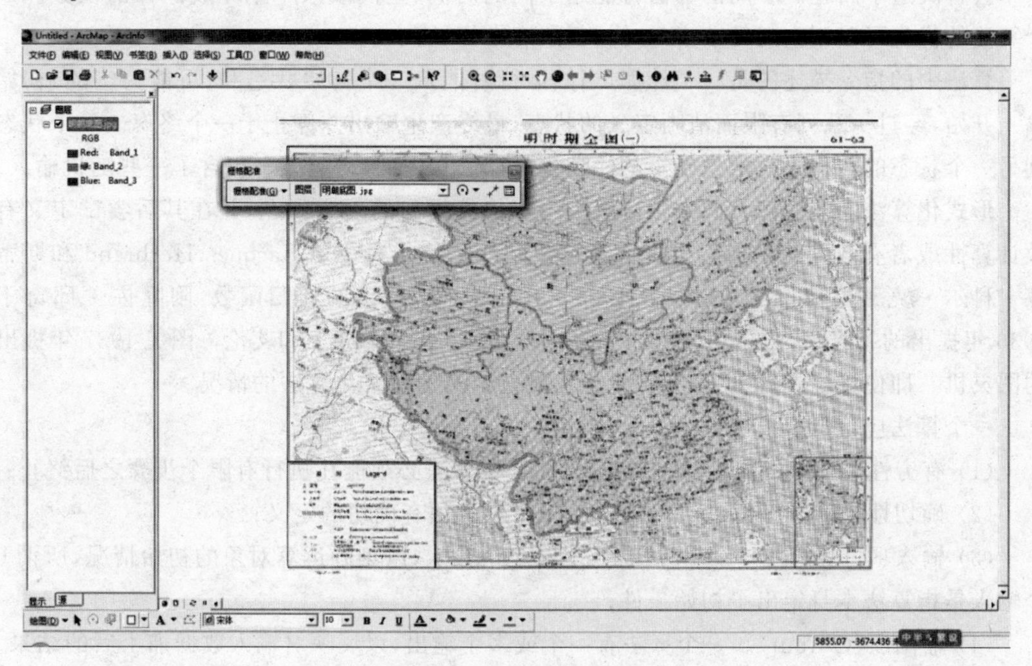

图 3-7 ArcMap 的操作界面

在信息化社会的环境下,各个行业都将与计算机联系到一起,将产生海量的数据,需要通过适用于行业的相关软件对这些数据进行管理、分析和处理。

3.4 程序设计基础

软件工程的具体实现要通过具体语言实现,即程序编码。编码的过程就是把详细设计翻译成可执行代码的过程,也是人借助编程语言与计算机通信的过程。编程语言的种种特性必然影响到翻译及通信过程的质量和效率。程序设计语言既要支持软件工程的原理,又要符合程序员的心理。

程序=算法+数据结构

计算机程序有以下共同的性质:

(1) 目的性。程序有明确的目的,运行时能完成赋予它的功能。

(2) 分步性。程序为完成其复杂的功能,由一系列计算机可执行的步骤组成。

(3) 有序性。程序的执行步骤是有序的,不可随意改变程序步骤的执行顺序。

(4) 有限性。程序是有限的指令序列,程序所包含的步骤是有限的。

(5) 操作性。有意义的程序总是对某些对象进行操作,使其改变状态,完成其功能。

3.4.1 算法

算法(Algorithm)是指解题方案的准确而完整的描述,是一系列解决问题的清晰指令,算法代表着用系统的方法描述解决问题的策略机制。也就是说,能够对一定规范的输入,在有限时间内获得所要求的输出。如果一个算法有缺陷,或不适合于某个问题,执行这个算法将不会解决这个问题。不同的算法可能用不同的时间、空间或效率来完成同样的任务。一个算法的优劣可以用空间复杂度与时间复杂度来衡量。

算法中的指令描述的是一个计算,当其运行时能从一个初始状态和(可能为空的)初始输入开始,经过一系列有限而清晰定义的状态,最终产生输出并停止于一个终态。一个状态到另一个状态的转移不一定是确定的。随机化算法在内的一些算法,包含了一些随机输入。

形式化算法的概念部分源自尝试解决希尔伯特提出的判定问题,并在其后尝试定义有效计算性或者有效方法中成形。这些尝试包括库尔特·哥德尔、Jacques Herbrand 和斯蒂芬·科尔·克莱尼分别于 1930 年、1934 年和 1935 年提出的递归函数,阿隆佐·邱奇于 1936 年提出的 λ 演算,1936 年 Emil Leon Post 的 Formulation 1 和艾伦·图灵 1937 年提出的图灵机。即使在当前,依然常有直觉想法难以定义为形式化算法的情况。

一个算法应该具有以下五个重要的特征:

(1) 有穷性(Finiteness)。算法的有穷性是指算法必须能在执行有限个步骤之后终止;

(2) 确切性(Definiteness)。算法的每一步骤必须有确切的定义;

(3) 输入项(Input)。一个算法有 0 个或多个输入,以刻画运算对象的初始情况,所谓 0 个输入是指算法本身定出了初始条件;

(4) 输出项(Output)。一个算法有一个或多个输出,以反映对输入数据加工后的结果。没有输出的算法是毫无意义的;

(5) 可行性(Effectiveness)。算法中执行的任何计算步骤都是可以被分解为基本的可执行的操作步,即每个计算步都可以在有限时间内完成(也称之为有效性)。

同一问题可用不同算法解决,而一个算法的质量优劣将影响到算法乃至程序的效率。算法分析的目的在于选择合适算法和改进算法。一个算法的评价主要从时间复杂度和空间复杂度来考虑。

算法的时间复杂度是指执行算法所需要的计算工作量。一般来说,计算机算法是问题规模 n 的函数 $f(n)$,算法的时间复杂度也因此记做:$T(n)=O(f(n))$。

因此,问题的规模 n 越大,算法执行的时间的增长率与 $f(n)$的增长率正相关,称作渐进时间复杂度(Asymptotic Time Complexity)。

空间复杂度算法的空间复杂度是指算法需要消耗的内存空间。其计算和表示方法与时间复杂度类似,一般都用复杂度的渐近性来表示。同时间复杂度相比,空间复杂度的分析要简单得多。

- 正确性。算法的正确性是评价一个算法优劣的最重要的标准。
- 可读性。算法的可读性是指一个算法可供人们阅读的容易程度。
- 健壮性。健壮性是指一个算法对不合理数据输入的反应能力和处理能力,也称为容错性。

3.4.2 RAPTOR 介绍

RAPTOR 是一种可视化的程序设计环境，为程序和算法设计的基础课程的教学提供实验环境。

使用 RAPTOR 设计的程序和算法可以直接转换成为 C++、C#、Java 等高级程序语言，这就为程序和算法的初学者铺就了一条平缓、自然的学习阶梯。

RAPTOR 专门用于解决非可视化的环境的句法困难和缺点。RAPTOR 允许学生用连接基本流程图符号来创建算法，然后可以在其环境下直接调试和运行算法，包括单步执行或连续执行的模式。该环境可以直观地显示当前执行符号所在的位置，以及所有变量的内容。此外，RAPTOR 提供了一个基于 AdaGraph 的简单图形库。学生不仅可以可视化创建算法，所求解的问题本身也是可以是可视化的。

RAPTOR 作为一种可视化程序设计的软件环境，已经为卡内基·梅隆大学等世界上 22 个以上的国家和地区的高等院校使用，在计算机基础课程教学中，取得良好的效果。

由于 RAPTOR 是一种基于流程图的可视化程序设计环境。而流程图是一系列相互连接的图形符号的集合，其中每个符号代表要执行的特定类型的指令。符号之间的连接决定了指令的执行顺序。由于流程图是大部分高校计算机基础课程首先引入的与程序、算法表达有关的基础概念，所以一旦开始使用 RAPTOR 解决问题，这些原本抽象的理念将会变得更加清晰。

使用 RAPTOR 基于以下几个原因：

(1) RAPTOR 开发环境可以在最大限度地减少语法要求的情形下，帮助用户编写正确的程序指令。

(2) RAPTOR 开发环境是可视化的。RAPTOR 程序实际上是一种有向图，可以一次执行一个图形符号，以便帮助用户跟踪，RAPTOR 程序的指令流执行过程。

(3) RAPTOR 是为易用性而设计的(用户可用它与其他任何的编程开发环境进行复杂性比较)。

(4) 使用 RAPTOR 所设计程序的调试和报错消息更容易为初学者理解。

(5) 使用 RAPTOR 的目的是进行算法设计和运行验证，所以避免了重量级编程语言，如C++或 Java 的过早引入，给初学者带来的学习负担。

3.4.3 RAPTOR 程序设计

RAPTOR 是一款可视化的程序设计软件环境，本节主要介绍该软件的下载、安装及使用。

(1) RAPTOR 的下载

RAPTOR 汉化版的下载：http://www.cr173.com/soft/49445.html。此汉化版基于最新的 4.0.5(2012.8.27)版本修改，如图 3-8 所示。RAPTOR 官网：http://raptor.martincarlisle.com/。

(2) RAPTOR 的操作

RAPTOR 的基本操作包括输入语句、输出语句、过程调用等语句，下面分别作详细的介绍。

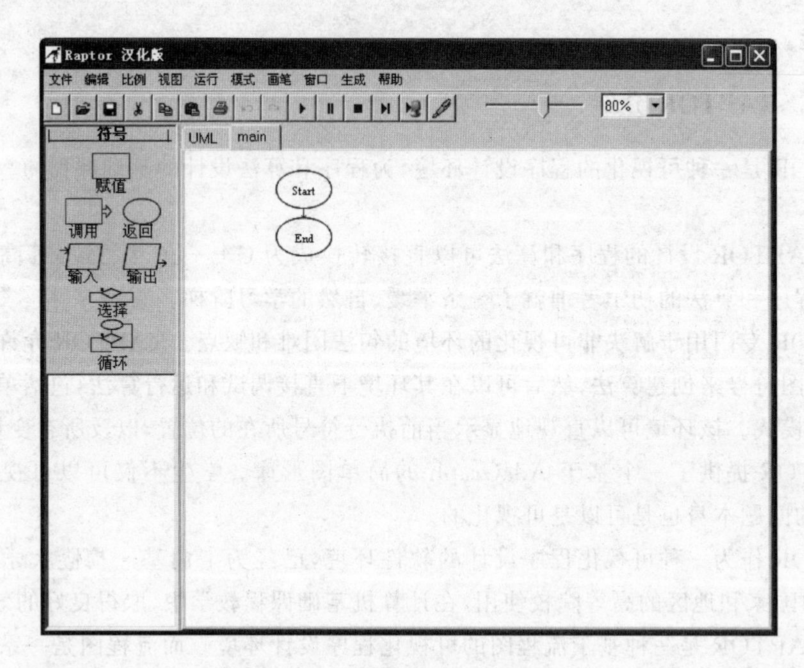

图 3-8 RAPTOR界面

① 输入(Input)语句/符号

输入语句/符号允许用户在程序执行过程中输入程序变量的数据值。这里最为重要的是,必须让用户明白这里程序需要什么类型的数据值。因此,当定义一个输入语句时,一定要在提示(Prompt)文本中说明所需要的输入。提示应尽可能明确,如果预期值需要单位或量纲(如英尺,米,或英里),应该在提示文本中说明,如图 3-9 所示。

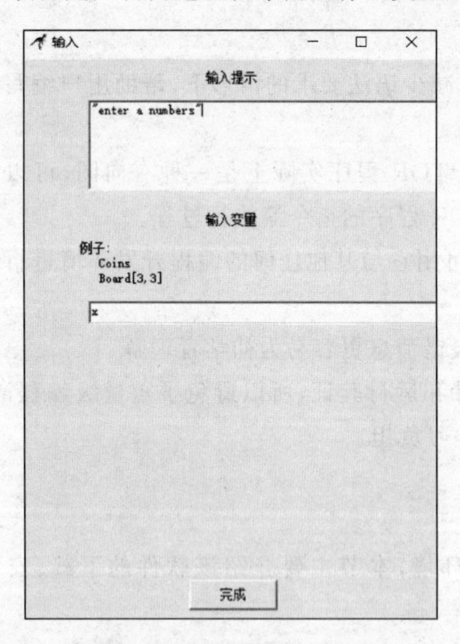

图 3-9 RAPTOR 输入提示

当定义一个输入语句时,用户必须指定两件事:一是提示文本,二是变量名称,该变量的值将在程序运行时由用户输入。

输入语句在运行时,将显示一个输入对话框,在用户输入一个值,并按下 Enter 键(或点击确定),用户输入值由输入语句赋给变量,如图 3-10 所示。

请仔细思考“语句定义(definition of a statement)”和“语句执行(execution of a statement)”的区别。定义语句对话框与执行程序时使用的对话框是完全不同的。

② 赋值(assignment)语句/符号

赋值符号是用于执行计算,然后将其结果存储在变量中。赋值语句的定义是使用如图 3-11显示的对话框。需要赋值的变量名须输入到“Set”字段,需要执行的计算输入到“to”字段。图 3-11 的示例将变量 X 的值赋为 X+1。

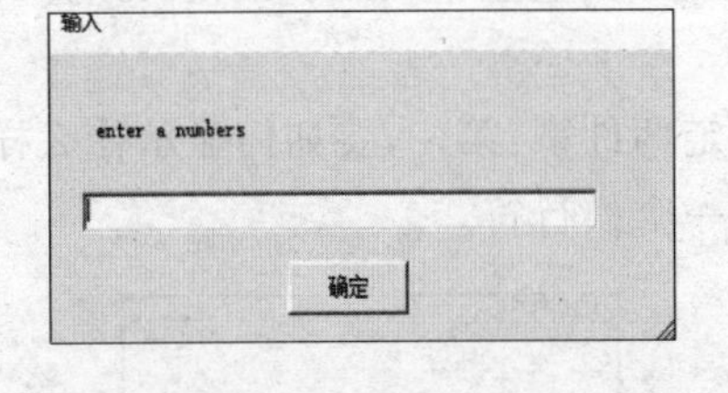

图 3-10 RAPTOR 输入变量的值

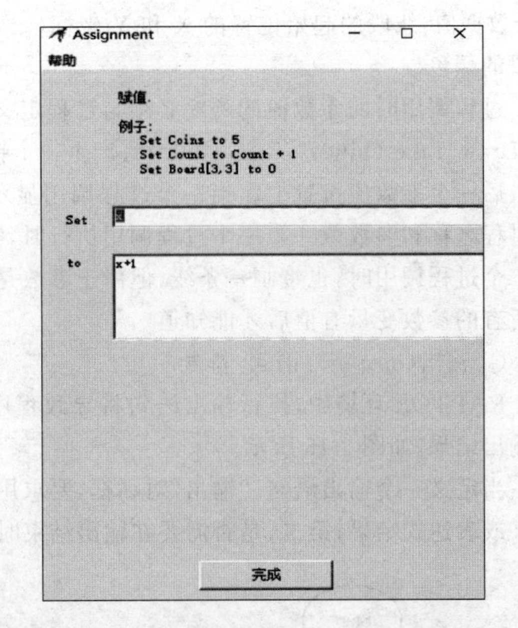

图 3-11 RAPTOR 赋值语句

RAPTOR 使用的赋值语句在其符号中语法:变量←表达式(Variable←Expression)。

一个赋值语句只能改变一个变量的值,也就是箭头左边所指的变量。如果这个变量在先前的语句中未曾出现过,则 RAPTOR 会创建一个新的变量。如果这个变量在先前的语句已经出现,那么先前的值就将为目前所执行的计算所得的值所取代。而位于箭头右侧(即表达式)中的变量的值则不会被赋值语句改变。

③ 过程调用(Call)语句/符号

一个过程是一个编程语句的命名集合,用以完成某项任务。调用过程时首先暂停当前程序的执行,然后执行过程中的程序指令,然后在先前暂停的程序的下一语句恢复执行原来的程序。要正确使用过程,用户需要知道两件事情:过程的名称和完成任务所需要的数据值,也就是所谓的参数。

RAPTOR 设计中,为尽量减少用户的记忆负担,在过程调用的编辑对话框“Enter Call”中,会随用户的输入,按部分匹配原则,“Enter Call”对话框中按用户输入过程的名称进行提示,这对减少输入错误大有裨益。例如,输入字母“d”后,窗口的下部会列出所有以字母“d”开头的内置的过程。该列表还提醒每个过程所需的参数。在图 3-12 所列的对话框中,告诉用户,“Draw_Line”过程需要

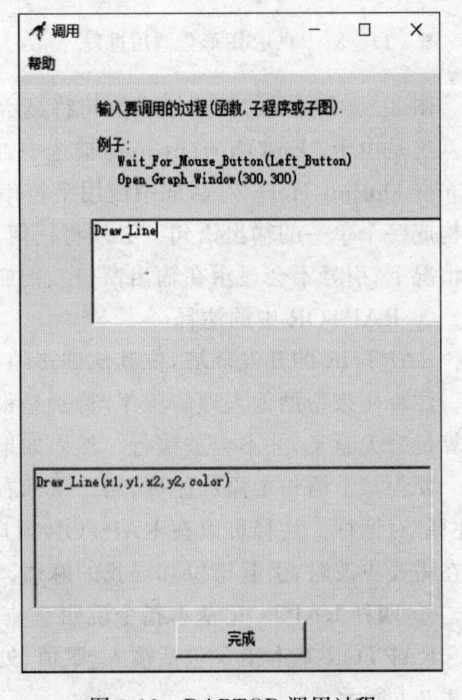

图 3-12 RAPTOR 调用过程

5 个数据值:线段的起始位置的 X 和 Y 坐标(x1,y1)和结束位置的 X 和 Y 坐标(x2,y2)和线段的颜色。

过程调用时的参数值的顺序必须与过程定义参数一致。如图 3-13 和图 3-14 所示。例如,Draw_Line (blue,3,5,100,200)将产生一个错误,因为该线段的颜色必须在参数列表中的最后一个参数值位置上。当一个过程调用显示在 RAPTOR 程序中时,可以看到被调用的过程名称和参数值。第一个过程调用执行时,它会画一条从点(1,1)到点(100,200)红线。第二个过程调用时,也将画一条线,但由于参数是变量,该线段的确切位置只有在程序执行到所有的参数变量有值后才能知道。

④ 输出(output)/语句/符号

RAPTOR 环境中,执行输出语句将导致程序执行时,在主控(Master Console)窗口显示输出结果,如图 3-15 所示。

当定义一个输出语句,“输出”对话框,要求用户指定两件事:第一,要如何显示什么样的文字或表达式结果;第二,是否需要在输出结束时输出一个换行符。

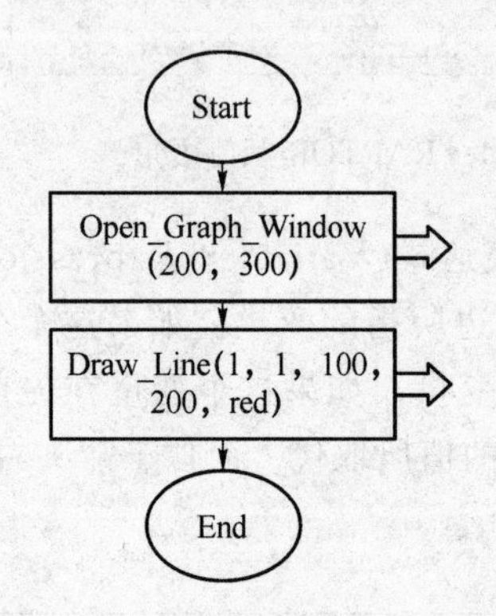

图 3-13　RAPTOR 图形化调用过程

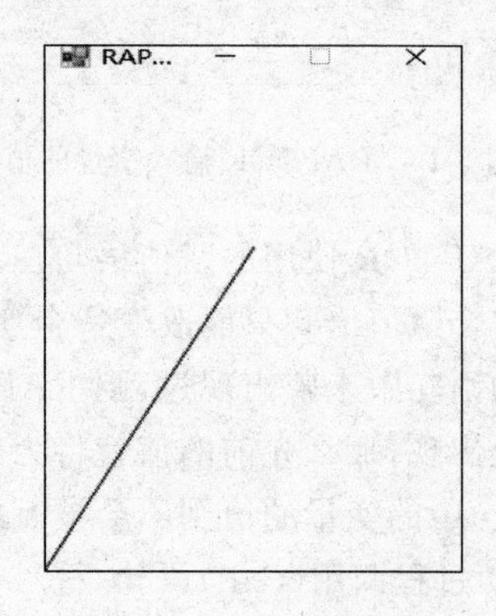

图 3-14　RAPTOR 中画线

图 3-15 中所示的例子输出语句将显示文本,输出窗口上的“The sale tax is”, 并另起一行。这是由于 “End Current line”被选中,以后的输出内容将从新的一行开始显示。可以在 “Enter Output Here”对话框中使用字符串加号(+)运算符将文本字符串与从两个或多个值构成一个单一的输出语句。必须将任何文本包含在引号(")中以区分文本和计算值,在这种情况下,引号不会显示在输出窗口。例如,表达式:“Active Point=(“+x+”,“+y+”)”。

⑤ RAPTOR 中的注释

RAPTOR 的开发环境,像其他许多编程语言一样,允许对程序进行注释,如图 3-16 所示。注释用来帮助他人理解程序,特别是程序代码比较复杂、很难理解情况下。注释本身对计算机毫无意义,并不会被执行。然而如果注释得当,可以使程序更容易为他人理解。

要为某个语句中添加注释,用户鼠标右键单击相关的语句符号,然后选择“注释”,进入“注释”对话框。注释可以在 RAPTOR 窗口被移动,但建议不需要移动注释的默认位置,以防在需要更改时,引起错位和寻找的麻烦。

⑥ 四种 RAPTOR 基本指令说明

RAPTOR 基本指令包括输入、赋值、处理和输出,下面分别对四种基本指令作以介绍,如表 3-1 所示。

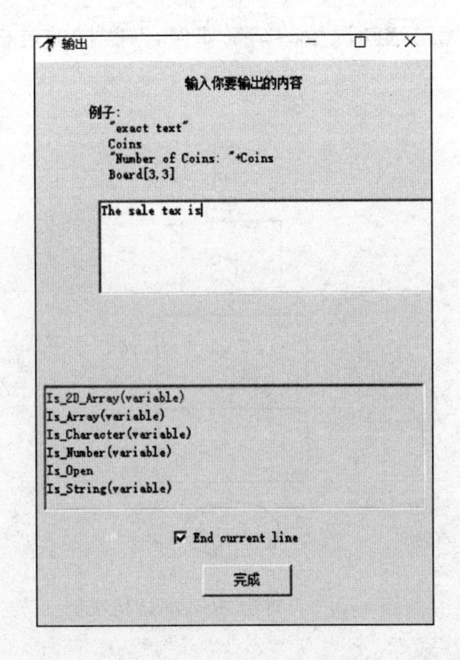

图 3-15　RAPTOR 输出语句

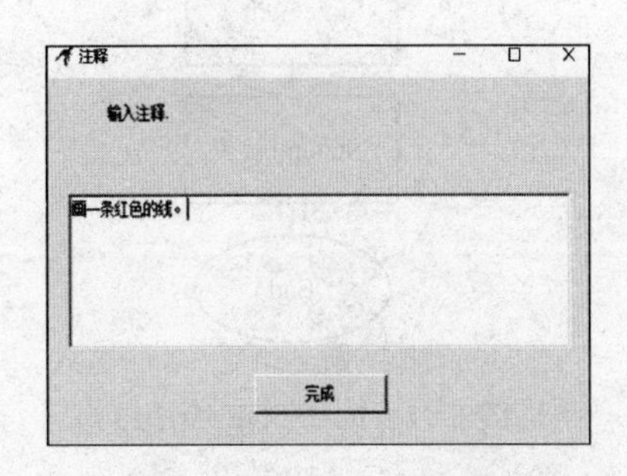

图 3-16　RAPTOR 中的注释

表 3-1　RAPTOR 四种基本指令

目的	符号	名称	说明
输入		输入语句	允许用户输入的数据。每个数据值存储在一个变量中
赋值		赋值语句	使用某些类型的数学计算来更改的变量的值
处理		过程调用	执行一组在命名过程中定义的指令。在某些情况下，过程中的指令将改变一些过程的参数(即变量)
输出		输出语句	显示变量的值(或保存到文件中)

3.4.4　RAPTOR 控制结构

RAPTOR 控制结构包括顺序控制、选择控制和循环控制三种，下面分别简单介绍。

(1) 顺序控制。顺序逻辑是最简单的程序构造。本质上，就是把每个语句按顺序排列，程序执行时，从开始(Start)语句顺序执行到结束(End)语句。如图 3-17 和图 3-18 所示。

(2) 选择控制。一般情况下，程序需要根据数据的一些条件来决定是否应执行某些语句。选择控制语句的两个路径之一可能是空的，或包含多条语句。如果两个路径同时为空或包含完全有相同的语句，则是不合适的。因为无论选择决策的结果如何，对程序的过程都没有影响。如图 3-19 所示。

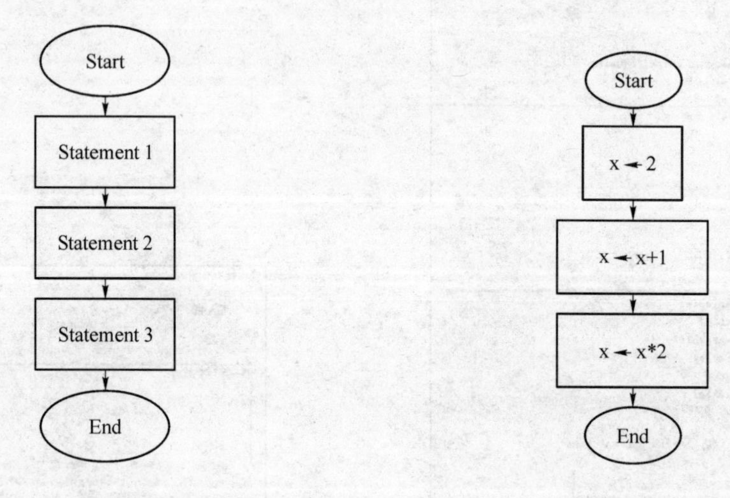

图 3-17 RAPTOR 顺序结构　　　　图 3-18 RAPTOR 顺序结构案例

(3) 循环控制。一个循环控制语句允许重复执行一个或多个语句，直到某些条件变为 True。这种类型的控制语句使得计算机真正的价值所在，因为计算机可以重复执行无数相同的而不会厌烦。如图 3-20 所示。

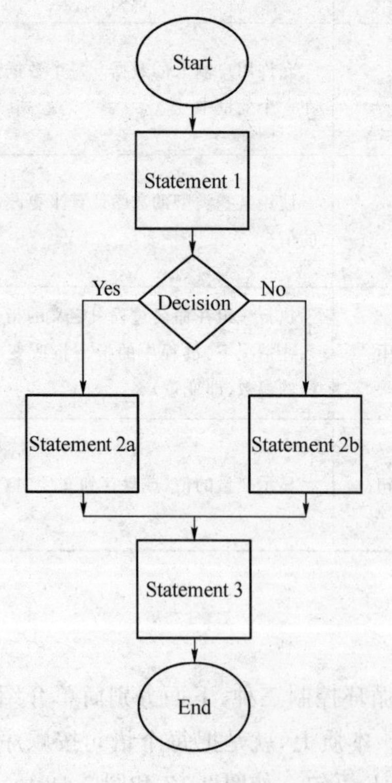

图 3-19 RAPTOR 选择控制

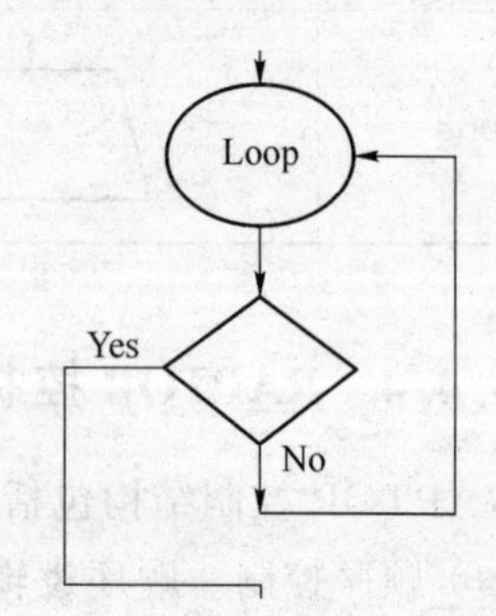

图 3-20 RAPTOR 循环控制

(4) RAPTOR 图形编程。RAPTOR 图形是一组预先定义好的过程，用于在计算机屏幕上绘制图形对象。所有 RAPTOR 图形命令是一个特殊的图形窗口,可以绘制成图形窗口的各种规格和颜色的线条、矩形、圆、弧和椭圆,也可以在图形窗口中显示文本。可以通过确定在图形窗口中鼠标的位置,并确定鼠标按钮或键盘键是否点击,与一个图形程序交互。并且通过在图形窗口中通过多次清屏,并每次重新绘制在稍有不同的位置上,可以在图形窗口中创建动画。如图 3-21 和图 3-22 所示。

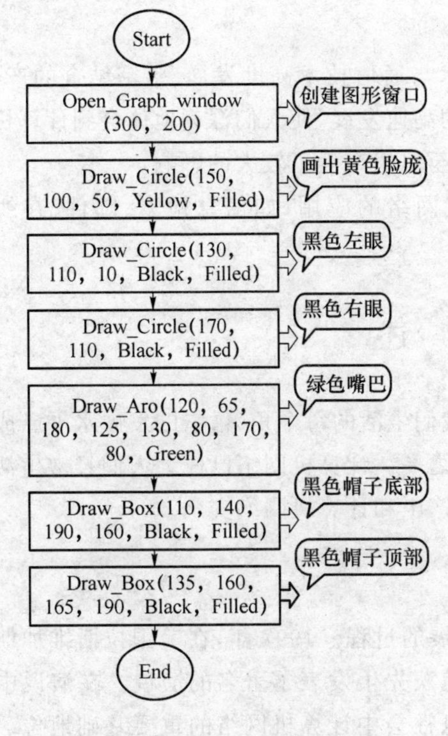

图 3-21 RAPTOR 动画编程

图 3-22 RAPTOR 动画编程例子

本章小结

本章主要介绍了计算机软件和程序设计基础两部分内容。其中计算机软件部分内容,主要介绍了系统软件和应用软件。系统软件简单介绍了操作系统的发展历史和几种常用的操作系统。应用软件简单介绍了办公软件和专业软件。在程序设计基础部分内容,简单介绍了算法的概念。在理解了算法的概念基础之上,介绍了一款可视化程序处理软件 RAPTOR。详细介绍了该软件的下载、安装和使用。

第 4 章　计算机网络

计算机网络也称计算机通信网，是计算机技术与通信技术高度发展、紧密结合的产物。计算机网络起源于 20 世纪 70 年代，经过几十年的高速发展，使人们深刻地体会到计算机网络是无所不在的，已经对人们的日常生活、工作甚至思想产生了较大的影响。

本章主要介绍计算机网络基础知识，计算机网络的应用，如信息检索、邮件、在线学习等。

4.1 概　述

随着通信技术高速发展，计算机网络已进入我们生活的每个角落，它的发展水平已成为衡量一个国家技术水平和社会信息化程度的标志之一。计算机网络已成为人们日常生活中不可分割的一部分。下面具体介绍计算机网络的产生和计算机网络安全。

4.1.1 计算机网络的发展

计算机网络已经历了由单一网络向互联网发展的过程。1997 年，在美国拉斯维加斯的全球计算机技术博览会上，微软公司总裁比尔·盖茨先生发表了著名的演说。在演说中强调，"网络才是计算机"的精辟论点充分体现出信息社会中计算机网络的重要基础地位。计算机网络技术的发展越来越成为当今世界高新技术发展的核心之一，而他的发展历程也曲曲折折，绵延至今。计算机网络的发展分为以下几个阶段。

第一阶段，诞生阶段(计算机终端网络)

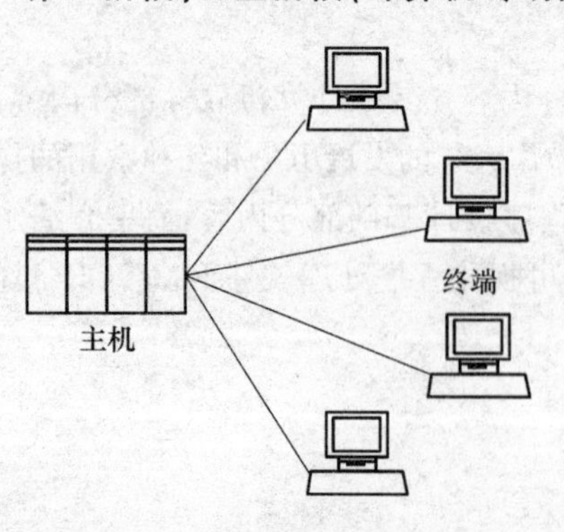

图 4-1　面向终端的计算机

20 世纪 60 年代中期之前的第一代计算机网络是以单个计算机为中心的远程联机系统，如图 4-1所示。终端是一台计算机的外部设备包括显示器和键盘，无 CPU 和内存。当时，人们把计算机网络定义为"以传输信息为目的而连接起来，实现远程信息处理或进一步达到资源共享的系统"，但这样的通信系统已具备网络的雏形。早期的计算机为了提高资源利用率，采用批处理的工作方式。为适应终端与计算机的连接，出现了多重线路控制器。

第二阶段，形成阶段(计算机通信网络)

20 世纪 60 年代中期至 70 年代的第二代计算机网络是以多个主机通过通信线路互联

起来，为用户提供服务，兴起于 60 年代后期，典型代表是美国国防部高级研究计划局协助开发的 ARPANET。主机之间不是直接用线路相连，而是由接口报文处理机（IMP）转接后互联的。IMP 和它们之间互联的通信线路一起负责主机间的通信任务，构成了通信子网。通信子网互联的主机负责运行程序，提供资源共享，组成资源子网。这个时期，网络概念为"以能够相互共享资源为目的互联起来的具有独立功能的计算机之集合体"，形成了计算机网络的基本概念。ARPA 网是以通信子网（或称结点机），以存储转发方式传送分组的通信子网称为分组交换网，如图 4-2 所示。

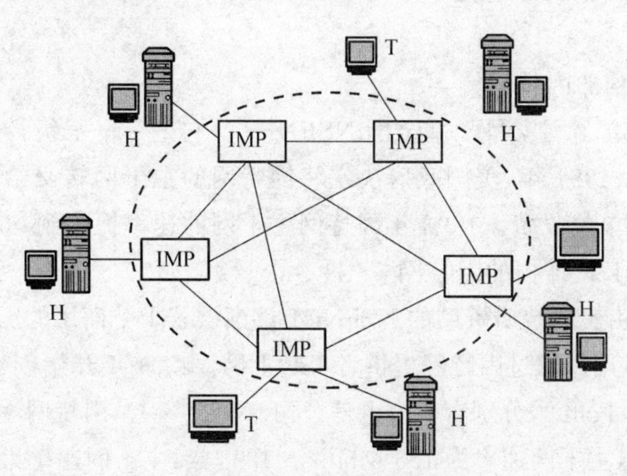

图 4-2　ARPANET 网络结构

第三阶段，互联互通阶段(开放式的标准化计算机网络)

20 世纪 70 年代末至 90 年代的第三代计算机网络是具有统一的网络体系结构并遵守国际标准的开放式和标准化的网络。ARPANET 兴起后，计算机网络发展迅猛，各大计算机公司相继推出自己的网络体系结构及实现这些结构的软硬件产品。由于没有统一的标准，不同厂商的产品之间互联很困难，人们迫切需要一种开放性的标准化实用网络环境，这样应运而生了两种国际通用的最重要的体系结构，即 TCP/IP 体系结构和国际标准化组织的 OSI 体系结构，如表 4-1 所示。

表 4-1　OSI 与 TCP/IP 体系结构

OSI 体系结构	TCP/IP 体系结构
应用层	应用层 （各种应用层协议）
表示层	
会话层	运输层 （TCP 或 UDP）
运输层	
网络层	网络层（IP）层
数据链路层	网络接口层
物理层	

第四阶段，高速网络技术阶段(新一代计算机网络)

20 世纪 90 年代至今的第四代计算机网络，由于局域网技术发展成熟，出现光纤及高速网络技术、多媒体网络、智能网络，整个网络就像一个对用户透明的大的计算机系统，发展为以 Internet 为代表的互联网。而其中 Internet（因特网）的发展也分三个阶段。

（1）从单一的 APRANET 发展为互联网

1969 年，创建的第一个分组交换网 ARPANET 只是一个单个的分组交换网（不是互联网）。20 世纪 70 年代中期，ARPA 开始研究多种网络互连的技术，这导致互联网的出现。1983 年，ARPANET 分解成两个：一个实验研究用的科研网 ARPANET（人们常把 1983 年作为因特网的诞生之日），另一个是军用的 MILNET。1990 年，ARPANET 正式宣布关闭，实验完成。

（2）建成三级结构的因特网

1986 年，NSF 建立了国家科学基金网 NSFNET。它是一个三级计算机网络，分为主干网、地区网和校园网。1991 年，美国政府决定将因特网的主干网转交给私人公司来经营，并开始对接入因特网的单位收费。1993 年因特网主干网的速率提高到 45 Mbit/s。

（3）建立多层次 ISP 结构的因特网

从 1993 年开始，由美国政府资助的 NSFNET 逐渐被若干个商用的因特网主干网（即服务提供者网络）所替代。用户通过因特网提供者 ISP 上网。1994 年开始创建了 4 个网络接入点 NAP（Network Access Point），分别有 4 个电信公司。1994 年起，因特网逐渐演变成多层次 ISP 结构的网络。1996 年，主干网速率为 155 Mbit/s。1998 年，主干网速率为 2.5 Gbit/s。

4.1.2 计算机网络分类

网络类型的划分标准各种各样，但是从地理范围划分是一种大家都认可的通用网络划分标准。按这种标准可以把各种网络类型划分为局域网、城域网、广域网和互联网四种。局域网一般来说只能是一个较小区域内，城域网是不同地区的网络互联，不过在此要说明的一点就是这里的网络划分并没有严格意义上地理范围的区分，只能是一个定性的概念。下面简要介绍这几种计算机网络。

（1）局域网（Local Area Network，LAN）

通常我们常见的"LAN"就是指局域网，这是我们最常见、应用最广的一种网络。现在局域网随着整个计算机网络技术的发展和提高得到充分的应用和普及，几乎每个单位都有自己的局域网，有的甚至家庭中都有自己的小型局域网。很明显，所谓局域网，那就是在局部地区范围内的网络，它所覆盖的地区范围较小。局域网在计算机数量配置上没有太多的限制，少的可以只有两台，多的可达几百台。一般来说在企业局域网中，工作站的数量在几十到两百台次左右。在网络所涉及的地理距离上一般来说可以是几米至 10 千米以内。局域网一般位于一个建筑物或一个单位内，不存在寻径问题，不包括网络层的应用，如图 4-3 所示。

这种网络的特点就是：连接范围窄、用户数少、配置容易、连接速率高。目前局域网最快的速率要算现今的 10G 以太网了。IEEE 的 802 标准委员会定义了多种主要的 LAN 网：以太网（Ethernet）、令牌环网（Token Ring）、光纤分布式接口网络（FDDI）、异步传输模式网（ATM）以及最新的无线局域网（WLAN），这些都将在后面详细介绍。

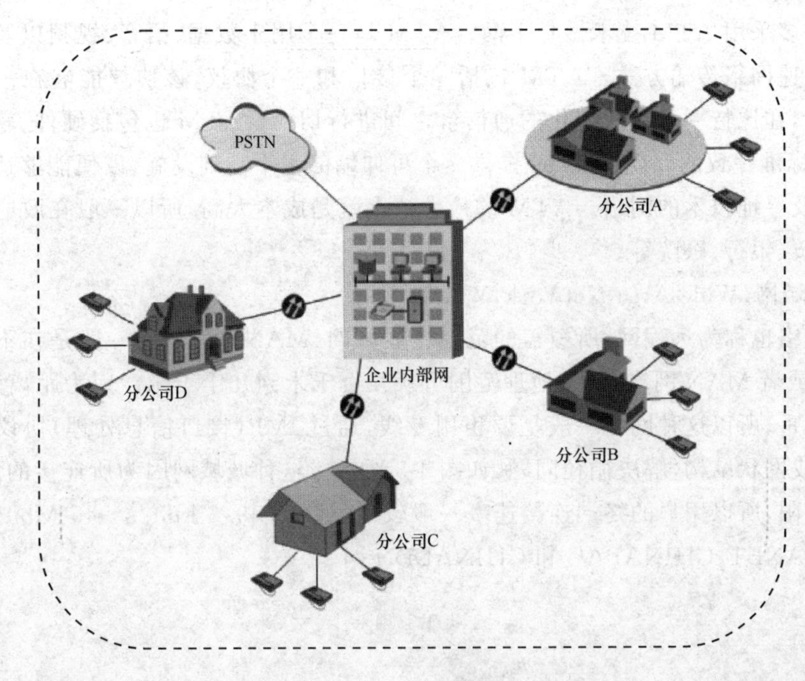

图 4-3 局域网

(2) 城域网(Metropolitan Area Network,MAN)

这种网络一般来说是在一个城市,但不在同一地理小区范围内的计算机互联。这种网络的连接距离可以在 10～100 千米,它采用的是 IEEE802.6 标准。MAN 与 LAN 相比扩展的距离更长,连接的计算机数量更多,在地理范围上可以说是 LAN 网络的延伸。在一个大型城市或都市地区,一个 MAN 网络通常连接着多个 LAN 网,如图 4-4 所示。如连接政府机构的 LAN、医院的 LAN、电信的 LAN、公司企业的 LAN 等。

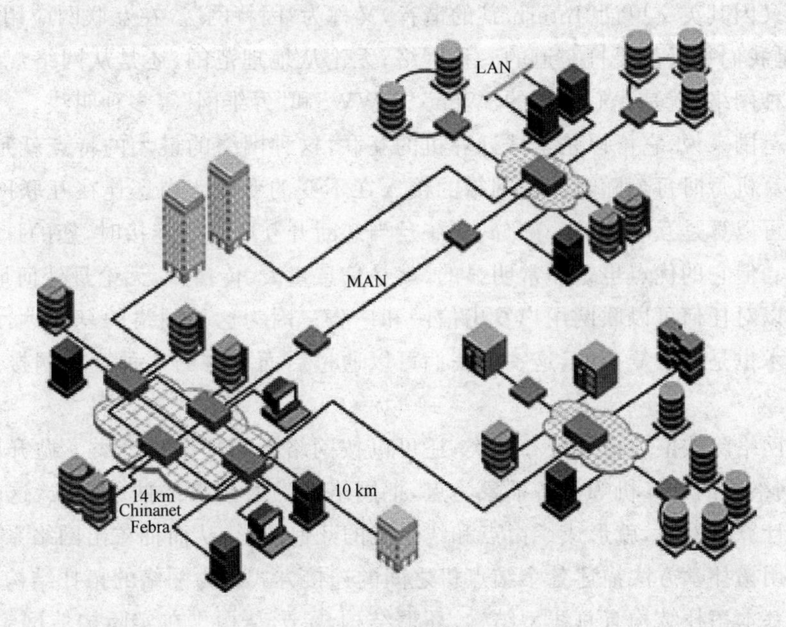

图 4-4 城域网

城域网多采用 ATM 技术做骨干网。ATM 是一个用于数据、语音、视频以及多媒体应用程序的高速网络传输方法。ATM 包括一个接口和一个协议,该协议能够在一个常规的传输信道上,在比特率不变及变化的通信量之间进行切换。ATM 也包括硬件、软件以及与 ATM 协议标准一致的介质。ATM 提供一个可伸缩的主干基础设施,以便能够适应不同规模、速度以及寻址技术的网络。ATM 的最大缺点就是成本太高,所以一般在政府城域网中应用,如邮政、银行、医院等。

(3) 广域网(Wide Area Network,WAN)

这种网络也称为远程网,所覆盖的范围比城域网(MAN)更广,它一般是在不同城市之间的 LAN 或者 MAN 网络互联,地理范围可从几百千米到几千千米。因为距离较远,信息衰减比较严重,所以这种网络一般是要租用专线,通过 IMP(接口信息处理)协议和线路连接起来,构成网状结构,解决循径问题,如图 4-5 所示。这种城域网因为所连接的用户多,总出口带宽有限,所以用户的终端连接速率一般较低,通常为 9.6 kbit/s～45 Mbit/s,如邮电部的 CHINANET、CHINAPAC 和 CHINADDN 网。

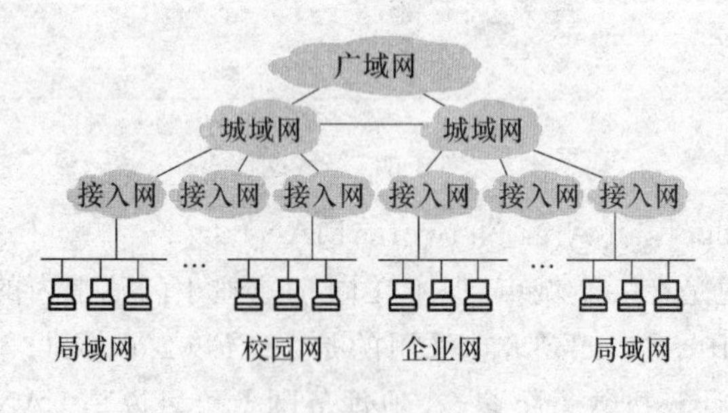

图 4-5　广域网结构

(4) 互联网(Internet)

互联网又因其英文单词“Internet”的谐音,又称为“因特网”。在互联网应用如此发展的今天,它已是我们每天都要打交道的一种网络,无论从地理范围,还是从网络规模来讲它都是最大的一种网络,就是我们常说的“Web”“WWW”和“万维网”等多种叫法。

从地理范围来说,它可以是全球计算机的互联,这种网络的最大的特点就是不定性,整个网络的计算机每时每刻随着人们网络的接入在不变的变化。当您连在互联网上的时候,您的计算机可以算是互联网的一部分,但一旦当您断开互联网的连接时,您的计算机就不属于互联网了。但它的优点也是非常明显的,就是信息量大、传播广,无论身处何地,只要联上互联网就可以对任何可以联网用户发出信函和广告。因为这种网络的复杂性,所以这种网络实现的技术也是非常复杂的,这一点我们可以通过后面要讲的几种互联网接入设备详细地了解到。

计算机网络除按上述地域分布分类,还可以按网络的拓扑结构分类。抛开网络中的具体设备,把网络中的计算机等设备抽象为点,把网络中的通信媒体抽象为线,这样从拓扑学的观点去看计算机网络,就形成了由点和线组成的几何图形,从而抽象出网络系统的具体结构。这种采用拓扑学方法描述各个结点机之间的连接方式称为网络的拓扑结构。计算机网络常采用的基本拓扑结构有总线型结构、环形结构、星形结构。在实际构造网络时,大量的网络是这 3 种拓扑形状的结合,即为网状结构,网络拓扑结构示意图如图 4-6 所示。

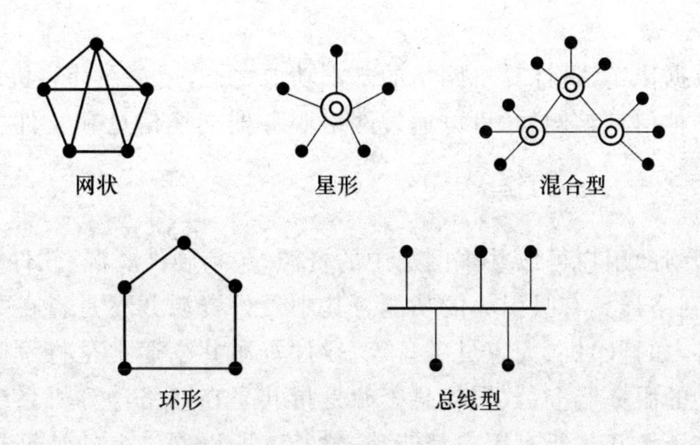

图 4-6 网络拓扑结构示意图

(1) 总线型拓扑结构

总线型拓扑结构是以一根电缆作为传输介质(称为总线),在一条总线上装置多个 T 型头,每个 T 型头连接一个结点机的系统,总线两端用端接器防止信号的反射。任何一个结点的信息都可以沿着总线向两个方向传输扩散,并且能被总线中任何一个结点所接收。在总线型结构中,由于其信息向四周传播,类似于广播电台,因此总线网络也被称为广播式网络。

总线型拓扑结构是目前使用最多的一种网络结构,也是最传统的一种主流网络结构,适合于信息管理系统、办公自动化系统领域的应用。它的特点是结构简单灵活,非常便于扩充;可靠性高,网络响应速度快;设备量少、价格低、安装使用方便。总线型拓扑结构的缺点是总线任务重,易产生瓶颈问题,总线本身的故障对系统是毁灭性的。

(2) 环形拓扑结构

环形网中各结点通过环路接口连在一条首尾相连的闭合环形通信线路中,环路上任何结点均可以请求发送信息。请求一旦被批准,便可以向环路发送信息。环形网中的数据可以是单向也可以是双向传输。由于环线公用,一个结点发出的信息必须穿越环中所有的环路接口,信息流中目的地址与环上某结点地址相符时,信息被该结点的环路接口所接收,而后信息继续流向下一环路接口,一直流回到发送该信息的环路接口结点为止。

环形拓扑结构的特点是传输速率高,传输距离远。它的缺点是当环路结点过多时,影响传输效率,使网络响应时间变长;并且由于环路封闭所以扩充也不方便。

(3) 星形拓扑结构

星形拓扑结构是以中央结点为中心与各结点连接组成的,各结点与中央结点通过点到点的方式连接。中央结点执行集中式通信控制策略,它接受各分散结点的信息再转发给相应结点,具有中继交换和数据处理功能。

星形拓扑结构的特点是网络结构简单,便于管理,实施集中控制,单个结点的故障只影响一个设备,不会影响全网。它的缺点是网络性能依赖中央结点,一旦中央结点出现故障,就会危及全网,故对中央结点机要求高;每个结点都需要有一个专用链路,电路利用率低,连线费用大;当网络需要扩展时,必须增加到中央结点的连线,因而网络扩展困难。

4.1.3 计算机网络功能

计算机网络提供的功能也被称为网络服务,主要包括以下几种。

(1) 数据通信

数据通信即数据传送，是计算机网络的基本功能之一，用来在计算机与计算机或终端与计算机之间传送各种信息。例如，可以通过网络服务器交换信息和文件、发送电子邮件、在线视频、协同工作等。

(2) 共享资源

接入计算机网络的用户可以共享网络中的资源，包括硬件资源、软件资源和数据信息资源等，它是计算机网络最具有吸引力的功能。其中硬件资源共享是指在共享网络系统中连接的各种硬件设备，如打印机、大容量磁盘等；软件资源共享通常是将一些大型应用软件安装在软件资源中心的服务器上；数据信息资源是指共享在网络计算机系统中存放的大量数据库和文件。这些资源并非所有用户都能独立拥有，所以网络上的计算机不仅可以使用自身的资源，也可以共享网络上的资源。因而增强了网络上计算机的处理能力，提高了计算机软件和硬件的利用率。

(3) 实现分布式的信息处理

分布式处理指的是在网络系统中若干在结构上独立的计算机可以互相协作完成一个复杂任务的处理，使整个系统的性能更为强大。

总之，计算机网络可以充分发挥计算机的效能，帮助人们跨越时间和空间的障碍，延伸生活范围，提高工作效率。

4.1.4 计算机网络硬件

计算机网络系统除了由若干计算机和共享设备构成网络节点外，还需要将这些设备连接起来，同时需要网络操作系统、网络通信协议软件以及网络应用软件的支持。本节主要介绍网络中的硬件设备。

1. 网络传输介质

传输介质是网络连接设备间的中间介质，也是信号传输的媒体，常用的介质有双绞线、同轴电缆、光纤以及微波和卫星等。

(1) 双绞线(Twisted-Pair)

双绞线是现在最普通的传输介质，它由两条相互绝缘的铜线组成，典型直径为 1 mm。两根线铰接在一起是为了防止其电磁感应在邻近线对中产生干扰信号。现行双绞线电缆中一般包含 4 个双绞线对，如图 4-7 所示，具体为橙 1/橙 2、蓝 4/蓝 5、绿 6/绿 3、棕 3/棕白 7。计算机网络使用 1-2、3-6 两组线对分别发送和接收数据。双绞线接头为具有国际标准的 RJ-45 插头(见图 4-8)和插座。双绞线分为屏蔽(shielded)双绞线 STP 和非屏蔽(Unshielded)双绞线 UTP，非屏蔽双绞线有线缆外皮作为屏蔽层，适用于网络流量不大的场合中。屏蔽式双绞线具有一个金属甲套(sheath)，对电磁干扰 EMI(Electromagnetic Interference)具有较强的抵抗能力，适用于网络流量较大的高速网络协议应用。双绞线根据性能又可分为 5 类、6 类和 7 类，现在常用的为 5 类非屏蔽双绞线，其频率带宽为 100 MHz，能够可靠地运行 4 MB、ICME 和 16 MB 的网络系统。当运行 100 MB 以太网时，可使用屏蔽双绞线以提高网络在高速传输时的抗干扰特性。6 类、7 类双绞线分别可工作于 200 MHz 和 600 MHz 的频率带宽之上，且采用特殊设计的 RJ-45 插头(座)。值得注意的是，频率带宽(MHz)与线缆所传输的数据的传输速率(Mbit/s)是有区别的——Mbit/s 衡量的是单位时间内线路传输的二进制位的数量，MHz 衡量的则是单位时间内线路中电信号的振荡次数。

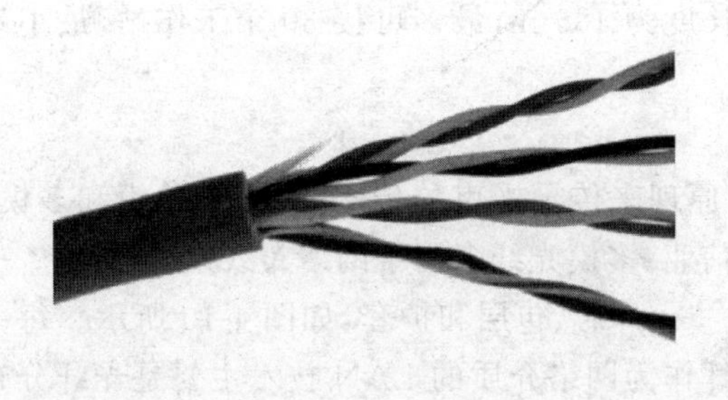

图 4-7 双绞线

图 4-8 RJ-45 插头

双绞线最多应用于基于 CMSA/CD(Carrier Sense Multiple Access/Collission Detection，载波感应多路访问/冲突检测)技术，即 10Base-T(10 Mbit/s)和 100Base-T(100 Mbit/s)的以太网(Ethernet)中，具体规定如下。

① 一段双绞线的最大长度为 100m，只能连接一台计算机。

② 双绞线的每端需要一个 RJ-45 插件(头或座)。

③ 各段双绞线通过集线器(Hub 的 10BASE-T 重发器)互连，利用双绞线最多可以连接 64 个站点到重发器(Repeater)。

④ 10Base-T 重发器可以利用收发器电缆连到以太网同轴电缆上。

(2) 同轴电缆(Coaxial)

广泛使用的同轴电缆有两种：一种为 50 Ω(指沿电缆导体各点的电磁电压对电流之比)同轴电缆，用于数字信号的传输，即基带同轴电缆；另一种为 75 Ω 同轴电缆，用于宽带模拟信号的传输，即宽带同轴电缆。同轴电缆以单根铜导线为内芯，外裹一层绝缘材料，外覆密集网状导体，最外面是一层保护性塑料，如图 4-9 所示。金属屏蔽层能将磁场反射回中心导体，同时也使中心导体免受外界干扰，故同轴电缆比双绞线具有更高的带宽和更好的噪声抑制特性。

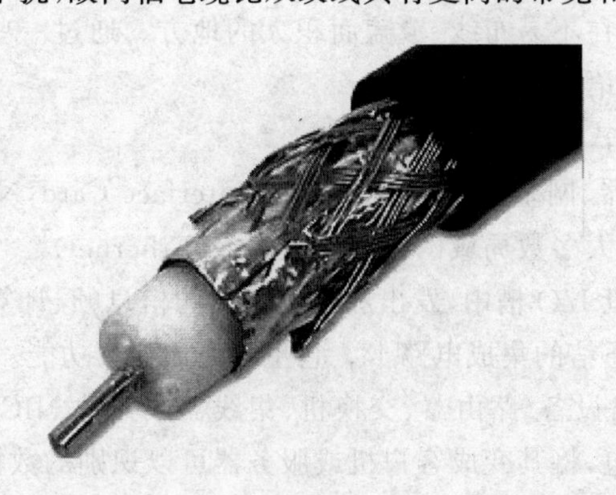

图 4-9 同轴电缆

现行以太网同轴电缆的接法有两种：直径为 0.4 cm 的 RG-11 粗缆采用凿孔接头接法；直径为 0.2 cm 的 RG-58 细缆采用 T 型头接法。粗缆要符合 10Base-5 介质标准，使用时需要一个外接收发器和收发器电缆，单根最大标准长度为 500 m，可靠性强，最多可接 100 台计算机，两台计算机的最小间距为 2.5 m。细缆按 10Base2 介质标准直接连到网卡的 T 型头连接器(即 BNC 连接器)上，单段最大长度为 185 m，最多可接 30 个工作站，最小站间距为 0.5 m。

(3) 光导纤维

光导纤维是软而细、利用内部全反射原理来传导光束的传输介质，有单模和多模之分。单模(模即 Mode，入射角)光纤多用于通信业；多模光纤多用于网络布线系统。

光纤为圆柱状，由 3 个同心部分组成——纤芯、包层和护套，如图 4-10 所示。每一路光纤包括两根，一根接收，一根发送。用光纤作为网络介质的 LAN 技术主要是光纤分布式数据接口(Fiber-optic Data Distributed Interface，FDDI)。与同轴电缆比较，光纤可提供极宽的频带且功率损耗小、传输距离长(2 km 以上)、传输率高(可达数千 Mbit/s)、抗干扰性强(不会受到电子监听)，是构建安全性网络的理想选择。

图 4-10　光导纤维

(4) 微波传输和卫星传输

这两种都是属于无线通信，传输方式均以空气为传输介质，以电磁波为传输载体，联网方式较为灵活，适合应用在不易布线、覆盖面积大的地方。通过一些硬件的支持，可实现点对点或点对多点的数据、语言的通信。

2. 网卡和调制解调器

网卡也称网络适配器、网络接口卡(Network Interface Card，NIC)，在局域网中用于将用户计算机与网络相连，大多数局域网采用以太网卡(Ethernet)。

网卡是一块插入微机 I/O 槽中，发出和接收不同的信息帧、计算帧检验序列、执行编码译码转换等以实现微机通信的集成电路卡。它主要完成如下功能。

(1) 读入由其他网络设备(路由器、交换机、集线器或其他 NIC)传输过来的数据包(一般是帧的形式)，经过拆包，将其变成客户机或服务器可以识别的数据，通过主板上的总线将数据传输到所需 PC 设备中(CPU、内存或硬盘)。

(2) 将 PC 设备发送的数据，打包后输送至其他网络设备中。

网卡的工作原理与调制解调器的工作原理类似，只不过在网卡中输入和输出的都是数字信号，传送速度比调制解调器快得多。

网卡的接口大小不一，其旁边还有红、绿两个小灯，起什么作用呢？网卡的接口有3种规格：粗同轴电缆接口（AUI接口）；细同轴电缆接口（BNC接口）；无屏蔽双绞线接口（RJ-45接口）。一般的网卡仅一种接口，但也有两种甚至三种接口的，称为二合一或三合一卡。红、绿小灯是网卡的工作指示灯，红灯亮时表示正在发送或接收数据，绿灯亮则表示网络连接正常，否则就不正常。

调制解调器也叫Modem，俗称“猫”。它是一个通过电话拨号接入Internet的必备的硬件设备。通常计算机内部使用的是“数字信号”，而通过电话线路传输的信号是“模拟信号”。调制解调器的作用就是当计算机发送信息时，将计算机内部使用的数字信号转换成可以用电话线传输的模拟信号，通过电话线发送出去；接收信息时，把电话线上传来的模拟信号转换成数字信号传送给计算机，供其接收和处理。

按调制解调器与计算机连接方式可分为内置式与外置式。内置式调制解调器体积小，使用时插入主机板的插槽，不能单独携带；外置式调制解调器体积大，使用时与计算机的通信接口（COM1或COM2）相连，有通信工作状态指示，可以单独携带、能方便地与其他计算机连接使用。

按调制解调器的传输能力不同有低速和高速之分，常见的调制解调器速率有14.4 kbit/s、28.8 kbit/s、33.6 kbit/s、56 kbit/s等。bit/s为每秒钟传输的数据量（字节数），工作速度越快，上网效果越好，价格越高，但电话线路的通信能力可能制约调制解调器的整体工作效率。调制解调器根据传输介质的不同，接口也不同，常见的是光纤调制解调器（如图4-11）和普通电话线调制解调器（如图4-12所示）。

图4-11 光纤调制解调器

图4-12 普通调制解调器

3. 集线器与交换机

集线器（HUB）是局域网LAN中重要的部件之一，它是网络连线的连接点。集线器有多个用户端口，连接计算机和服务器之类的外围设备。一个以太网数据包从一个站发送到集线器上，然后它就被广播到集线器中的其他所有端口，所以基于集线器的网络仍然是一个共享介质的LAN。智能集线器的每一个端口都可以由网络操作员从集线器管理控制台上来配置、监视、连通或解释。集线器管理还包括收集各种各样网络参数的有关信息，诸如通过集线器和每一个端口的数据包数目、是什么类型的包、数据包是否包含错误，以及发生过多少次冲突等。

（1）集线器的三种配置形式

① 独立型集线器：独立型集线器是带有许多端口的单个盒子式的产品。独立型集线器间或者是用一段10Base-5同轴电缆把它们连接在一起，或者是在每个集线器上的独立端口之间用双绞线把它们连接起来。独立型集线器通常是最便宜的集线器，常常是不加管理的。

它们最适合于小型独立的工作小组、部门或者办公室。

② 模块化集线器：模块化集线器在网络中是很流行的，因为它们扩充方便且备有管理选件。模块化集线器配有机架或卡箱，带多个卡槽，每个槽可放一块通信卡。每个卡的作用就相当于一个独立型集线器。当通信卡安放在机架内卡槽中时，它们就被连接到通信底板上，这样底板上的两个通信卡的端口间就可以方便地进行通信。模块化集线器的大小范围可从 4～14 个槽，所以网络可以方便地进行扩充。

③ 堆叠式集线器：第 3 种类型集线器是堆叠式集线器。除了多个集线器可以“堆叠”或者用短的电缆线连在一起之外，其外形和功能均和独立型集线器相似。当它们连接在一起时，其作用就像一个模块化集线器一样，可以当作一个单元设备来进行管理。在堆叠中使用的一个可管理集线器提供了对此堆叠中其他集线器的管理。当一个机构想以少量的投资开始而又想满足未来的增长需要时，这些集线器是最理想的。

交换机描述了一种设备，该设备可以根据数据路层信息做出帧转发决策，同时构造自己的转发表。交换机运行在数据链路层，可以访问 MAC 地址，并将帧转发至该地址。交换机的产生，导致了网络带宽的增加。

(2) 三种方式的数据交换

① Cutthrough：封装数据包进入交换引擎后，在规定时间内丢到背板总线上，再送到目的端口，这种交换方式交换速度快，但容易出现丢包现象。

② Store&Forward：封装数据包进入交换引擎后被存在一个缓冲区，由交换引擎转发到背板总线上，这种交换方式克服了丢包现象，但降低了交换速度。

③ FragmentFree：介于上述两者之间的一种解决方案。

(3) 模块化与固定配置

交换机从设计理念上讲只有两种：一种是机箱式交换机(也称为模块化交换机)，另一种是独立式固定配置交换机。

机箱式交换机最大的特色就是具有很强的可扩展性，它能提供一系列扩展模块，诸如千兆以太网模块、FDDI 模块、ATM 模块、快速以太网模块、令牌环模块等，所以能够将具有不同协议、不同拓扑结构的网络连接起来。它最大的缺点就是价格昂贵。机箱式交换机一般作为骨干交换机来使用。

固定配置交换机，一般具有固定端口的配置。固定配置交换机的可扩充性不如机箱式交换机，但是成本却要低得多，如图 4-13 所示。

图 4-13　交换机

4. 网桥与网关

网桥(Bridge)运行在数据链路层。典型的网桥采用介质访问控制(MAC)地址数据的中继功能,从而完成一个局域网到另一个局域网的数据包转发。网桥是一种功能很弱的设备。尽管有些网桥产品用于不同局域网(如 FDDI、LAN 和以太网)的连接,但一般来说,它所连接的网络都是同质的(如以太网)。另外,网桥只能连接局域网,不能连接广域网。

网桥可将一个较大的 LAN 分割为多个网段,或将两个以上的 LAN 互连为一个逻辑上的 LAN。

当 LAN 上的用户数量和工作站数量增加时 LAN 上的通信量也随之增加,因而引起通信性能下降,这是所有共享媒体访问的 LAN 共同存在的问题。在这种 LAN 环境下,可以采用网桥将网络分段。这样,一方面可以减少每个 LAN 段内的通信量,另一方面可以确保网段间的通信量小于每个网段内部的通信量。

网桥主要具有两方面的功能。一是连接网段增大网络范围的功能。网桥在延长网络跨度上的功能类似于中继器,然而它能提供"智能化"连接服务,即根据帧的目的地址(MAC 地址)处于哪一网段来进行转发或滤掉。网桥对站点所处网络的了解是靠"自学习"实现的。二是包含寻址和路径选择的功能。有些网桥产品还具有一定的网络管理功能。

网桥对来自网段 LAN1 的 MAC 帧,首先要检查其目的地址,如果该帧是发往网段 LAN1 中某一站点的,网桥就不将该帧转发到网段 LAN2,而是将其滤掉;如果该帧是发往网段 LAN2 中某一站点的,网桥则将它转发到网段 LAN2。这也表明,如果 LAN1 和 LAN2 上各有一对用户在各自 LAN 网段内同时进行通信,这显然是可以实现的,因为网桥起到了隔离作用。可见,网桥在一定条件下具有增加网络带宽的作用。

网关(Gateway),它所描述的是网络中的一种实体(一台机器或一个软件模块),它可以完成网络中的数据包中继,并具有协议变换和映射能力。

网关是一种可以把具有不同网络体系结构的两个(或多个)计算机网络连接起来的功能装置。广义地说,网关是指一个通信设备或程序,它在网络不同层次之间传递数据,并进行相应的协议转换。

协议转换一般是网络高层协议的互联功能,它将不同网络的协议进行转换,数据重新分组,以实现异种网络之间的通信。由于网络协议第三层以下的网络互联设备分别以网桥和路由器为名,"协议转换"常常也就与"网关"通用。

网关中的协议转换必须能容纳或吸收不同网络间的各种差异,实现互联网间协议的转换,参与通信协议的转换;执行报文存储转发功能及流量控制;按照不同的编址原理,组成不同的最大分组长度,不同的网络服务类型(数据包或虚电路),支持不同的网络接口;不同的超时机构,不同的差错恢复和状态报告能力等;还能支持应用层互通及网络间的网络管理功能。

协议转换器的管理功能包括:活动的会话的数量及每个会话支持的通信量,失败的会话数量及连接建立期间总的会话数,并发会话的数目;每条链路的容量及每条链路的故障记录,可获得的链路的描述;协议转换器的状态参数,默认及活动的内部配置参数;LAN 与 WAN 接口的类型和数量,管理接口及应用程序的数量。

5. 路由器

路由器(Router)是工作在 OSI 第三层(网络层)上、具有连接不同类型网络的能力并能够选择数据传送路径的网络设备。路由器有 3 个特征：工作在网络层上、能够连接不同类型的网络、能够选择数据传输的路径。随着无线网络的快速发展，一般的家用路由器都支持无线网络功能，如图 4-14 所示。

图 4-14　家用无线路由器

(1) 路由器的特征

① 路由器工作在网络层上

路由器是第三层网络设备，集线器工作在第 1 层(即物理层)，它没有智能处理能力，对它来说，数据只是电流而已，当一个端口的电流传到集线器中时，它只是简单地将电流传送到其他端口，至于其他端口连接的计算机接收不接收这些数据，它就不管了。交换机工作在第 2 层(即数据链路层)，它要比集线器智能一些，对它来说，网络上的数据就是 MAC 地址的集合，它能分辨出帧中的源 MAC 地址和目的 MAC 地址，因此可以在任意两个端口间建立联系，但是交换机并不懂得 IP 地址，它只知道 MAC 地址。路由器工作在第三层(即网络层)，它比交换机还要"聪明"一些，它能理解数据中的 IP 地址，如果它接收到一个数据包，就检查其中的 IP 地址，如果目标地址是本地网络的就不理会，如果是其他网络的，就将数据包转发出本地网络。

② 路由器能连接不同类型的网络

常见的集线器和交换机一般都是用于连接以太网的，但是如果将两种网络类型连接起来，比如以太网与 ATM 网，集线器和交换机就派不上用场了。路由器能够连接不同类型的局域网和广域网，如以太网、ATM 网、FDDI 网、令牌环网等。不同类型的网络，其传送的数据单元——帧的格式和大小是不同的，数据从一种类型的网络传输至另一种类型的网络，必须进行帧格式转换。路由器就有这种能力，而交换机和集线器就没有。实际上，所说的 Internet，就是由各种路由器连接起来的，因为 Internet 上存在各种不同类型的网络，集线器和交换机根本不能胜任这个任务，所以必须由路由器来担当这个角色。

③ 路由器具有路径选择能力

在 Internet 中，从一个结点到另一个结点，可能有许多路径，路由器可以选择通畅快捷的近路，会大大提高通信速度，减轻网络系统通信负荷，节约网络系统资源，这是集线器和第二层交换机所根本不具备的性能。

(2) 路由器的种类

① 接入路由器

接入路由器是指将局域网用户接入到广域网中的路由器设备，局域网用户接触最多的就是接入路由器了。只要有 Internet 的地方，就会有路由器。如果通过局域网共享线路上网，就一定会使用路由器。代理服务器也是一种路由器，一台计算机加上网卡，再加上 ISDN(Modem 或 ADSL)，再安装上代理服务器软件，事实上就已经构成了路由器，只不过代理服务器是用软件实现路由功能，而路由器是用硬件实现路由功能。

② 企业级路由器

企业级的路由器是用于连接大型企业内成千上万的计算机，普通的局域网用户就接触不到了。与接入路由器相比，企业级路由器支持的网络协议多、速度快，要处理各种局域网类型，支持多种协议，包括 IP、IPx 和 Vine，还要支持防火墙、包过滤以及大量的管理和安全策略以及 VLAN(虚拟局域网)。

③ 骨干级路由器

只有工作在电信等少数部门的技术人员,才能接触到骨干级路由器。Internet 目前由几十个骨干网构成,每个骨干网服务几千个小网络,骨干级路由器实现企业级网络的互联。对它的要求是速度和可靠性,而价格则处于次要地位。硬件可靠性可以采用电话交换网中使用的技术,如热备份、双电源、双数据通路等来获得。这些技术对所有骨干路由器来说是必需的。骨干网上的路由器终端系统通常是不能直接访问的,它们连接长距离骨干网上的 ISP 和企业网络。

4.1.5　计算机网络安全

计算机网络安全不仅包括组网的硬件、管理控制网络的软件,也包括共享的资源,快捷的网络服务,所以定义网络安全应考虑涵盖计算机网络所涉及的全部内容。参照 ISO 给出的计算机安全定义,认为计算机网络安全是指:“保护计算机网络系统中的硬件,软件和数据资源,不因偶然或恶意的原因遭到破坏、更改、泄露,使网络系统连续可靠性地正常运行,网络服务正常有序。”计算机网络安全包括两个方面,即物理安全和逻辑安全。物理安全指系统设备及相关设施受到物理保护,免于破坏、丢失等。逻辑安全包括信息的完整性、保密性和可用性。

互联网是对全世界都开放的网络,任何单位或个人都可以在网上方便地传输和获取各种信息,互联网这种具有开放性、共享性、国际性的特点就对计算机网络安全提出了挑战。互联网的不安全性主要有以下几项。

(1) 网络的开放性

网络的技术是全开放的,使得网络所面临的攻击来自多方面。或是来自物理传输线路的攻击,或是来自对网络通信协议的攻击,以及对计算机软件、硬件的漏洞实施攻击。

(2) 网络的国际性

意味着对网络的攻击不仅是来自于本地网络的用户,还可以是互联网上其他国家的黑客,所以网络的安全面临着国际化的挑战。

(3) 网络的自由性

大多数的网络对用户的使用没有技术上的约束,用户可以自由地上网,发布和获取各类信息。

对计算机信息构成不安全的因素很多,其中包括人为的因素、自然的因素和偶发的因素。其中,人为因素是指,一些不法之徒利用计算机网络存在的漏洞,或者潜入计算机房,盗用计算机系统资源,非法获取重要数据、篡改系统数据、破坏硬件设备、编制计算机病毒。人为因素是对计算机信息网络安全威胁最大的因素。

提高网络的安全性,需要做到以下几点。

(1) 建立良好的安全习惯。

不要轻易下载小网站上的软件和程序;不要随意打开来历不明的邮件以及附件;安装正版的杀毒软件,安装防火墙;不要在线启动、阅读某些文件;使用移动存储器之前先杀毒。

(2) 安装专业的杀毒软件。

(3) 使用复杂的密码。

(4) 迅速隔离受感染计算机。当发现计算机中毒或有异常情况时,应立即断网。

(5) 关闭或删除系统中不需要的服务。

(6) 经常升级补丁。

4.2 信息检索

信息检索起源于图书馆的参考咨询和文摘索引工作,从19世纪下半叶首先开始发展,至20世纪40年代,索引和检索成已为图书馆独立的工具和用户服务项目。随着1946年世界上第一台电子计算机问世,计算机技术逐步走进信息检索领域,并与信息检索理论紧密结合起来;脱机批量情报检索系统、联机实时情报检索系统。

4.2.1 搜索引擎

用来网络检索的工具通常称为搜索引擎(Search Engine),它是指根据一定的策略、运用特定的计算机程序从互联网上搜集信息,在对信息进行组织和处理后,为用户提供检索服务,并将用户检索相关的信息展示给用户的系统。常见的搜索引擎有Google、Yahoo、百度、Bing等,Google和百度的首页如图4-15和图4-16所示。

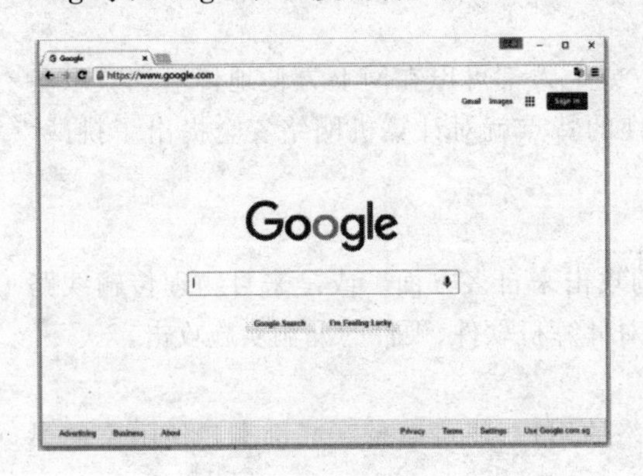

图4-15　Google首页

图4-16　百度首页

在使用搜索引擎进行搜索信息时,应选择合适的、优化的关键词进行搜索,同时也可以使用多个关键词进行搜索,这样可以使搜索结果更有针对性、更能符合用户的需求。搜索引擎还提供了相应的搜索技巧和策略使搜索结果更贴近用户的需求。

提供搜索引擎服务的公司除了提供传统网页信息检索服务外,还有很多其他服务。以百度为例,除了"百度一下"外,还包括如下几部分:其他搜索服务(如百度地图、百度图片、百度学术、百度翻译等)、导航服务(如hao123网址导航、百度口碑等)、社区服务(如百度百科、百度贴吧、百度旅游、百度云等)、移动服务(如百度手机助手等)、软件工具(如百度浏览器、百度杀毒、百度卫士、百度影音等)、站长与开发者服务(如百度推广、百度统计等),以及其他服务。

4.2.2 数字资源检索

文献及其他形式的信息资料是科学研究成果的载体,查询、了解、搜集特定的信息资料对于科学研究具有举足轻重的意义,并在研究活动中占用相当的时间和精力。掌握信息检索的知识,特别是运用现代化的技术手段,利用丰富的数字化的信息资源,借助于有效的资料检索方法,便可以以最少的时间和精力获得最有用的资料,起到事半功倍的效果。具体地说,能够有效地利用现有的资源,熟悉各种检索方法和重要工具。

检索策略是指为实现检索目标而制定的检索计划和方案。检索策略的编制,往往要涉及各方面的知识和技能。例如,是否了解检索系统的特点与功能;是否熟悉所检数据库的结构、标引规则及词表结构;是否掌握了必要的检索方法及检索策略的优化技术;还要对课题的专业知识有深入的了解和分析不同的课题,不同的检索目的,有不同的检索方法和策略。在进行检索的过程中,如何有效地制定检索策略呢?以下将就关键词检索、指定字段检索、检索技术三种常用的检索策略进行讨论。

1. 用关键词检索

关键词检索是最常用的检索策略,可以利用单字或词组找到在书刊名称、篇名和其他检索字段中出现相同单字或词组的资料。在制定检索策略的时候,我们首先要把头脑中的概念用关键词的形式表达出来。在有的数据库系统里,当我们做关键词检索时,等于是在数据中去找所有字段包括正文出现关键词的所有记录,也叫作自由关键词检索。所以,我们所用的关键词就决定了检索结果的好坏。

用关键词检索要得到满意的结果,必须注意下面几个原则。

(1) 选用涵盖主要主题概念的词汇。我们选择的关键词要能正确传达研究主题的中心概念。关键词必须能清楚地界定研究主题。

(2) 选用意义明确的词汇。如图书馆利用教育或信息素养,而不要用一般的、共通性的字汇,如教育或信息之类省略描述的意义太广的概念词

(3) 选用实质意义的概念词,不要使用过长的词组或短语。检索时,系统是到资料库中去比对我们所输入的字汇,我们输入的短语或词组越长,找到完全匹配的概率就越小,因为作者并不见得就刚好用我们所输入的短语或词组来表达。例如,不要用"课题查询和论文收集资料的方法"来检索,而应该抽取主要概念,去除非实质意义的概念,以"课题查询"和"收集资料"来进行检索。

(4) 选用各学科的专门用语来检索各学科的资料库。当我们检索的是专科资料库时,不能用一般性的词或通俗用语来做关键词,此时必须参考资料库里的专门术语。例如,我们用"management"(管理)来查商业、经济管理方面的专门数据库(商业信息数据库)的话,检索出来的资料肯定会非常庞大的。

(5) 确定关键词的检索范围。有些数据库专门设 lr 有关键词字段,使用关键词查询时,系统只检索这个字段:有些数据库的关键词查询的范围是题名,或包括摘要等几个主要字段 i 这些都会影响检索结果。关键词的检索范围可通过查看"帮助"文件找到答案。除此之外,我们还可以利用布尔逻辑来组合关键词,以扩大或缩小检索范围。

2. 检索技术

布尔逻辑组合关键词用以扩大或缩小检索范围的技巧,是最常被读者使用的检索方法,同时也是大多数据库都有提供的检索运算方式。用若干关键词和逻辑运算符相连接,就可以组成一个完整的检索式,表达一个检索策略。目前比较成熟的检索系统除了保留了命令检索的检索方式外,更设计了为大多数的读者欢迎的菜单式的检索界面,用户通过下拉菜单

等方式直接选择，而不必手工键入检索命令和逻辑算符，即可以构造复杂的检索表达式。

3. 指定字段检索

指定字段检索可节省时间，提高文献的查准率。常用的检索字段有题名(T1)、作者(AU3)、出处(GD)、摘要(AB)、出版年(PY)、文献类型(PT)、主题(SU)等。不同类型的数据库系统所包括的字段不尽相同，字段标识也不一样。注意使用标题词检索：题名检索除了具有查找特定文献的便捷功能外，还可以在搜集某一专题资料的时候，提高检索资料的相关性和精确性。这是因为文章的标题往往反映文章中心内容的焦点，符合人们思维习惯的方式。

4.3 电子邮件

电子邮件是一种用电子手段提供信息交换的通信方式，是互联网应用最广的服务。通过网络的电子邮件系统，用户可以以非常低廉的价格(不管发送到哪里，都只需负担网费)、非常快速的方式(几秒钟之内可以发送到世界上任何指定的目的地)，与世界上任何一个角落的网络用户联系。

电子邮件可以是文字、图像、声音等多种形式。同时，用户可以得到大量免费的新闻、专题邮件，并实现轻松的信息搜索。电子邮件的存在极大地方便了人与人之间的沟通与交流，促进了社会的发展。

4.3.1 电子邮件概述

1971 年，美国国防部资助的阿帕网正在如火如荼地进行中，一个非常尖锐的问题出现了：参加此项目的科学家们在不同的地方做着不同的工作，但是却不能很好地分享各自的研究成果。原因很简单，因为大家使用的是不同的计算机，每个人的工作对别人来说都是没有用的。他们迫切需要一种能够借助于网络在不同的计算机之间传送数据的方法。为阿帕网工作的麻省理工学院博士 Ray Tomlinson 把一个可以在不同的计算机网络之间进行复制的软件和一个仅用于单机的通信软件进行了功能合并，命名为 SNDMSG(即 Send Message)。

为了测试，他使用这个软件在阿帕网上发送了第一封电子邮件，收件人是另外一台计算机上的自己。尽管这封邮件的内容连 Tomlinson 本人也记不起来了，但那一刻仍然具备了十足的历史意义：电子邮件诞生了。Tomlinson 选择“@”符号作为用户名与地址的间隔，因为这个符号比较生僻，不会出现在任何一个人的名字当中，而且这个符号的读音也有着“在”的含义。阿帕网的科学家们以极大的热情欢迎了这个石破天惊般的创新。许多人回想起来，都觉得阿帕网所获得的巨大成功当中，电子邮件功不可没。

虽然电子邮件是在 70 年代发明的，它却是在 1980 年才得以兴起。70 年代的沉寂主要是由于当时使用 ARPANET 网络的人太少，网络的速度也仅为 56 kbit/s 标准速度的二十分之一。受网络速度的限制，那时的用户只能发送些简短的信息，根本别想象那样发送大量照片；到 80 年代中期，个人电脑兴起，电子邮件开始在电脑迷以及大学生中广泛传播开来；到 90 年代中期，互联网浏览器诞生，全球网民人数激增，电子邮件被广为使用。

电子邮件在 Internet 上发送和接收的原理可以很形象地用我们日常生活中邮寄包裹来形容：当我们要寄一个包裹时，我们首先要找到任何一个有这项业务的邮局，在填写完收件人姓名、地址等之后包裹就寄出而到了收件人所在地的邮局，那么对方取包裹的时候就必须去这个邮局才能取出。同样的，当我们发送电子邮件时，这封邮件是由邮件发送服务器（任何一个都可以）发出，并根据收信人的地址判断对方的邮件接收服务器而将这封信发送到该服务器上，收信人要收取邮件也只能访问这个服务器才能完成。

电子邮件地址的格式由三部分组成。第一部分“USER”代表用户信箱的账号，对于同一个邮件接收服务器来说，这个账号必须是唯一的；第二部分“@”是分隔符，表示“在”的意思；第三部分是用户信箱的邮件接收服务器域名，用以标志其所在的位置。例如，username@163.com。

4.3.2 电子邮件客户端

邮件客户端通常指使用IMAP/APOP/POP3/SMTP/ESMTP/协议收发电子邮件的软件。用户不需要登录邮箱就可以收发邮件。世界上有很多种著名的邮件客户端，主要有Windows自带的Outlook、Mozilla Thunderbird、The Bat!、Becky!，还有微软Outlook的升级版Windows Live Mail，国内客户端三剑客Foxmail、Dreammail和KooMail等，Foxmail的运行界面如图4-17所示。

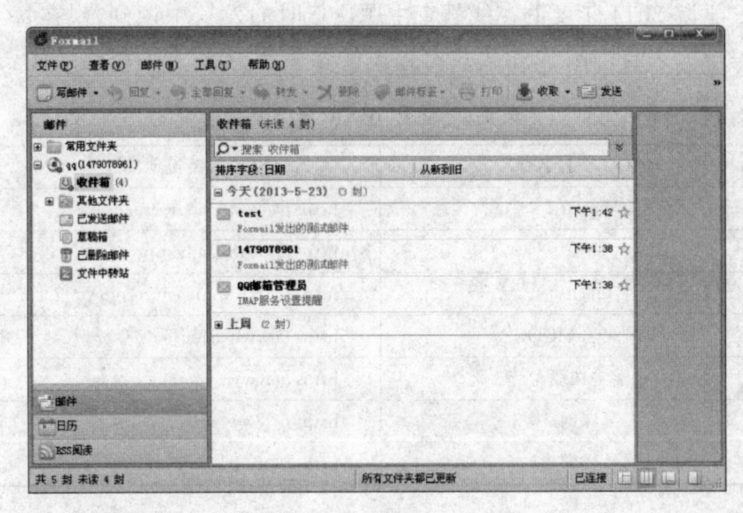

图4-17 Foxmail运行界面

2009年网易闪电邮异军突起，相比于几位老前辈，闪电邮作为网易首款邮件客户端，背靠网易邮箱天然优势，在便捷性能、邮件体验方面有了更多创新性提升，其用户口碑非常不错。

2011年，世纪龙公司推出一款针对移动终端的邮件客户端——微邮。同时支持21CN、189、Gmail、QQ、163等主流邮箱及自定义邮箱。提供邮件收发、语音输入、附件集中管理等功能，使用IMAP协议，与服务端邮件同步。在2012广东互联网大会首届移动互联网拳头奖评比中，微邮荣获“最佳工具应用奖”。

4.4 在线学习

在线学习是通过计算机互联网，或是通过手机无线网络，在一个网络虚拟教室与教室进行网络授课、学习的方式。

4.4.1 MOOC

MOOC(massive open online courses,慕课)是新近涌现出来的一种在线课程开发模式,它发展于过去的那种发布资源、学习管理系统以及将学习管理系统与更多的开放网络资源综合起来的新的课程开发模式。

所谓"慕课"(MOOC),顾名思义,"M"代表 Massive(大规模),与传统课程只有几十个或几百个学生不同,一门 MOOCs 课程动辄上万人,最多达 16 万人;第二个字母"O"代表 Open(开放),以兴趣导向,凡是想学习的,都可以进来学,不分国籍,只需一个邮箱,就可注册参与;第三个字母"O"代表 Online(在线),学习在网上完成,无须旅行,不受时空限制;第四个字母"C"代表 Course,就是课程的意思。

MOOC 课程在中国同样受到了很大关注。根据 Coursera 的数据显示,2013 年 Coursera 上注册的中国用户共有 13 万人,位居全球第九。而在 2014 年达到了 65 万人,增长幅度远超过其他国家。而 Coursera 的联合创始人和董事长吴恩达(Andrew Ng)在参与果壳网 MOOC 学院 2014 年度的在线教育主题论坛时的发言中谈到,现在每 8 个新增的学习者中,就有一个人来自中国。MOOC 有很多优秀平台,名称和网络连接如表 4-2 所示。

表 4-2 常见 MOOC 学习平台

MOOC 平台名称	链接地址
Coursera	https://www.coursera.org/
edX	https://www.edx.org/
Udacity	https://www.udacity.com
中国大学 MOOC	http://www.icourse163.org/
学堂在线	http://www.xuetangx.com/
慕课网	http://www.imooc.com/
网易云课堂	http://study.163.com/

(1) Coursera 是目前最大的,拥有相近 500 门来自世界各地大学的课程,门类丰富。

(2) EdX 是哈佛大学与 MIT 共同出资组建的非营利性组织,与全球顶级高校结盟,系统源代码开放,课程形式设计更自由灵活。

(3) Udacity 成立时间最早,以计算机类课程为主,课程数量不多,却极为精致,许多细节专为在线授课而设计。

(4) MOOC 学院是最大的中文 MOOC 学习社区,收录了 1 500 多门各大 MOOC 平台上的课程,有 50 万学习者在这里点评课程、分享笔记、讨论交流。

(5) 慕课网是由北京慕课科技中心成立的,是目前国内慕课的先驱者之一。现设有前端开发、PHP 开发、Java 开发、Android 开发及职场计算机技能等课程。其中课程包含初级、中级、高级三个阶段。

4.4.2 网络公开课

网络公开课最早起源于英国,为英国远距离教学,该方式教学可追溯至 1969 年英国成立的开放大学。随着数字电视和网络技术的日新月异,远距离教学的理念和实践发生了重大变化。网络公开课基于资源共享原则,利用网络无远近、交叉串连的功能,在开放大学团队的主导下,通过电脑虚拟空间营造网络公开课程。现已有 225 个国家和地区参与者成为网络公开课践行者。

有了网络课堂,六七十分钟一节的课程,可被切割成一个个短小段落,嵌入工作茶歇,乃至上下班的地下铁。而课堂上咄咄逼人的反问和概念演绎,则在随时定格和回放中,被捕捉到每一个细微的措辞。开设网络公开课的机构很多。

(1) 加州大学伯克利分校提供的课程播客和视频讲座,始自 2001 年秋季学期,涵盖了从哲学、人类学到物理学、统计学。同一门学科有若干个版本。如果想跟踪教授布置的作业和课堂笔记,可以点击该教授的网页,通常他/她都会从第一堂课起留下网址。

(2) 麻省理工是免费开放教育课件的先驱,计划在把 1 800 门课程的课件都放在网站上,提供课程与作业的 PDF 格式下载。麻省理工在中国大陆和台湾都建立了镜像网站,把所有麻省课程翻成中文。

(3) 卡耐基梅隆与其他大学的免费课程不同,自学者和在校生在页面上有不同的入口。卡耐基梅隆建议造访者在网站上注册,建立自己的资料库。

(4) 英国公开大学是由英国十几所大学联合组建的。其网络公开课的一大特色,是把课程依难度分为"导论、中级、进阶、研究"四个等级,科目跨文学、法学、商学、教育、理工等领域,网络公开课甚至还设有技术培训课程,如"商业写作技巧"和"如何做一个演示文稿"。

(5) 约翰霍普金斯大学通过网站提供了本学院最受欢迎的课程,包括青少年健康、行为和健康、生物统计学、环境、一般公共卫生、卫生政策、预防伤害、母亲和儿童健康、心理卫生、营养、人口科学、公共卫生准备和难民卫生等。

(6) 华盛顿大学把与计算机工程学相关的几百门课程都已经放到网上。不但本科生能找到所需要的课程,连研究生也能有所斩获。该网站还提供特色讲座,比如:妇女、计算机与合作。

(7) 中国开放教育资源协会汉化了世界各国高校的上千门课程,也包括小语种国家,如法国、西班牙、日本的高校。科目涵盖文史、理工、法律、商科。已发布了 347 门网络公开课的中文版。

(8) iTunes U 是专门提供高等教育内容的学习频道,集成了横跨美国、英国、澳大利亚、新西兰、爱尔兰等 175 个国家的大学课程资料库。使用者可以透过计算机或 iPod 下载视频、音频等课堂实况,乃至教学大纲和课堂脚本。

(9) 复旦大学从 2011 年 4 月份开始,当人们点击网上视频的"公开课"内容,就可以观看和聆听到来自复旦大学的讲座内容。

4.5 其他网络应用

计算机网络的发展使得人们在通讯时不再受时间和地点的约束,可以享受网络带来的便捷服务。现在,网络已经深入到工作、学习、生活、娱乐等方方面面,将人们的生活变得丰富多彩。

1. 网络通信

网络通信分为电子邮件和即时通信两大类。很多网民都在使用网上免费的电子邮件，通过它与其他人交流。即时通信也在飞速发展，其功能也在日益丰富，一方面正在成为社会化网络的连接点，另一方面也逐渐成为电子邮件、博客、网络游戏和搜索等多种网络应用的重要接口。

2. 网络社区

网络社区的主要服务内容有交友网站和博客。通过交友网站，我们结交五湖四海的朋友；通过博客，我们可以把自己在生活、学习、工作中的点点滴滴感受记录下来，放在网上，同网民共享。

3. 网络娱乐

网络娱乐主要包括网络游戏、网络音乐、网络视频等。

4. 电子商务

电子商务是与网民生活密切相关的重要网络应用，通过网络支付、在线交易，卖家可以用很低的成本把商品卖到全世界，买家则可以用很低的价格买到自己心仪的商品。现在最典型的就是淘宝

5. 网络金融

网络金融这方面主要有网上银行和网络炒股。通过网络开通网上银行的客户可以在网上进行转账、支付、外汇买卖等，股民可以在网上进行股票、基金的买卖和资金的划转等。

本章小结

本章介绍了网络的基本概念、组成、分类以及网络的发展历程，以及基于网络的各种应用，例如，MOOC、电子邮件、网络公开课等。计算机网络已经成为人们生活中必不可少的一部分，改变了人们生产、生活、学习、娱乐、购物等的传统方式，变得方便、快捷。通过本章的学习，了解计算机网络的基础知识，熟练掌握计算机网络日常应用，如信息检索、收发电子邮件、学习网络课程等，从而提高工作和学习的效率。

第5章　数据管理

人类社会进入信息时代以来，随着个人计算机、互联网和通信工具的普及与应用，每天都会产生大量的数据。各种信息系统是存储和处理这些数据的主要工具。目前，无论是电子商务平台、办公自动化软件，还是科学数据分析工具，几乎都离不开后台数据库的有效支持。如何对数据进行有效的管理是数据库及相关领域研究的主要问题。

本章重点介绍数据库技术、关系型数据库管理系统的基本概念及应用，同时介绍有关数据管理的前沿领域知识，如数据仓库、数据挖掘等。

5.1　数据库技术

数据库技术产生于60年代末，是信息系统的核心和基础，是计算机科学的重要分支，其核心内容是利用计算机系统进行数据(信息)处理。伴随着信息技术的不断发展，数据库的建设规模、数据库信息量的大小和使用频度已成为衡量一个国家信息化程度的重要标志，同时，这也对大学生吸收、处理、创造信息，组织、利用和规划资源的能力提出了更高的要求。本节立足于基本概念和基础理论的介绍，阐述了数据库技术的相关知识，包括基本概念、数据处理、数据库系统体系结构、数据库系统组成等内容，以及数据仓库的基本知识。

5.1.1　数据库技术简介

1. 数据处理方式的3个阶段

数据处理(Data Processing)是指利用计算机对各种类型的数据进行加工处理，包括对数据的采集、整理、存储、分类、排序、检索、维护、加工、统计和传输等一系列操作过程。随着计算机软、硬件技术的发展，数据处理数量的规模日益扩大，数据处理的应用需求越来越广泛，数据管理技术的发展也不断变迁，数据处理经历了人工管理、文件系统、数据库系统三个阶段。

(1) 人工管理阶段。20世纪50年代以前，计算机刚刚出现，主要用于科学计算。从硬件看，外存只有纸带、卡片、磁带，没有直接存取的存储设备；从软件看，还没有操作系统与高级语言，软件采用机器语言编写，没有管理数据的软件。数据处理方式是批处理。

(2) 文件系统管理阶段。从20世纪50年代后期到60年代中期，计算机应用领域拓宽，不仅用于科学计算，还大量用于数据管理。这一阶段的数据管理水平进入到文件系统阶段。在文件系统阶段中，计算机外存储器有了磁盘、磁鼓等直接存取的存储设备；计算机软件的操作系统中已经有了专门的管理数据软件，即所谓的文件系统。文件系统的数据处理方式不仅有文件批处理，而且还能够联机实时处理。这一阶段，数据管理的系统规模、管理技术和水平都有了较大幅度的发展。

(3) 数据库系统管理阶段。数据库系统管理阶段是从20世纪60年代开始的,是在文件系统的基础上发展起来的新技术,它克服了文件系统的弱点,为用户提供了一种使用方便、功能强大的数据管理手段。数据库技术不仅可以实现对数据集中统一的管理,而且可以使数据的存储和维护不受任何用户的影响。

以上所述数据处理的3个阶段的比较如表5-1所示。

表5-1　数据处理3个阶段的比较

		人工管理阶段	文件系统阶段	数据库系统阶段
背景	应用背景	科学计算	科学计算、数据管理	大规模数据管理
	硬件背景	无直接存取存储设备	磁盘、磁鼓	大容量磁盘、磁盘阵列
	软件背景	没有操作系统	有文件系统	有数据库管理系统
	处理方式	批处理	联机实时处理、批处理	联机实时处理、分布处理、批处理
特点	数据的管理者	用户(程序员)	文件系统	数据库管理系统
	数据面向的对象	某一应用程序	某一应用	现实世界(一个部门、企业、跨国组织等)
	数据的共享程度	无共享,冗余度极大	共享性差,冗余度大	共享性高,冗余度小
	数据的独立性	不独立,完全依赖程序	独立性差	具有高度的物理独立性和一定的逻辑独立性
	数据的结构化	无结构	记录内有结构、整体无结构	整体结构化,用数据模型描述
	数据控制能力	应用程序自己控制	应用程序自己控制	由数据库管理系统提供数据安全性、完整性、并发控制和恢复能力

用数据库系统来管理数据比文件系统具有明显的优点,从文件系统到数据库系统,标志着数据管理技术的飞越。

2. 数据库技术核心概念

(1) 数据。数据(Data)是数据库中存储的基本对象,是描述事物的符号记录,其组成包括数字、字符串、日期、逻辑值、文本、图形、图像、声音等。例如,某学生档案中的学生记录如下:(李明,男,1972,江苏,计算机系,1990)。你能准确说出该记录中各数据的含义吗?数据和语义往往是缺一不可的,单纯的数据表现形式难以完全表达事物的内容。因此,我们常常需要利用语义对数据进行解释。例如,

数据:李明,男,1972,江苏,计算机系,1990

语义:姓名,性别,出生年份,籍贯,所在系,入学年份

解释:李明是个大学生,1972年出生,男,江苏人,1990年考入计算机系

(2) 数据库。数据库(Data Base,DB),是长期存储在计算机内的、有组织的、可共享的数据集合。数据库的主要特征包括:数据按一定的模型组织、描述和储存;可为各种用户共享;冗余度较小;数据独立性较高;易扩展。

(3) 数据库管理系统。数据库管理系统(Data Base Management System, DBMS),是位于用户和操作系统之间的一层数据管理软件,主要用于科学地组织和存储数据、高效地获取和维护数据。DBMS的主要功能包括:数据定义功能(提供数据定义语言DDL,用于定义数据库中的数据对象);数据操纵功能(提供数据操纵语言DML,用于操纵数据实现对数据库的基本操作,如查询、插入、删除和修改);数据库的运行管理(保证数据的安全性、完整性、多用户对数据的并发使用及发生故障后的系统恢复);数据库的建立和维护功能(提供实用程序、完成数据库数据批量转载、数据库转储、介质故障恢复、数据库的重组织和性能监视等)。数据库管理系统在计算机系统中的地位如图5-1所示。

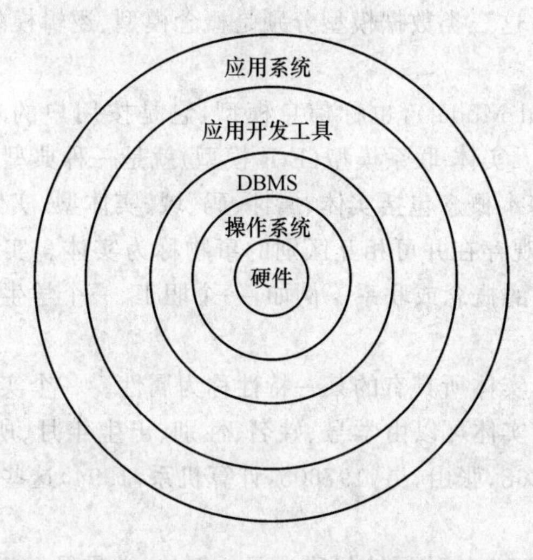

图5-1 数据库管理系统在计算机系统中的地位

(4) 数据库系统。数据库系统(Data Base System, DBS),是指在计算机系统中引入数据库后的系统构成。通常我们所说的"数据库"实际上指的是数据库系统。数据库系统一般由数据库、数据库管理系统(及其应用开发工具)、应用系统、数据库管理员(DBA)构成。数据库系统构成如图5-2所示。

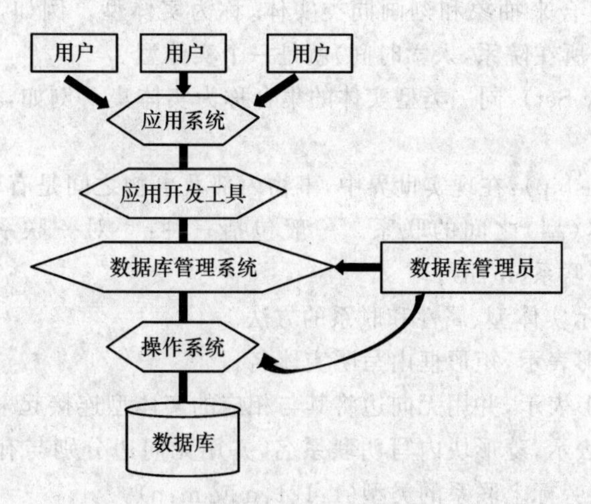

图5-2 数据库系统构成

3. 数据模型

模型是对现实世界中的对象、系统或概念的模拟和抽象。在日常生活中，人们谈到的模型通常是指某个事物按比例缩小的版本。比如建筑沙盘、航模飞机、地图等都是模型。模型的特征在于：既能对现实事物进行模拟和抽象，又能帮助人们对真实事物的结构、性能等进行实验和评估。

数据模型(Data Model)是一种模型，它采用抽象的方法刻画出现实世界中数据的组织结构和使用方式，通常满足三方面要求：一是能比较真实地模拟现实世界；二是容易为人所理解；三是便于在计算机上实现。在开发实施数据库应用系统中需要使用不同的数据模型以规避可能存在的风险。这三类数据模型分别是概念模型、逻辑模型和物理模型。

(1) 概念模型

概念模型(Conceptual Model)，也称信息模型，它是按用户的观点来对数据和信息建模，主要用于数据库设计。实体-联系模型(E-R 模型)就是一种典型的概念模型。

概念模型所涉及的基本概念包括实体、属性、码、域、实体型、实体集、联系。

- 实体(Entity)：客观存在并可相互区别的事物称为实体。实体可以是具体的人、事、物，也可以是抽象的概念或联系。例如，一个职工、一个学生、一门课、学生的一次选课等都是实体。
- 属性(Attribute)：实体所具有的某一特性称为属性。一个实体可以由若干个属性来刻画。例如，学生实体可以由学号、姓名、性别、出生年月、所在院系、入学时间等属性组成。(94002268，张山，男，197605，计算机系，1994)这些属性组合起来表征了一个学生。
- 码(Key)：唯一标识实体的属性集称为码。例如，学号是学生实体的码。
- 域(Domain)：域是一组具有相同数据类型的值的集合。属性的取值范围来自某个域。例如，学号的域为 8 位整数，姓名的域为字符串集合，学生年龄的域为整数，性别的域为(男，女)。
- 实体型(Entity Type)：具有相同属性的实体必然具有共同的特征和性质。用实体名及其属性名集合来抽象和刻画同类实体，称为实体型。例如，学生(学号，姓名，性别，出生年月，所在院系，入学时间)就是一个实体型。
- 实体集(Entity Set)：同一类型实体的集合称为实体集。例如，全体学生就是一个实体集。
- 联系(Relationship)：在现实世界中，事物内部及事物之间是有联系的。事物之间的联系就是实体(型)之间的联系。一般包括三种：一对一联系(1:1)、一对多联系(1:n)、多对多联系(m:n)。

E-R 图提供了表示实体型、属性和联系的方法。

- 实体型：用矩形表示，矩形框内写明实体名。
- 属性：用椭圆形表示，并用无向边将其与相应的实体型连接起来。
- 联系：用菱形表示，菱形块内写明联系名，并用无向边分别与有关实体型连接起来，同时在无向边旁标上联系的类型(1:1、1:n 或 m:n)。

例如，尝试绘制学籍管理系统的基本 E-R 图，要求满足如下约束：

- 一个教师只讲一门课程，一门课程可以由多个教师讲授。

• 一个辅导员可以管理多个班级，而一个班级只能有一个辅导员。
• 一门课程只有一门先修课程。

绘制的学籍管理系统基本 E-R 图如图 5-3 所示。

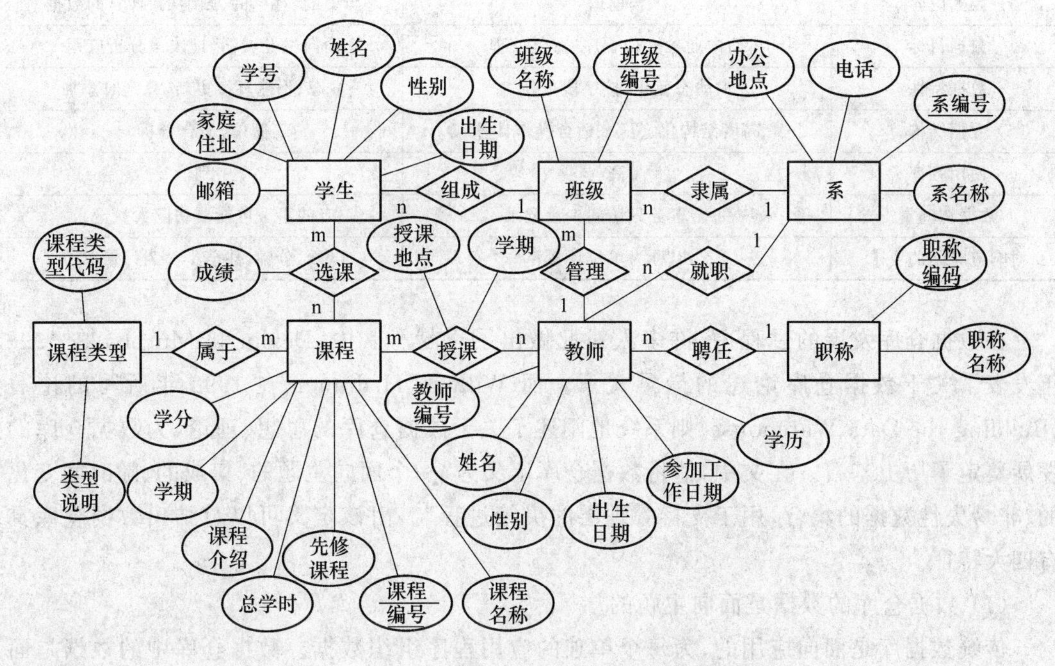

图 5-3 学籍管理系统基本 E-R 图

(2) 逻辑模型

逻辑模型是按计算机系统的观点对数据建模，主要用于 DBMS 的实现。常见的逻辑模型包括层次模型(Hierarchical Model)、网状模型(Network Model)、关系模型(Relational Model)、面向对象模型(Object Oriented Model)和对象关系模型(Object Relational Model)等。其中，关系模型是目前应用最为广泛的一类逻辑模型，本书将在 5.2.1 部分对关系模型作详细讲解。

(3) 物理模型

物理模型是对数据最底层的抽象，它描述数据在系统内部的表示方式和存取方法，在磁盘或磁带上的存储方式和存取方法，是面向计算机系统的。物理模型的具体实现是 DBMS 的任务，数据库设计人员要了解和选择物理模型，一般用户不用考虑物理级的细节。

5.1.2 数据仓库

随着信息技术的不断推广和应用，许多企业都已经在使用管理信息系统处理管理事务和日常业务。这些管理信息系统为企业积累了大量的信息，此时，企业管理者开始考虑如何利用这些信息海洋对企业的管理决策提供支持。虽然传统数据库在日常的管理事务处理中获得了巨大的成功，但对管理人员的决策分析要求却无法满足。这是因为传统数据库只保留了当前的业务处理信息，缺乏决策分析所需要的大量历史信息。为满足管理人员的决策分析需要，就需要在数据库的基础上产生适应决策分析的数据环境——数据仓库(Data Warehouse,DW)。数据仓库与传统数据库的对比如表 5-2 所示。

表 5-2 数据仓库与传统数据库对比表

对比内容	传统数据库	数据仓库
数据内容	当前值	历史的、存档的、归纳的、计算的数据
数据目标	面向业务操作程序、重复处理	面向主题域、管理决策分析应用
数据特性	动态变化、按字段更新	静态、不能直接更新、只定时添加
数据结构	高度结构化、复杂、适合操作计算	简单、适合分析
使用频率	高	中到低
数据访问量	每个事务只访问少量记录	有的事务可能要访问大量记录
对响应时间的要求	以秒为单位计量	以秒、分钟,甚至小时为计量单位

在数据仓库发展的过程中,许多人对此做出了贡献。其中,Devlin 和 Murphy 在 1998 年发表了关于数据仓库论述的最早文章。而 William H. Inmon 在 1993 年所写的论著《Building the Data Warehouse》则系统地阐述了关于数据仓库的思想、理论,为数据仓库的发展奠定了历史基石。在文中,他将数据仓库定义为"一个面向主题的、集成的、随时间变化的、非易失性数据的集合,用于支持管理层的决策过程"。由该定义可以总结出数据仓库具有四大特征。

(1) 数据仓库的数据是面向主题的

传统数据库是面向应用的,为每个单独的应用程序组织数据。数据仓库中的数据是面向主题进行组织的,即所有数据都是围绕某一主题组织、展开的。

例如,在企业销售管理中的管理人员,所关心的是,本企业哪些产品销售量大、利润高,哪些客户采购的产品数量多,竞争对手的哪些产品对本企业产品构成威胁,根据这些管理决策的分析对象,就可以抽取出"产品""客户"等主题。

(2) 数据仓库的数据是集成的

数据仓库的数据是从原有分散的数据库、数据文件和数据段中抽取来的,数据来源可能既有内部数据又有外部数据。由于面向应用的数据和面向主题的数据之间差别很大。因此,在数据进入数据仓库之前,必然要经过转换、统一和综合。

例如,上例所提到的销售子系统的"销售"数据库按照顾客每一次的购买作为一条记录。而在数据仓库中顾客主题的"顾客购物信息"中,可以按天、周、月等组织数据。很明显,这种情况就需要对数据进行计算和综合。

(3) 数据仓库的数据是不可更新的

数据仓库的数据主要供企业决策分析之用,不是用来进行日常操作,一般只保存过去的数据,而且不是随着源数据的变化实时更新,数据仓库中的数据一般不再修改。所涉及的数据操作主要是数据查询,只定期进行数据加载、数据追加,一般情况下并不进行修改操作。

(4) 数据仓库的数据是随时间不断变化的

数据仓库的用户进行分析处理时是不进行数据更新操作的。但并不是说,在从数据集成输入数据仓库开始到最终被删除的整个数据生存周期中,所有的数据仓库数据都是永远不变的。

5.2 关系数据库

关系数据库是建立在关系模型基础上的数据库。在将近40年的时间里，关系数据库由实验室走向社会生产、生活的方方面面，其优势得到了充分的发挥，其性能不断提高，最终在数据库产品市场上占据了统治地位。今天，工农业生产、银行业务、证券交易、户籍管理、保险、医疗、教育、行政等各行各业的信息系统都离不开数据库，特别是关系数据库的支持。

5.2.1 关系模型

关系模型是数据库的最常用模型，它用“关系”来描述数据。关系是一张二维表，因此，可以认为，关系数据模型是以二维表为基础的数据组织方法。

1. 关系模型的相关概念

(1) 关系(Relation)：一个关系对应通常所说的一张二维表。

(2) 字段(Field)/属性(Attribute)：表中的一列称为一个字段或属性。一个表中往往会有多个字段(属性)，为了区分字段(属性)，要给每一个列起一个字段名(属性名)。同一个表中的字段(属性)应具有不同的字段名(属性名)。在关系中，不允许出现重复字段(属性)，但不同列之间可以互换位置。

(3) 记录(Record)/元组(Tuple)：表中的一行称为一个记录(元组)。在关系中，不允许出现重复的记录(元组)，但不同行之间可以互换位置。

(4) 键(Key)：表中的某个字段或字段组，它们的值可以唯一地确定一个记录，且字段组中不含多余的字段，这样的字段或字段组称为关系的主键(主码)(Primary Key)。

(5) 域(Domain)：字段的取值范围称为域。

(6) 分量(Element)：记录中的一个属性值称为分量。

(7) 关系模式(Relation Mode)：关系的型称为关系模式，关系模式是对关系的描述。关系模式一般表示为：关系名(属性1，属性2，属性3，…，属性n)。

以表5-3所示的学生学籍表为例。

表5-3 学生学籍表

学号	姓名	性别	年龄	所在系
2009001	李玉峰	男	18	计算机
2009002	王楠	女	20	计算机
2009010	孙晓宇	男	19	数学
……	……	……	……	……

整个表5-3可以看作是一个用于管理学生学籍的关系，学号、姓名、性别、年龄、所在系均为关系的字段名(属性名)，性别属性的域是(男，女)，年龄属性的域是(16～35的整数)。学号可以唯一确定一个学生，因此，学号是学生学籍表的键。诸如(2009001，李玉峰，男，18，计算机)的一行被称为一条记录(元组)，其中行列交叉点(如“王楠”)被称为一个分量。整个关系模式可用如下形式表达：

学生学籍(学号，姓名，性别，年龄，所在系)

2. 关系模型的完整性约束

关系模型的完整性规则是对关系的某种约束条件。关系模型中有三类完整性约束:实体完整性、参照完整性和用户自定义完整性。其中实体完整性和参照完整性是关系模型必须满足的完整性约束条件,应该由关系系统自动支持。

(1) 实体完整性(Entity Integrity)

实体完整性规则:若属性(指一个或一组属性)A是基本关系R的主属性,则A不能取空值。所谓"空值"就是"不知道"或"不存在"的值。

例如学生学籍关系——学生学籍(学号,姓名,性别,年龄,所在系)中,学号是所有属性中唯一标识学生的属性,是主属性,也是主码。按照实体完整性要求,学生属性不能取空值。再如学生选课关系——选修(学号,课程号,成绩)中,"学号、课程号"为主码,则"学号"和"课程号"两个属性都不能取空值。

(2) 参照完整性(Referential Integrity)

外键(外码)(Foreign Key):一个关系模式R中的某个属性或属性组是另一个关系模式S的主键,那么这个属性(组)就称为关系模式R的外键。关系模式R称为参照关系,R被称为被参照关系。

参照完整性规则:若属性(或属性组)F是基本关系R的外码,它与基本关系S的主码K_s相对应(基本关系R和S不一定是不同的关系),则对于R中每个元组在F上的值必须为

- 或者取空值(F的每个属性值均为空值);
- 或者等于S中某个元组的主码值。

例如学生、课程、学生与课程之间的关系可用如下三个关系模式表示(带下划线的属性为关系的主属性,即主键(码)):

学生(<u>学号</u>,姓名,性别,专业号,年龄)

课程(<u>课程号</u>,课程名,学分)

选修(<u>学号,课程号</u>,成绩)

在以上三个关系中,选修关系中的"学号"参照了学生关系中的"学号","学号"是学生关系的主键,是选修关系的外键;同理,选修关系中的"课程号"参照了课程关系中的"课程号","课程号"是课程关系的主键,是选修关系的外键。选修关系是参照关系,学生关系和课程关系是被参照关系。

按照参照完整性要求,"学号"和"课程号"属性可以取两类值:空值或目标关系中已经存在的值。但由于"学号"和"课程号"是选修关系中的主属性,按照实体完整性规则,它们均不能取空值。所以,选修关系中的"学号"和"课程号"属性实际上只能取相应被参照关系中已经存在的主键值。

(3) 用户自定义完整性(User-defined Integrity)

用户自定义完整性是针对某一具体关系数据库的约束条件,它反映某一具体应用所涉及的数据必须满足的语义要求。例如某个属性必须取唯一值、某个非主属性不能取空值、某个整数型属性的取值范围必须在0~12(如月份)等。

5.2.2 简单的数据库设计

数据库设计是指根据特定的应用,构造正确的数据库模式,并在该模式的基础上,构建

数据库及其应用系统,实现对数据的有效存储和访问,以满足用户的需求。数据库设计的主要步骤包括需求分析、概念模型设计、关系模型设计、存储结构设计、数据库的实现和维护 5 个阶段。数据库设计步骤如图 5-4 所示。

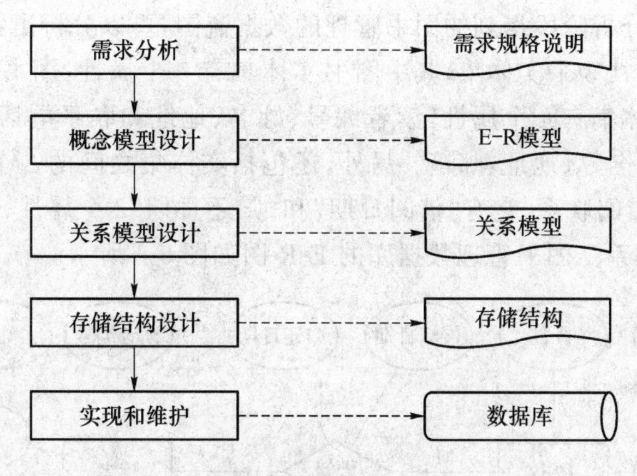

图 5-4 数据库设计步骤

(1) 需求分析阶段

需求分析阶段:准确收集用户信息需求和处理需求,对收集的结果进行整理和分析,形成需求文档。需求分析是整个设计活动的基础,也是最困难和最耗时的一步。如果需求分析不准确或不充分,可能导致整个数据库设计的返工。

用户需求通常包括如下 3 个方面。

- 信息需求:指用户从数据库中需要得到的信息,这些信息的性质及来源等。由信息需求导出数据需求,从而确定数据库中需要存储的数据。
- 功能需求:指用户需要进行的处理,包括处理的对象、方法和规则,以及处理的特殊要求(如要求联机处理还是批处理、处理周期、处理量等)。
- 性能需求:指用户对新系统性能的要求,如系统的响应时间、系统的容量,以及一些其他属性(如保密性、可靠性等)。

用户需求分析的典型方法是结构化分析方法(Structured Analysis,SA),即采用自顶向下、逐层分解的方法进行需求分析。结构化分析方法主要采用数据流图对用户需求进行分析,用数据字典和加工说明对数据流图进行补充和说明。

例如,针对图书管理的业务需求,图书借阅管理分层数据流图分别如图 5-5 所示。

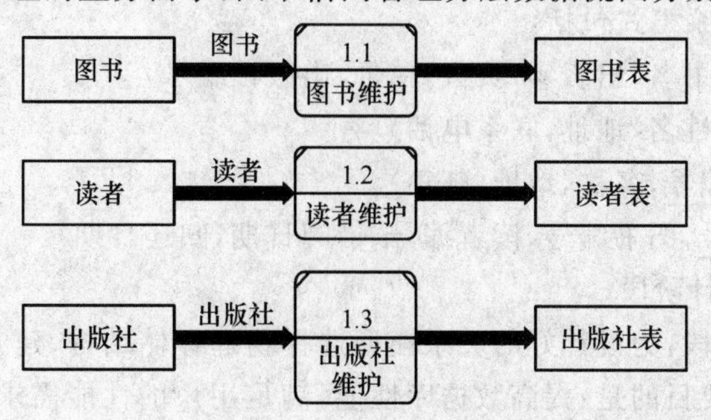

图 5-5 图书借阅管理分层数据流图

(2) 概念模型设计阶段

概念模型设计阶段：它是数据库设计的重点，是对用户需求进行综合、归纳、抽象，形成E-R模型的过程。

例如，针对需求分析阶段得到的图书管理的数据流图，可以分析出图书管理数据库中应包含图书、读者、出版社3个实体集，其中图书实体集有5个属性：图书编号、书名、出版年、页数和单价；读者实体集有4个属性：读者编号、姓名、地址和联系电话；出版社实体集有4个属性：出版社编号、名称、地址、邮箱。另外，还包括实体集之间的2个联系：其一，图书和读者之间是m:n的借阅联系，它有“借阅日期”和“归还日期”2个属性；其二，出版社和图书之间的1:n的出版联系。图书管理数据库的E-R图如图5-6所示。

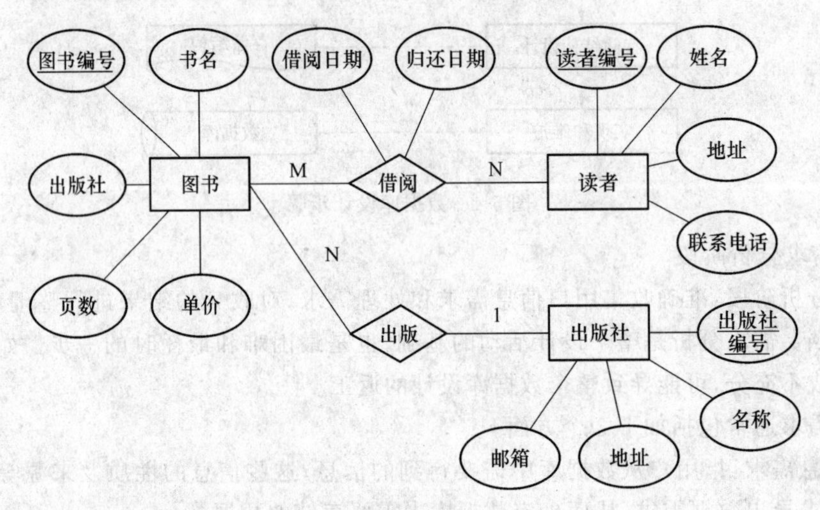

图5-6　图书管理数据库E-R图

(3) 关系模型设计阶段

关系模型设计阶段：将E-R模型转化为关系数据库所支持的关系模型，建立关系模式，并对其进行优化(规范化)，同时为各种用户和应用设计外模式。

例如，图5-6所示的E-R模型包含3个实体：图书、读者和出版社；2个联系：借阅和出版；实体和联系又包含各自的属性。根据概念模型向关系模型的转换规则：每一个实体转换为一个关系模式；对于m:n的联系，应为其设置一个关系模式；对于1:n的联系，要求在n端实体对应的关系模式中增加属性，并作为1端实体对应关系的主键。因此，由图5-6所示E-R图转换而成的关系模式包括：

图书(图书编号，书名，出版年，页数，单价，出版社编号)

读者(读者编号，姓名，地址，联系电话)

出版社(出版社编号，名称，地址，邮箱)

借阅(借阅流水号，图书编号，读者编号，借阅日期，归还日期)

(4) 存储结构设计阶段

存储结构设计阶段：为设计好的关系模型选择物理存储结构，建立数据库物理模式(内模式)。该阶段的主要目的是：提高数据库性能，满足用户的性能需求；有效利用存储空间。总之，是为了使数据库系统在时间和空间上最优。

(5) 数据库的实现和维护阶段

实现和维护阶段:使用数据库管理系统提供的数据定义语言建立数据库模式,将实际数据载入数据库,建立真正的数据库;在数据库上建立应用系统,并经过测试、试运行后正式投入使用。维护阶段是对运行中的数据库进行评价、调整和修改。

5.2.3 结构化查询语言 SQL

SQL(Structured Query Language),即结构化查询语言,是关系数据库的标准语言。SQL 是一个通用的、功能极强的关系数据库语言,其功能并不仅仅是查询。当前,几乎所有的 RDBMS(关系数据库管理系统,诸如 SQL Server、MySQL、Oracle 等)都支持 SQL,许多软件厂商对 SQL 基本命令集还进行了不同程度的扩充和修改。

SQL 之所以能够为用户和业界所接受,并成为国际标准,是因为它是一个综合的、功能极强同时又简洁易学的语言。SQL 集数据查询(Data Query)、数据操纵(Data Manipulation)、数据定义(Data Definition)和数据控制(Data Control)功能为一体,即包含 DQL、DML、DDL 和 DCL 四类语言。有时,人们把 SQL 的查询功能合并到 DML 中,即包含 DDL、DML、DCL 三类语言。本书按照四类语言来进行说明。SQL 中的动词关键字如表 5-4所示。

表 5-4 SQL 中的动词关键字

SQL 功能语言	动词关键字
DQL(数据查询语言)	SELECT(查询)
DDL(数据定义语言)	CREATE(创建)、DROP(删除)、ALTER(修改)
DML(数据操纵语言)	INSERT(插入)、UPDATE(更新)、DELETE(删除)
DCL(数据控制语言)	GRANT(授权),REVOKE(取消授权)

以下将利用 SQL Server 2008 工具,通过一个实验,简单说明 SQL 在关系型数据库管理方面的应用。

1. 实验任务

(1) 创建一个名为 XSCJ(学生成绩)的数据库。

(2) 在 XSCJ 数据库中创建 XS 表(学生表)、KC 表(课程表)和 XS_KC 表(选课表),并为每一张表设计合适的字段和约束。具体表结构如表 5-5(a)~(c)所示。

表 5-5(a) XS 表(学生表)结构

字段名	数据类型及长度	完整性约束	字段说明
Sno	nchar(9)	Primary Key(主键)	学号
Sname	nchar(8)	Not Null(非空)	姓名
Ssex	nchar(2)	Not Null(非空)	性别
Sage	int	Not Null(非空)	年龄
Sdept	nchar(2)	Not Null(非空)	所在系

表 5-5(b) KC 表(课程表)结构

字段名	数据类型及长度	完整性约束	字段说明
Cno	nchar(3)	Primary Key(主键)	课程号
Cname	nchar(20)	Not Null(非空)	课程名
Ccredit	int	Not Null(非空)	学分

表 5-5(c) XS_KC 表(选课表)结构

字段名	数据类型及长度	完整性约束	字段说明
Sno	nchar(9)	Primary Key(主键)	学号
Cno	nchar(3)		课程号
Grade	int		成绩

(3) 分别向 XS 表、KC 表和 XS_KC 表中插入一些记录,具体数据如表 5-6(a)～(c)所示。

表 5-6(a) XS 表(学生表)记录

Sno	Sname	Ssex	Sage	Sdept
200215121	李勇	男	20	CS
200215122	刘晨	女	19	CS
200215123	王敏	女	18	MA
200215125	张立	男	19	IS

表 5-6(b) KC 表(课程表)记录

Cno	Cname	Ccredit
1	数据库	4
2	数学	2
3	信息系统	4
4	操作系统	3
5	数据结构	4
6	数据处理	2
7	PASCAL 语言	4

表 5-6(c) XS_KC 表(选课表)记录

Sno	Cno	Crade
200215121	1	92
200215121	2	85
200215121	3	88
200215122	2	90
200215122	3	80

(4) 利用 SELECT 语句,执行 XSCJ 数据库的简单查询。

2. 实验目的

初步掌握 SQL Server 2008 中数据库、表的创建方法,记录的插入方法和简单的查询方法。

3. 具体步骤

(1) 打开 Microsoft SQL Server Management Studio,并连接数据库。

在安装有 SQL Server 2008 的电脑中,单击“开始|所有程序|Microsoft SQL Server 2008 R2|SQL Server Management Studio”,打开 Microsoft SQL Server Management Studio,界面如图 5-7 所示。

图 5-7　打开环境,并连接数据库

(2) 创建一个名为 XSCJ(学生成绩)的数据库。

数据库可以被视为一个存放数据的大容器,是若干表的集合体。因此,在创建表之前,必须保证数据库存在。如不存在,则必须新建。创建数据库有两种方法。

方法一:利用对象资源管理器实现。

a. 右击“数据库”文件夹,在弹出的快捷菜单中选择“新建数据库”选项。界面如图 5-8(a)所示。

b. 在弹出的“新建数据库”对话框中,输入数据库的名称为“XSCJ”,然后点击“添加”按钮,完成新建 XSCJ 数据库的操作。界面如图 5-8(b)所示。

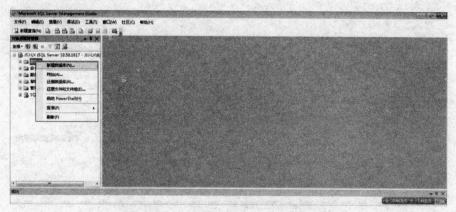

(a)创建 XSCJ 数据库—选择“新建数据库”

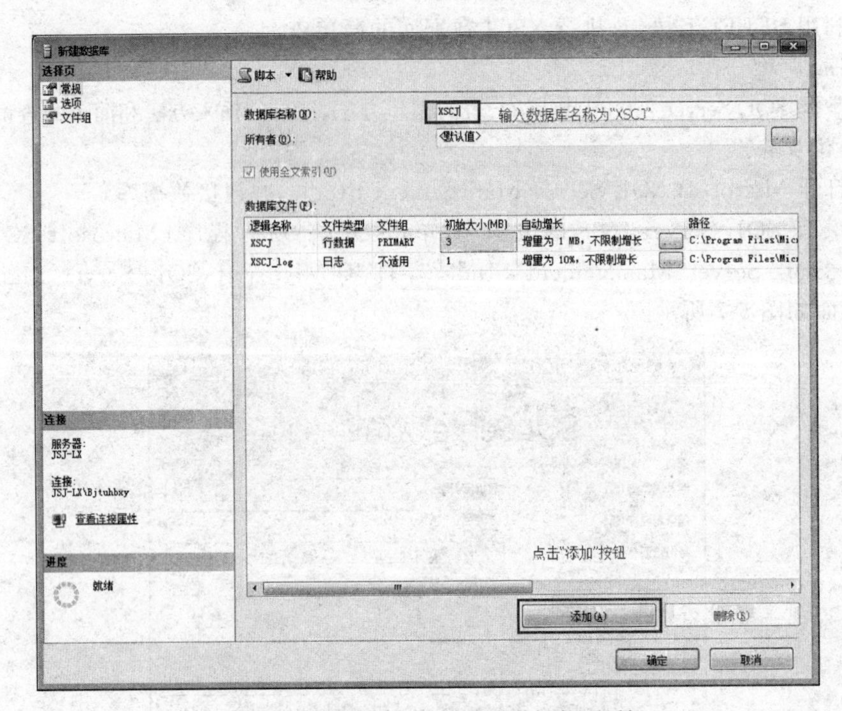

(b)创建 XSCJ 数据库—填写"新建数据库"对话框

图 5-8　利用对象资源管理器创建 XSCJ 数据库

方法二：利用 SQL 语句："CREATE DATABASE ＜数据库名称＞" 实现。

a. 单击"新建查询"按钮，打开 SQL 查询窗口。界面如图 5-9(a)所示。

b. 在打开的 SQL 查询窗口中输入新建数据库的 SQL 语句，并单击"执行"按钮执行 SQL 语句，以创建 XSCJ 数据库。具体 SQL 语句如下：

```
CREATE DATABASE XSCJ;
```

界面如图 5-9(b)所示。

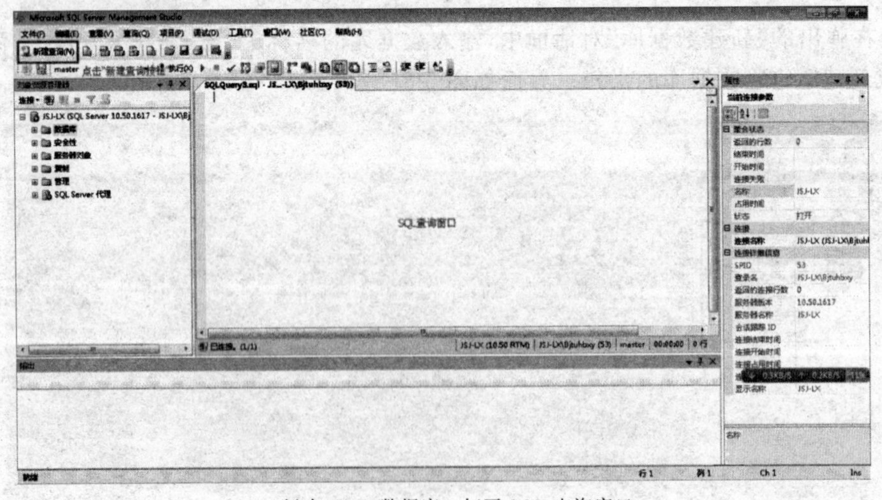

(a)创建 XSCJ 数据库—打开 SQL 查询窗口

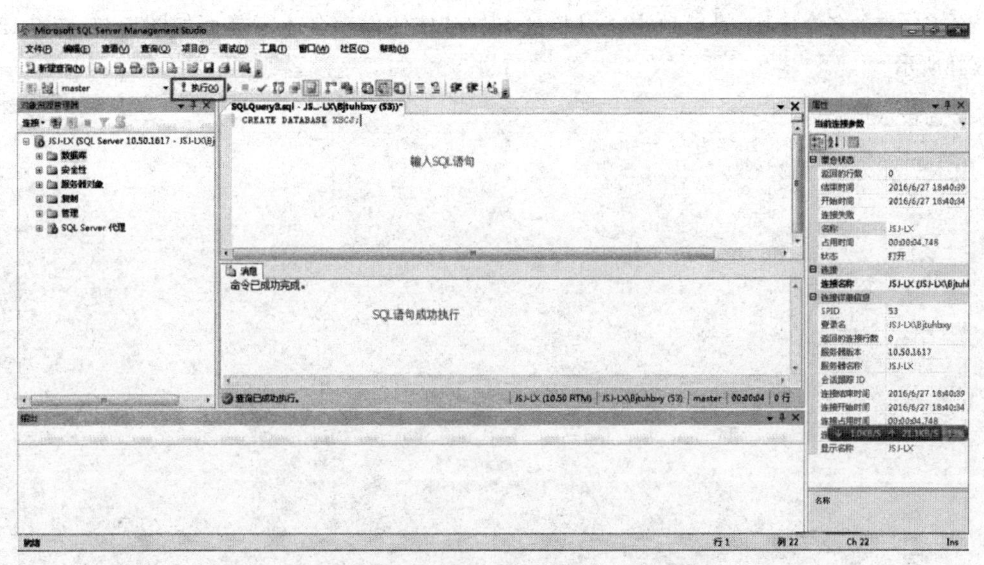

(b)创建 XSCJ 数据库—输入并执行 SQL 语句

图 5-9　利用 SQL 语句创建 XSCJ 数据库

(3) 在 XSCJ 数据库中创建 XS 表(学生表)、KC 表(课程表)和 XS_KC 表(选课表),并为每一张表设计合适的字段和约束。

在创建表之前,必须选中数据库,以保证创建的表存放在合适的位置。创建表有两种方法。

方法一:利用对象资源管理器实现。

a. 选中 XSCJ 数据库中的“表”文件夹,右击该文件夹,在弹出的快捷菜单中单击“新建表”。界面如图 5-10 所示。

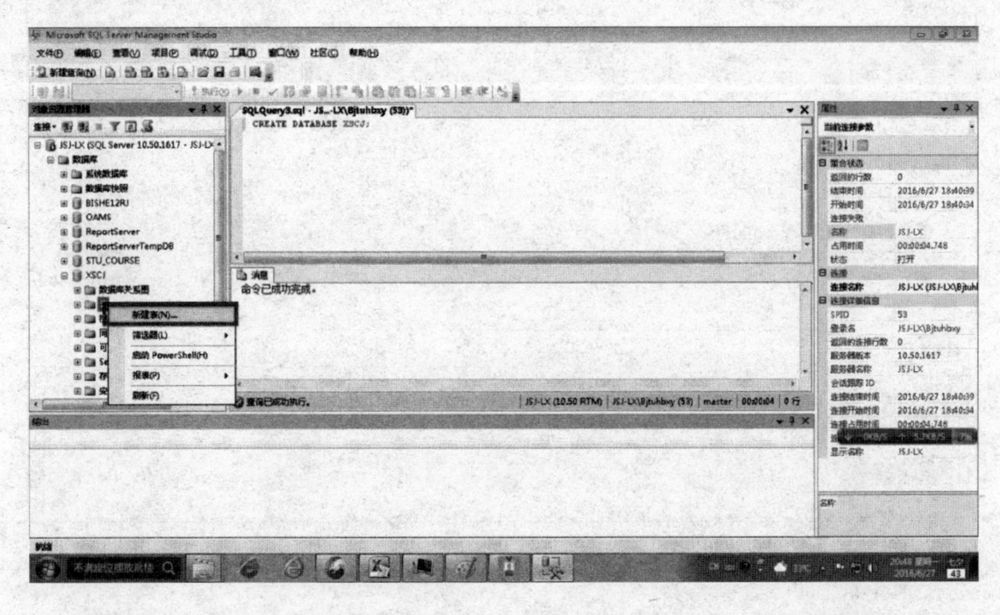

图 5-10　利用对象资源管理器创建 XS 表、KC 表和 XS_KC 表—选择“新建表”

b. 在打开的“dbo. Table_1”选项卡中按表 5-5(a)、表 5-5(b)、表 5-5(c)的要求输入 XS 表、KC

表、XS_KC 表的各个字段，最后单击工具栏的“保存”按钮保存各表。界面如图 5-11、图 5-12 和图 5-13所示。

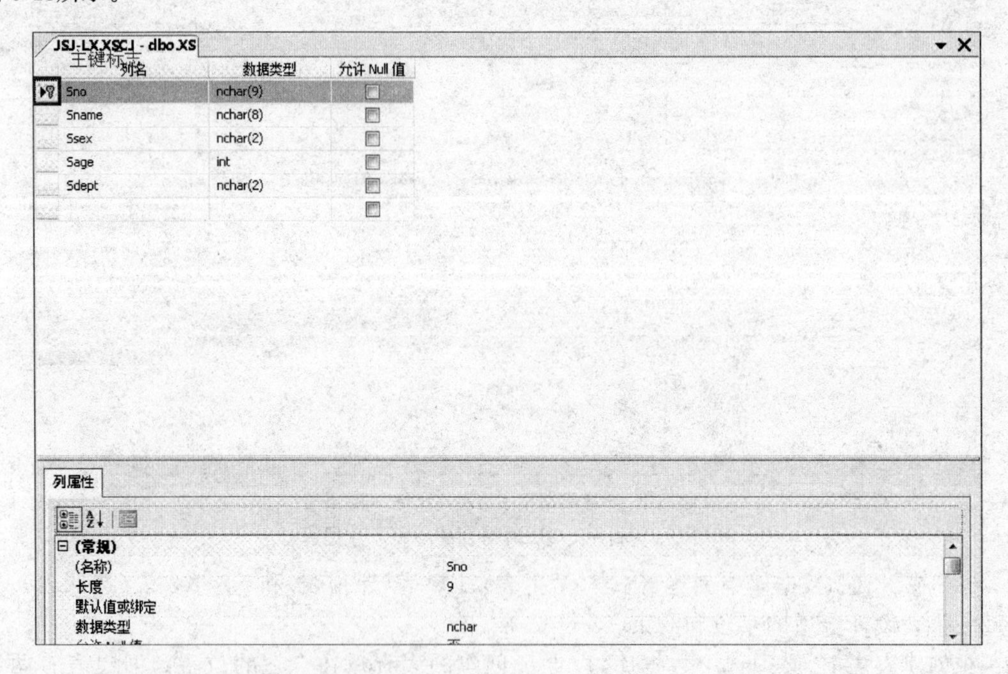

图 5-11　利用对象资源管理器创建 XS 表、KC 表和 XS_KC 表—新建 XS 表

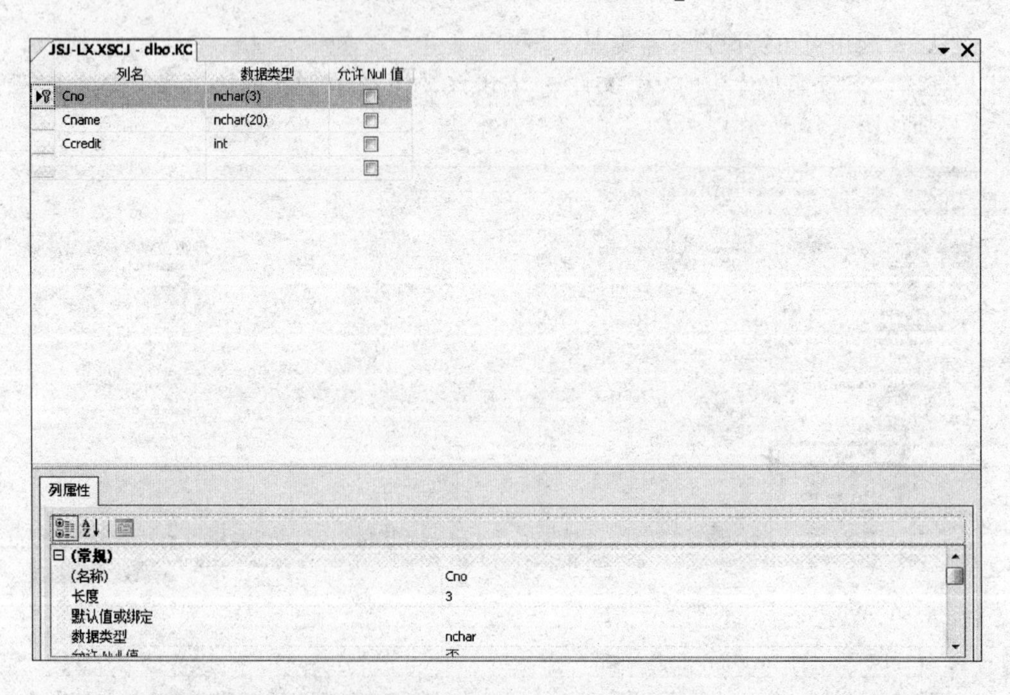

图 5-12　利用对象资源管理器创建 XS 表、KC 表和 XS_KC 表—新建 KC 表

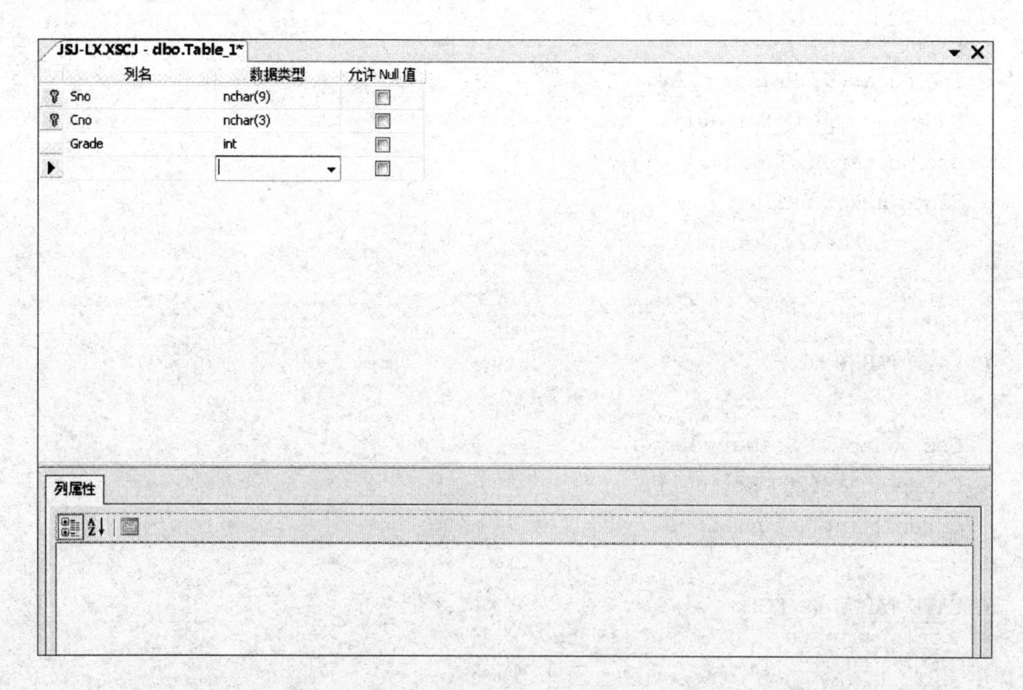

图 5-13　利用对象资源管理器创建 XS 表、KC 表和 XS_KC 表—新建 XS_KC 表

c. 右击“数据库关系图”文件夹，在弹出的快捷菜单中单击“新建数据库关系图”选项，如图 5-14 所示。

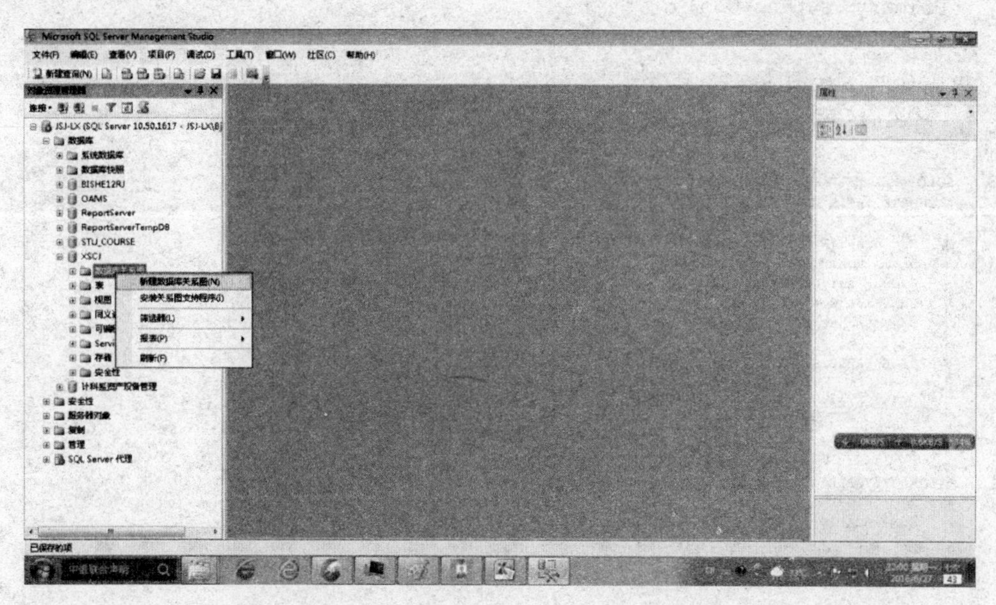

图 5-14　利用对象资源管理器创建 XS 表、KC 表和 XS_KC 表—选择“新建数据库关系图”

d. 按照提示，在打开的“新建数据库关系图”对话框中完成表与表之间的关联。

方法二：利用 SQL 语句：“CREATE TABLE ＜表名＞(＜列名＞ ＜数据类型＞［列级完整性约束］［,＜列名＞ ＜数据类型＞［列级完整性约束］］)…”实现。

a. 在 SQL 查询窗口输入如下 SQL 语句：

```
CREATE TABLE XS
```

```
  (
  Sno nchar(9) Primary key,
  Sname nchar(8) Not null,
  Ssex nchar(2) Not null,
  Sageint Not null,
  Sdept nchar(2) Not null

  );
CREATE TABLE KC
  (
  Cno nchar(3) Primary key,
  Cname nchar(20) Not null,
  Ccredit int Not null
  );
CREATE TABLE XS_KC
  (
  Sno nchar(9),
  Cno nchar(3),
  Crade int,
  Primary Key(Sno,Cno)
  );
```

界面如图 5-15 所示。

b. 单击"执行"按钮完成创建。

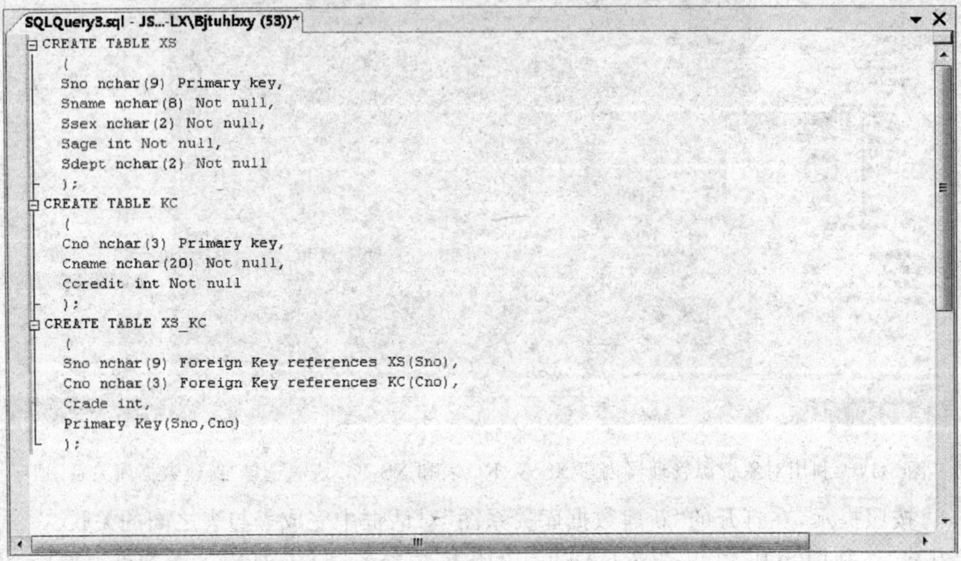

```
SQLQuery3.sql - JS...-LX\Bjtuhbxy (53))*
CREATE TABLE XS
  (
  Sno nchar(9) Primary key,
  Sname nchar(8) Not null,
  Ssex nchar(2) Not null,
  Sage int Not null,
  Sdept nchar(2) Not null
  );
CREATE TABLE KC
  (
  Cno nchar(3) Primary key,
  Cname nchar(20) Not null,
  Ccredit int Not null
  );
CREATE TABLE XS_KC
  (
  Sno nchar(9) Foreign Key references XS(Sno),
  Cno nchar(3) Foreign Key references KC(Cno),
  Crade int,
  Primary Key(Sno,Cno)
  );
```

图 5-15　利用 SQL 语句创建 XS 表、KC 表和 XS_KC 表

（4）分别向 XS 表、KC 表和 XS_KC 表中按照表 5-6(a)、表 5-6(b)、表 5-6(c)的要求插

入一些记录。

建立数据库的目的在于管理数据。我们在上一步中只是成功地搭建了表结构，表中并没有任何记录。只有插入记录，才能具备管理数据的可能。插入记录有两种方法。

方法一：利用对象资源管理器实现。

a. 选定 XS 表，右击，在弹出的快捷菜单中单击“编辑前 200 行”选项，如图 5-16 所示。KC 表、XS_KC 表的操作同 XS 表。

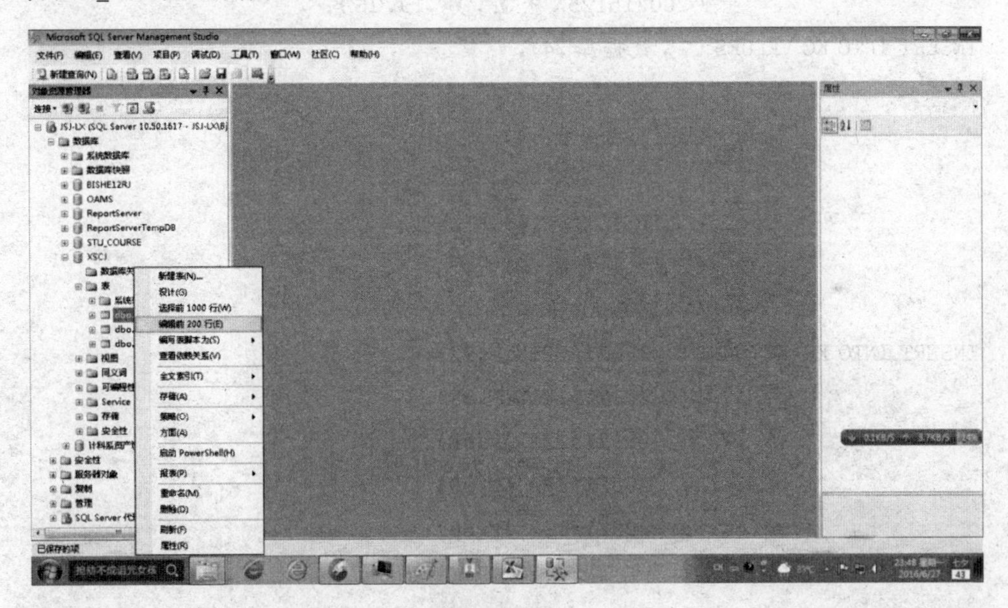

图 5-16 利用对象资源管理器向 XS 表、KC 表和 XS_KC 表插入记录—选择“编辑前 200 行”选项

b. 在打开的“编辑前 200 行”中，按照表 5-6(a)、表 5-6(b)、表 5-6(c)的要求输入各表记录。界面如图 5-17、图 5-18、图 5-19 所示。

JSJ-LX.XSCJ - dbo.XS

	Sno	Sname	Ssex	Sage	Sdept
	200215121	李勇	男	20	CS
	200215122	刘晨	女	19	CS
	200215123	王敏	女	18	MA
	200215125	张立	男	19	IS
▸*	NULL	NULL	NULL	NULL	NULL

图 5-17 利用对象资源管理器向 XS 表、KC 表和 XS_KC 表插入记录—向 XS 表插入记录

JSJ-LX.XSCJ - dbo.KC

	Cno	Cname	Ccredit
	1	数据库	4
	2	数学	2
	3	信息系统 ...	4
	4	操作系统 ...	3
	5	数据结构 ...	4
	6	数据处理 ...	2
	7	PASCAL语言 ...	4
▸*	NULL	NULL	NULL

图 5-18 利用对象资源管理器向 XS 表、KC 表和 XS_KC 表插入记录—向 KC 表插入记录

JSJ-LX.XSCJ - dbo.XS_KC

	Sno	Cno	Grade
	200215121	1	92
	200215121	2	85
	200215121	3	88
	200215122	2	90
	200215122	3	80
▸*	NULL	NULL	NULL

图 5-19 利用对象资源管理器向 XS 表、KC 表和 XS_KC 表插入记录—向 XS_KC 表插入记录

方法二:利用 SQL 语句:"INSERT INTO <表名> VALUES"实现。

在 SQL 查询窗口中输入以下 SQL 语句,并执行。

```
INSERT INTO XS VALUES ('200215121','李勇','男',20,'CS'),
                      ('200215122','刘晨','女',19,'CS'),
                      ('200215123','王敏','女',18,'MA'),
                      ('200215125','张立','男',19,'IS');
INSERT INTO KC VALUES ('1','数据库',4),
                      ('2','数学',2),
                      ('3','信息系统',4),
                      ('4','操作系统',3),
                      ('5','数据结构',4),
                      ('6','数据处理',2),
                      ('7','PASCAL 语言',4);
INSERT INTO XS_KC VALUES ('200215121','1',92),
                         ('200215121','2',85),
                         ('200215121','3',88),
                         ('200215122','2',90),
                         ('200215122','3',80);
```

界面如图 5-20 所示。

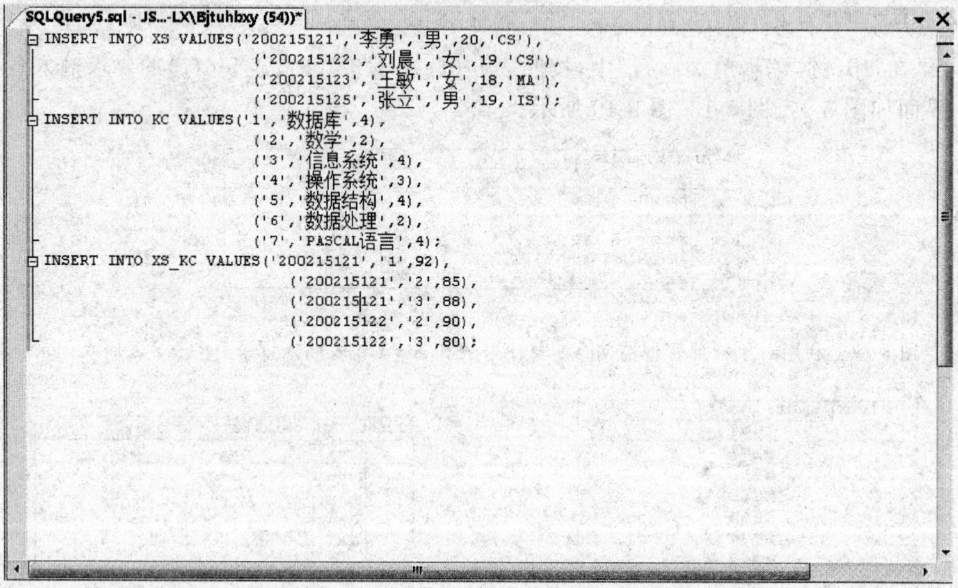

图 5-20　利用 SQL 语句向 XS 表、KC 表和 XS_KC 表插入记录

(5) 利用 SELECT 语句,执行 XSCJ 数据库的简单查询。

SELECT 语句的基本语法结构为

```
SELECT [ALL|DISTINCT] <目标列表达式> [别名] [,<目标列表达式> [别名]]...
```

FROM <表名或视图名> [别名] [,<表名或视图名> [别名]]...

[WHERE <条件表达式>]

[GROUP BY <列名 1>] [HAVING <条件表达式>]

[ORDER BY <列名 2>] [ASC|DESC]];

其中,各子句说明如下:

① SELECT 子句用于查找指定字段,ALL 表示查找全部字段,DISTINCT 用于消除字段中的重复值。

② FROM 子句用于指定查询表的来源,可以是一张表,也可以是多张表。

③ WHERE 子句用于说明筛选记录的筛选条件。

④ GROUP BY 子句用于对查询结果进行分组。

⑤ ORDER BY 子句用于对查询结果进行排序:ASC 表示升序,DESC 表示降序。

以下列举几个简单例子说明 SQL 查询语句的用法。

- 查询 XS 表中所有年龄在 20 岁以下的学生姓名及其年龄。

输入的 SQL 语句为

```
SELECTSname,Sage
FROM XS
WHERE Sage<20;
```

具体实现如图 5-21 所示。

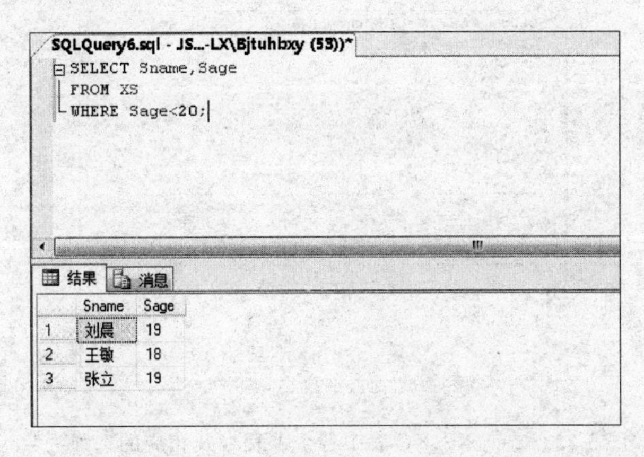

图 5-21 查询 XS 表中所有年龄在 20 岁以下的学生姓名及其年龄

- 查询 XS_KC 表中选修了 3 号课程的学生的学号及其成绩,查询结果按分数的降序排列。

输入的 SQL 语句为

```
SELECTSno,Grade
FROM XS_KC
WHERECno = '3'
ORDER BY Grade DESC;
```

具体实现如图 5-22 所示。

- 查询 XS_KC 表中各个课程号及相应的选课人数。

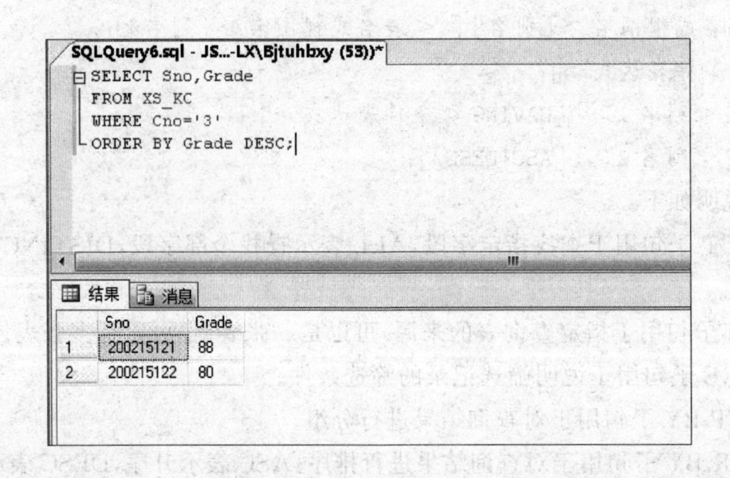

图 5-22　查询 XS_KC 表中选修了 3 号课程的学生的学号及其成绩

输入的 SQL 语句为

```
SELECTCno 课程号,COUNT(Sno) 选课人数
FROM XS_KC
GROUP BYCno;
```

• 具体实现如图 5-23 所示。

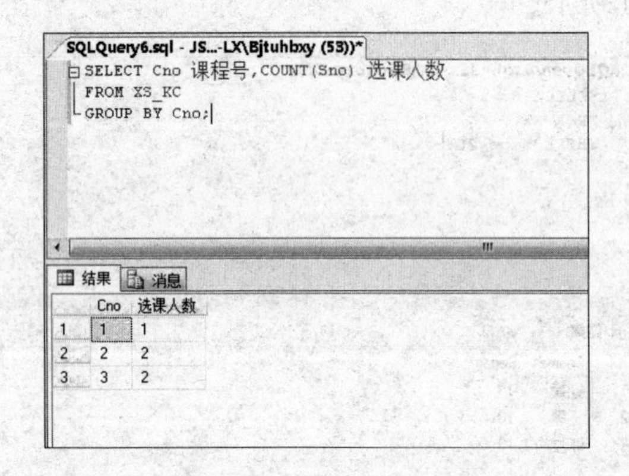

图 5-23　查询 XS_KC 表中各个课程号及相应的选课人数

• 查询 XS 表和 XS_KC 表中选修了 2 号课程且成绩在 90 分以上(包括 90 分)的所有学生。

输入的 SQL 语句为

```
SELECTXS.Sno,Sname,Cno,Grade
FROM XS,XS_KC
WHEREXS.Sno = XS_KC.Sno AND XS_KC.Cno  = '2' AND XS_KC.Grade＞ = 90;
```

具体实现如图 5-24 所示。

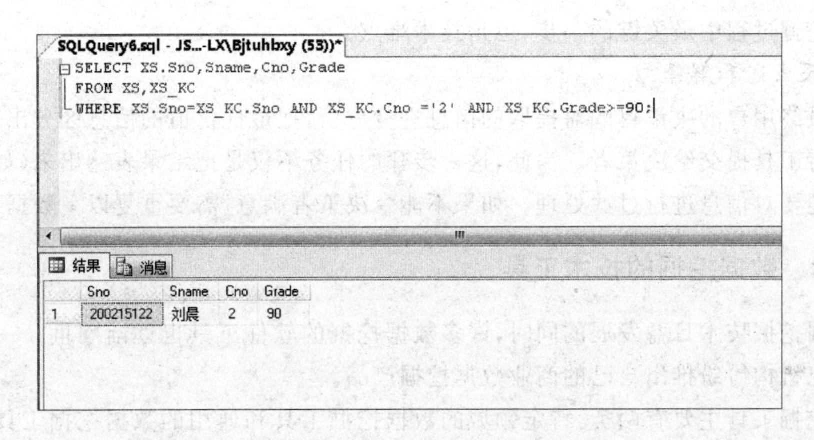

图 5-24 查询 XS 表和 XS_KC 表中选修了 2 号课程且成绩在 90 分以上(包括 90 分)的所有学生

5.3 数据挖掘

随着计算机技术和网络技术的发展,数据量急剧增长。人类处于信息爆炸的时代,被淹没在数据海洋之中。如何有效地组织和存储数据,如何从数据海洋中及时发现有用的知识、提高信息利用率,成为人们亟待解决的问题。但是,仅以目前数据库系统的录入、查询、统计等功能,无法发现数据中存在的关系和规则,无法根据现有的数据预测未来的发展趋势。正是在这样的背景下,数据挖掘(Data Mining,DM)技术应运而生,并越来越显示出强大的生命力。

5.3.1 数据挖掘简介

数据挖掘(Data Mining)旨在从大量的、不完全的、有噪声的、模糊的、随机的数据库,提取隐含在其中的、人们事先不知道的而又潜在有用的信息和知识。

数据挖掘一般需要经过数据准备、数据开采、结果表述和解释等过程。

1. 数据准备

数据准备是数据挖掘中的一个重要步骤,数据准备是否做好将直接影响到数据挖掘的效率、准确度以及最终模式的有效性。这个阶段又可以进一步分成三个子步骤:数据集成、数据选择、数据预处理。

(1) 数据集成:数据集成是将多文件或多数据库运行环境中的数据进行合并处理,解决语义模糊性、处理数据中的遗漏和清洗脏数据等。

(2) 数据选择:数据选择的目的是辨别出需要分析的数据集合,缩小处理范围,提高数据挖掘的质量。

(3) 数据预处理:该阶段的目的是将数据转换成适合于数据挖掘的形式,并进行一些必要的数据约简。

如果数据挖掘的对象是数据仓库,上述工作往往在生成数据仓库时同时完成。

2. 数据开采

选定某个特定的数据挖掘算法(如关联、分类、回归、聚类等),用于搜索数据中的模式。

它是数据挖掘过程中最关键的一步,也是技术难点。

3. 结果表述和解释

根据最终用户的决策目的对提取的信息进行分析,把最优价值的信息区分出来,并且通过决策支持工具提交给决策者。因此,这一步骤的任务不仅是把结果表达出来(如采用可视化方法),还要对信息进行过滤处理。如果不能令决策者满意,需要重复以上数据挖掘过程。

5.3.2 数据挖掘的技术工具

在数据挖掘技术日益发展的同时,许多数据挖掘的软件工具也逐渐问世。一些著名的公司或研究机构纷纷推出自己的商业数据挖掘产品。

数据挖掘工具主要有两类:特定领域的数据挖掘工具和通用的数据挖掘工具。特定领域的数据挖掘工具针对某个特定领域的问题提供解决方案。通用的数据挖掘工具不区分具体数据的含义,采用通用的挖掘算法,处理常见的数据类型。

1. 数据挖掘的技术工具

目前,很多研究机构都开发了自己的不同应用环境下的数据挖掘系统,最为知名、常用的数据挖掘系统如下。

(1) Quest:由 IBM Almaden 研究所的 R. Agrawal 等人研究开发的面向大型数据库的数据挖掘原型系统,目的是为新一代决策支持系统的应用开发提供高效的数据开采基本构件。

(2) MineSet:是由 SGI 公司和美国斯坦福大学联合开发的多任务数据挖掘系统。MineSet 集成多种数据挖掘算法和可视化工具,帮助用户直观实时地发掘、理解大量数据背后的知识。

(3) DBMiner:由加拿大 SimonFraser 大学的 J. Han 等人研究开发。它的前身是 DBLearn。该系统设计的目的是把关系数据库和数据开采集成在一起,以面向属性的多级概念为基础发现各种知识。

(4) MSMiner:由中科院计算技术研究所智能信息处理重点实验室从 1999 年开始设计和实现,是一种多策略通用数据挖掘平台。该平台对数据和挖掘策略的组织有很好的灵活性。

(5) DMiner:由上海复旦德门软件公司开发的具有自主知识产权的数据挖掘系统。该系统集成多维分析技术、可视化高级查询技术、统计分析技术,并与企业级报表服务相结合。

(6) iDMiner:由海尔青大公司研发的具有自主知识产权的数据挖掘平台。该平台采用国际通用业界标准,这对软件的发展具有很大作用。

2. 可视化数据挖掘的技术工具

数据挖掘技术的发展,是为了帮助用户发现数据中存在的关系和规则,从而根据现有的数据预测未来的发展趋势,使得数据库中隐藏的丰富知识得到充分的发掘和利用。由于数据挖掘技术本身的复杂性,一般用户很难掌握,得到的结果也很难解释。由于人们对图形和图像的表现方式更加容易理解和接受,可视化数据挖掘技术(VDM)正在兴起,呈现出广阔的应用前景。

数据可视化工具的选择依赖业务数据集的特征及其潜在的结构,还依赖于需要分析的业务问题的数据,数据可视化工具主要分为两大类:多维可视化工具和特殊的地形和层次数据可视化工具。多维可视化工具有柱形图和条形图、分布图和直方图、箱式图、折线图(及折线图的变种:盘高—盘低—收盘图和雷达图)、散点图、饼图(及变种圆环图)和帕累托图(直方图和折线图的合并)等。特殊的地形和层次数据可视化工具,如地图和树形图,地图可视化最适合于空间和地理分析,树型图最适合用于层次和结构化分析。

目前有许多可视化软件工具,如 Oracle、Microsoft Excel、SGI MineSet 和 SPSS Clementine。利用这些工具可以方便地进行数据预处理、数据可视化和数据挖掘。

5.4 数据挖掘的应用

随着人们对数据挖掘认识的深入,数据挖掘技术应用越来越广泛,成功的案例很多。某些具有特定的应用问题和应用背景的领域,最能体现数据挖掘的作用。目前,数据挖掘应用在金融业和保险业较多,也扩展到了其他应用领域,如零售业、医疗保健、运输业、行政司法等社会部门以及科学和工程研究单位。

5.4.1 商业应用案例

Safeway 是英国的第三大连锁超市,年销售额超过一百亿美元,提供的服务种类达三四十种。该超市的首席信息官 CIO 迈克·温曲指出,该公司必须要采用不同的方式来取得竞争上的优势。“运用传统的方法——降低价位、扩充店面以及增加商品种类,若想在竞争中取胜已经越来越困难了”。如何能在竞争中立于不败之地?温曲先生的说法是:“必须以客户为导向,而非以产品和商家为导向。这意味着必须更了解每一位客户的需求。为了达到这个目标,必须了解六百万客户所做的每一笔交易以及这些交易彼此之间的关联性。”换句话说,Safeway 想要知道哪些类型的客户买了哪些类型的产品以及购买的频率,用来建立“以个人为导向的市场”。

Safeway 首先根据客户的相关材料,将客户分为 150 类;再用关联技术来比较这些资料集合(包括交易资料以及产品资料);然后列出产品相关度的清单(例如,“在购买烤肉碳的客户中,75%的人也会购买打火机燃料”);最后,再对商品的利润进行细分。例如,Safeway 发现某一种乳酪产品虽然销售额排名较靠后,在第 209 位,可是有 25%消费额最高的客户都常常买这种乳酪,这些客户是 Safeway 最不想得罪的客户。因此,这种产品是相当重要的。同时,Safeway 也发现,在 28 种品牌的橘子汁中,有 8 种特别受消费者欢迎。因此,该公司重新安排货架的摆放,使橘子汁的销量能够大幅增加。“我可以举出数百种与客户购买行为有关的例子,”温曲先生指出,“这些信息实在是无价之宝。”

采用数据挖掘技术,在 Safeway 知道客户每次采购时会买哪些产品后,就可以找出长期的经常性购买行为;再将这些资料与主数据库的人口统计资料结合在一起,营销部门就可以根据每个家庭在哪个季节倾向于购买哪些产品的特性发出邮件。根据这些信息,该超市在一年内曾发了 1 200 万封有针对性的邮件,对超市的销售量的增长起了很重要的作用。

5.4.2 竞技运动中的数据挖掘案例

美国著名的NBA篮球队的教练,利用IBM公司提供的数据挖掘工具临场决定替换队员。若读者是NBA的教练,那么靠什么来带领球队取得胜利呢?当然,最容易想到的是全场紧逼、交叉扯动和快速抢断等具体的战术和技术。今天,NBA的教练又有了新式武器:数据挖掘。大约20个NBA球队使用了IBM公司开发的数据挖掘应用软件Advanced Scout系统来优化他们的战术组合。

例如,奥兰多魔术队教练曾利用Scout系统对队员进行不同的对阵安排,在与迈阿密热队的比赛中找到了获胜的机会。

系统分析显示,奥兰多魔术队先发阵容中的两个后卫安佛尼·哈德卫(Anfernee Hardaway)和伯兰·绍(Brian Shaw)在前两场中被评为-17分,即这两个队员在场上,本队输掉的分数比得到的分数多17分。然而,当安佛尼·哈德卫与替补后卫达利尔·阿姆斯创(Darrell Armstrong)组合时,奥兰多魔术队的得分为正14分。

在下一场中,奥兰多魔术队增加了达利尔·阿姆斯创的上场时间。这种方法果然奏效:达利尔·阿姆斯创得到了21分,安佛尼哈德卫得到了42分,奥兰多魔术队以88:79获胜。奥兰多魔术队在第四场让达利尔·阿姆斯创进入先发阵容,再一次打败了迈阿密热队。在第五场比赛中,这个靠数据挖掘支持的阵容没能拖住迈阿密热队,但Advanced Scout系统毕竟帮助奥兰多魔术队赢得了打满5场,直到最后才决出胜负的机会。

Advanced Scout系统是一个数据分析工具,教练可以用便携式计算机在家里或在路上挖掘存储在NBA中心的服务器上的数据。每一场比赛的事件都按得分、助攻、失误等进行统计分类。时间标记让教练非常容易地通过搜索NBA比赛的录像来理解统计发现的含义。例如,教练通过Advanced Scout系统发现本队的球员在与对方一个球星对抗时有犯规记录,他可以在对方球星与这个队员"头碰头"的瞬间分解双方接触的动作,进而设计合理的防守策略。

Advanced Scout系统的开发人因德帕尔·布罕德瑞,在IBM的Thomas·Watson研究中心当研究员时,演示了一个技术新手应该如何使用数据挖掘。因德帕尔·布罕德瑞说:"教练们可以完全没有统计学的培训,但他们可以利用数据挖掘制定策略。"与此同时,另一个正式的体育联盟——国家曲棍球联盟,正在开发自己的数据挖掘应用NHL-ICE,该联盟与IBM建立了一个技术型的合资公司,推出了一个电子实时的比赛计分和统计系统。在原理上市一个与Advanced Scout系统相似的数据挖掘应用,可以让教练、广播员、新闻记者及球迷挖掘NHL的统计。当他们访问NHL的Web站点时,球迷能够使用该系统循环观看联盟的比赛,同时广播员和新闻记者可以挖掘统计数据,找花边新闻,为实况评述添油加醋。

本章小结

本章介绍了数据管理相关的知识,包括数据库基本概念、关系数据库的基本操作、数据挖掘的基本知识和应用。数据挖掘是发现知识的过程,在大数据背景下,通过相应的数据技术对数据进行管理和分析,能够帮助人们进行辅助决策,提高工作效率。

第6章 人工智能

人工智能是对人的意识、思维过程的模拟。人工智能是一门极富挑战性的科学，从事这项工作的人必须懂得计算机知识、心理学和哲学。人工智能是包括十分广泛的科学，它由不同的领域组成，如机器学习、计算机视觉等，总的说来，人工智能研究的主要目标是使机器能够胜任一些通常需要人类智能才能完成的复杂工作。但不同的时代、不同的人对这种"复杂工作"的理解是不同的。

本章主要介绍人工智能的发展情况及人工智能的应用，如机器人、机器翻译、模式识别、机器学习等。

6.1 概　　述

人工智能(Artificial Intelligence)，英文缩写为AI。它是研究、开发用于模拟、延伸和扩展人的智能的理论、方法、技术及应用系统的一门新的技术科学。人工智能是计算机科学的一个分支，它企图了解智能的实质，并生产出一种新的能以人类智能相似的方式做出反应的智能机器，该领域的研究包括机器人、语言识别、图像识别、自然语言处理和专家系统等。人工智能从诞生以来，理论和技术日益成熟，应用领域也不断扩大，可以设想，未来人工智能带来的科技产品，将会是人类智慧的"容器"。

著名的美国斯坦福大学人工智能研究中心尼尔逊教授对人工智能下了这样一个定义："人工智能是关于知识的学科——怎样表示知识以及怎样获得知识并使用知识的科学。"而另一个美国麻省理工学院的温斯顿教授认为："人工智能就是研究如何使计算机去做过去只有人才能做的智能工作。"这些说法反映了人工智能学科的基本思想和基本内容。即人工智能是研究人类智能活动的规律，构造具有一定智能的人工系统，研究如何让计算机去完成以往需要人的智力才能胜任的工作，也就是研究如何应用计算机的软硬件来模拟人类某些智能行为的基本理论、方法和技术。

人工智能是研究使计算机来模拟人的某些思维过程和智能行为(如学习、推理、思考、规划等)的学科，主要包括计算机实现智能的原理、制造类似于人脑智能的计算机，使计算机能实现更高层次的应用。人工智能将涉及计算机科学、心理学、哲学和语言学等学科。可以说几乎是自然科学和社会科学的所有学科，其范围已远远超出了计算机科学的范畴，人工智能与思维科学的关系是实践和理论的关系，人工智能是处于思维科学的技术应用层次，是它的一个应用分支。从思维观点看，人工智能不仅限于逻辑思维，要考虑形象思维、灵感思维才能促进人工智能的突破性的发展，数学常被认为是多种学科的基础科学，数学也进入语言、思维领域，人工智能学科也必须借用数学工具，数学不仅在标准逻辑、模糊数学等范围发挥作用，数学进入人工智能学科，它们将互相促进而更快地发展。

6.1.1 图灵机

图灵机，又称图灵计算、图灵计算机，是由数学家阿兰·麦席森·图灵(1912—1954)提出的一种抽象计算模型，即将人们使用纸笔进行数学运算的过程进行抽象，由一个虚拟的机器替代人们进行数学运算。

所谓的图灵机就是指一个抽象的机器，它有一条无限长的纸带，纸带分成了一个一个的小方格，每个方格有不同的颜色。有一个机器头在纸带上移来移去。机器头有一组内部状态，还有一些固定的程序。在每个时刻，机器头都要从当前纸带上读入一个方格信息，然后结合自己的内部状态查找程序表，根据程序输出信息到纸带方格上，并转换自己的内部状态，然后进行移动。图灵机模型如图 6-1 所示。

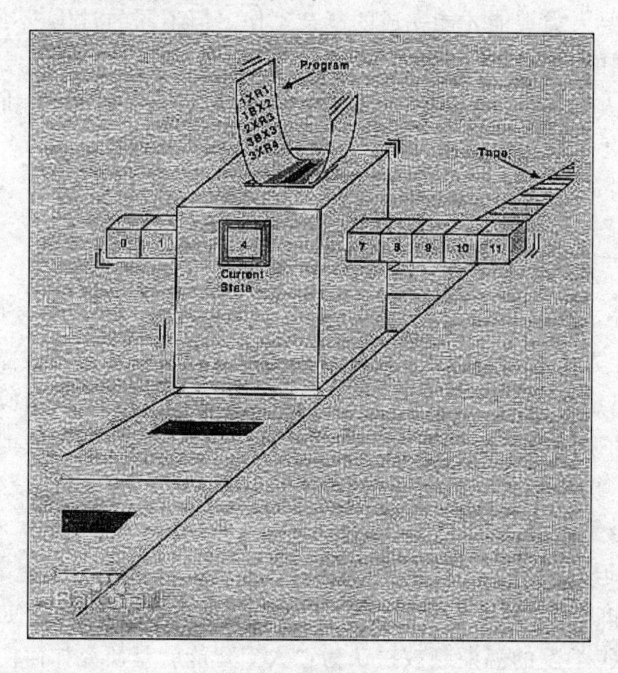

图 6-1 图灵机模型

图灵的基本思想是用机器来模拟人们用纸笔进行数学运算的过程，他把这样的过程看作下列两种简单的动作。

(1) 在纸上写上或擦除某个符号；

(2) 把注意力从纸的一个位置移动到另一个位置。

而在每个阶段，人要决定下一步的动作，依赖于此人当前所关注的纸上某个位置的符号和此人当前思维的状态。

为了模拟人的这种运算过程，图灵构造出一台假想的机器，该机器由以下几个部分组成：

(1) 一条无限长的纸带 TAPE。纸带被划分为一个接一个的小格子，每个格子上包含一个来自有限字母表的符号，字母表中有一个特殊的符号表示空白。纸带上的格子从左到右依次被编号为 0，1，2，…，纸带的右端可以无限伸展。

(2) 一个读写头 HEAD。该读写头可以在纸带上左右移动，它能读出当前所指的格子上的符号,并能改变当前格子上的符号。

(3) 一套控制规则 TABLE。它根据当前机器所处的状态以及当前读写头所指的格子上的符号来确定读写头下一步的动作,并改变状态寄存器的值,令机器进入一个新的状态。

(4) 一个状态寄存器。它用来保存图灵机当前所处的状态。图灵机的所有可能状态的数目是有限的,并且有一个特殊的状态,称为停机状态。

这个在概念上如此简单的机器,理论上却可以计算任何直观可计算的函数。图灵机作为计算机的理论模型,在有关计算理论和计算复杂性的研究方面得到广泛的应用。

人们还研究了图灵机的各种变形,如非确定的图灵机、多道图灵机、多带图灵机、多维图灵机、多头图灵机和带外部信息源的图灵机等。除极个别情形外,这些变形并未扩展图灵机的计算能力,它们计算的函数类与基本图灵机是相同的,但对研究不同类型的问题提供了方便的理论模型。例如,多带图灵机是研究计算复杂性理论的重要计算模型。人们还在图灵机的基础上提出了不同程度地近似于现代计算机的抽象机器,如具有随机访问存储器的程序机器等。

6.1.2 人工智能发展史

人工智能的传说可以追溯到古埃及,但随着 1941 年以来电子计算机的发展,技术已最终可以创造出机器智能,人工智能领域的研究是从 1956 年正式开始的,这一年在达特茅斯大学召开的会议上正式使用了“人工智能”(Artificial Intelligence,AI)这个术语,从那以后,研究者们发展了众多理论和原理,人工智能的概念也随之扩展。随后的几十年中,人们从问题求解、逻辑推理与定理证明、自然语言理解、博弈、自动程序设计、专家系统、学习以及机器人学等多个角度展开了研究,已经建立了一些具有不同程度人工智能的计算机系统,例如能够求解微分方程、设计分析集成电路、合成人类自然语言,而进行情报检索,提供语音识别、手写体识别的多模式接口,应用于疾病诊断的专家系统以及控制太空飞行器和水下机器人更加贴近我们的生活。1997 年 5 月,IBM 公司研制的深蓝(DEEP BLUE)计算机战胜了国际象棋大师卡斯帕洛夫(KASPAROV)。2016 年 3 月,由位于英国伦敦的谷歌(Google)旗下 DeepMind 公司研发的一款围棋人工智能程序 AlphaGo 以 4:1 的总比分战胜当时界围棋冠军、职业九段选手李世石,人工智能技术又是一次飞跃。

长久以来,人工智能对于普通人来说是那样的可望而不可及,然而它却吸引了无数研究人员为之奉献才智,从美国的麻省理工学院(MIT)、卡内基—梅隆大学(CMU)到 IBM 公司,再到日本的本田公司、SONY 公司以及国内的清华大学、中国科学院等科研院所,全世界的实验室都在进行着 AI 技术的实验。2001 年,著名导演斯蒂文·斯皮尔伯格还将这一主题搬上了银幕,科幻片《人工智能》(A. I.)对许多人的头脑又一次产生了震动,引起了一些人士了解并探索人工智能领域的兴趣。

人工智能的诞生:1943—1956 年

在 20 世纪 40 年代和 50 年代,来自不同领域(数学、心理学、工程学、经济学和政治学)的一批科学家开始探讨制造人工大脑的可能性。1956 年,人工智能被确立为一门学科。

最初的人工智能研究是 30 年代末到 50 年代初的一系列科学进展交汇的产物。神经学研究发现大脑是由神经元组成的电子网络,其激励电平只存在“有”和“无”两种状态,不存在中间状态。维纳的控制论描述了电子网络的控制和稳定性。克劳德·香农提出的信息论则描述了数字信号(即高低电平代表的二进制信号)。图灵的计算理论证明数字信号足以描述任何形式的计算。这些密切相关的想法暗示了构建电子大脑的可能性。

这一阶段的工作包括一些机器人的研发,例如,W Grey Walter 的"乌龟(turtles)",还有"约翰霍普金斯兽"(Johns Hopkins Beast)。这些机器并未使用计算机,数字电路和符号推理;控制它们的是纯粹的模拟电路。

1951 年,Christopher Strachey 使用曼彻斯特大学的 Ferranti Mark 1 机器写出了一个西洋跳棋(checkers)程序;Dietrich Prinz 则写出了一个国际象棋程序。Arthur Samuel 在 50 年代中期和 60 年代初开发的国际象棋程序的棋力已经可以挑战具有相当水平的业余爱好者。游戏 AI 一直被认为是评价 AI 进展的一种标准。

1950 年,图灵发表了一篇划时代的论文,文中预言了创造出具有真正智能的机器的可能性。由于注意到"智能"这一概念难以确切定义,他提出了著名的图灵测试:如果一台机器能够与人类展开对话(通过电传设备)而不能被辨别出其机器身份,那么称这台机器具有智能。这一简化使得图灵能够令人信服地说明"思考的机器"是可能的。论文中还回答了对这一假说的各种常见质疑。图灵测试是人工智能哲学方面第一个严肃的提案。

1955 年,Newell 和(后来荣获诺贝尔奖的)Simon 在 J. C. Shaw 的协助下开发了"逻辑理论家(Logic Theorist)"。这个程序能够证明《数学原理》中前 52 个定理中的 38 个,其中某些证明比原著更加新颖和精巧。Simon 认为他们已经"解决了神秘的心/身问题,解释了物质构成的系统如何获得心灵的性质。"

1956 年达特矛斯会议的组织者是 Marvin Minsky,约翰·麦卡锡和另两位资深科学家 Claude Shannon 以及 Nathan Rochester,后者来自 IBM。会议提出的断言之一是"学习或者智能的任何其他特性的每一个方面都应能被精确地加以描述,使得机器可以对其进行模拟。"与会者包括 Ray Solomonoff、Oliver Selfridge、Trenchard More、Arthur Samuel、Newell 和 Simon,他们中的每一位都将在 AI 研究的第一个十年中作出重要贡献。会上纽厄尔和西蒙讨论了"逻辑理论家",而麦卡锡则说服与会者接受"人工智能"一词作为本领域的名称。1956 年达特矛斯会议上 AI 的名称和任务得以确定,同时出现了最初的成就和最早的一批研究者,因此这一事件被广泛承认为 AI 诞生的标志。

黄金年代:1956—1974 年

达特茅斯会议之后的数年是大发现的时代。对许多人而言,这一阶段开发出的程序堪称神奇:计算机可以解决代数应用题、证明几何定理、学习和使用英语。当时大多数人几乎无法相信机器能够如此"智能"。研究者们在私下的交流和公开发表的论文中表达出相当乐观的情绪,认为具有完全智能的机器将在二十年内出现。ARPA(国防高等研究计划署)等政府机构向这一新兴领域投入了大笔资金。

从 50 年代后期到 60 年代涌现了大批成功的 AI 程序和新的研究方向。下面列举其中最具影响的几个。

许多 AI 程序使用相同的基本算法。为实现一个目标(例如,赢得游戏或证明定理),它们一步步地前进,就像在迷宫中寻找出路一般;如果遇到了死胡同则进行回溯。这就是"搜索式推理"。

这一思想遇到的主要困难是:在很多问题中,"迷宫"里可能的线路总数是一个天文数字(所谓"指数爆炸")。研究者使用启发式算法去掉那些不太可能导出正确答案的支路,从而缩小搜索范围。

Newell 和 Simon 试图通过其"通用解题器(General Problem Solver)"程序，将这一算法推广到一般情形。另一些基于搜索算法证明几何与代数问题的程序也给人们留下了深刻印象，例如 Herbert Gelernter 的几何定理证明机(1958)和 Minsky 的学生 James Slagle 开发的 SAINT(1961)。还有一些程序通过搜索目标和子目标作出决策，如斯坦福大学为控制机器人 Shakey 而开发的 STRIPS 系统。

AI 研究的一个重要目标是使计算机能够通过自然语言(例如，英语)进行交流。早期的一个成功范例是 Daniel Bobrow 的程序 STUDENT，它能够解决高中程度的代数应用题。

60 年代后期，麻省理工学院 AI 实验室的 Marvin Minsky 和 Seymour Papert 建议 AI 研究者们专注于被称为"微世界"的简单场景。他们指出在成熟的学科中往往使用简化模型帮助基本原则的理解，例如物理学中的光滑平面和完美刚体。许多这类研究的场景是"积木世界"，其中包括一个平面，上面摆放着一些不同形状，尺寸和颜色的积木。

在这一指导思想下，Gerald Sussman(研究组长)，Adolfo Guzman，David Waltz("约束传播(constraint propagation)"的提出者)，特别是 Patrick Winston 等人在机器视觉领域作出了创造性贡献。同时，Minsky 和 Papert 制作了一个会搭积木的机器臂，从而将"积木世界"变为现实。微世界程序的最高成就是 Terry Winograd 的 SHRDLU，它能用普通的英语句子与人交流，还能作出决策并执行操作。

第一代 AI 研究者们曾作出了如下预言。

1958 年，H. A. Simon，Allen Newell："十年之内，数字计算机将成为国际象棋世界冠军。""十年之内，数字计算机将发现并证明一个重要的数学定理。"

1965 年，H. A. Simon："二十年内，机器将能完成人能做到的一切工作。"

1967 年，Marvin Minsky："一代之内……创造'人工智能'的问题将获得实质上的解决。"

1970 年，Marvin Minsky："在三到八年的时间里我们将得到一台具有人类平均智能的机器。"

第一次 AI 低谷：1974—1980 年

到了 70 年代，AI 开始遭遇批评，随之而来的还有资金上的困难。AI 研究者们对其课题的难度未能作出正确判断：此前的过于乐观使人们期望过高，当承诺无法兑现时，对 AI 的资助就缩减或取消了。同时，由于 Marvin Minsky 对感知器的激烈批评，联结主义(即神经网络)销声匿迹了十年。70 年代后期，尽管遭遇了公众的误解，AI 在逻辑编程，常识推理等一些领域还是有所进展。

70 年代初，AI 遭遇了瓶颈。即使是最杰出的 AI 程序也只能解决它们尝试解决的问题中最简单的一部分，也就是说所有的 AI 程序都只是"玩具"。AI 研究者们遭遇了无法克服的基础性障碍。尽管某些局限后来被成功突破，但许多至今仍无法满意地解决。

(1) 计算机的运算能力。当时的计算机有限的内存和处理速度不足以解决任何实际的 AI 问题。例如，Ross Quillian 在自然语言方面的研究结果只能用一个含 20 个单词的词汇表进行演示，因为内存只能容纳这么多。1976 年 Hans Moravec 指出，计算机离智能的要求还差上百万倍。他做了个类比：人工智能需要强大的计算能力，就像飞机需要大功率动力一样，低于一个门限时是无法实现的；但是随着能力的提升，问题逐渐会变得简单。

(2) 计算复杂性和指数爆炸。1972 年 Richard Karp 根据 Stephen Cook 于 1971 年提出的 Cook－Levin 理论证明，许多问题只可能在指数时间内获解(即计算时间与输入规模的幂成正比)。除了那些最简单的情况，这些问题的解决需要近乎无限长的时间。这就意味着 AI 中的许多玩具程序恐怕永远也不会发展为实用的系统。

(3) 常识与推理。许多重要的 AI 应用，例如机器视觉和自然语言，都需要大量对世界的认识信息。程序应该知道它在看什么，或者在说些什么。这要求程序对这个世界具有儿童水平的认识。研究者们很快发现这个要求太高了：1970 年没人能够做出如此巨大的数据库，也没人知道一个程序怎样才能学到如此丰富的信息。

(4) 莫拉维克悖论。证明定理和解决几何问题对计算机而言相对容易，而一些看似简单的任务，如人脸识别或穿过屋子，实现起来却极端困难。这也是 70 年代中期机器视觉和机器人方面进展缓慢的原因。

(5) 框架和资格问题。采取逻辑观点的 AI 研究者们(例如 John McCarthy)发现，如果不对逻辑的结构进行调整，他们就无法对常见的涉及自动规划(planning or default reasoning)的推理进行表达。为解决这一问题，他们发展了新逻辑学(如非单调逻辑(non－monotonic logics)和模态逻辑(modal logics))。

由于缺乏进展，对 AI 提供资助的机构(如英国政府、DARPA 和 NRC)对无方向的 AI 研究逐渐停止了资助。早在 1966 年 ALPAC(Automatic Language Processing Advisory Committee，自动语言处理顾问委员会)的报告中就有批评机器翻译进展的意味，预示了这一局面的来临。NRC(National Research Council，美国国家科学委员会)在拨款二千万美元后停止资助。1973 年 Lighthill 针对英国 AI 研究状况的报告批评了 AI 在实现其“宏伟目标”上的完全失败，并导致了英国 AI 研究的低潮(该报告特别提到了指数爆炸问题，以此作为 AI 失败的一个原因)。DARPA 则对 CMU 的语音理解研究项目深感失望，从而取消了每年三百万美元的资助。到了 1974 年已经很难再找到对 AI 项目的资助。

繁荣：1980—1987 年

在 80 年代，一类名为“专家系统”的 AI 程序开始为全世界的公司所采纳，而“知识处理”成为了主流 AI 研究的焦点。日本政府在同一年代积极投资 AI 以促进其第五代计算机工程。80 年代早期另一个令人振奋的事件是 John Hopfield 和 David Rumelhart 使联结主义重获新生。AI 再一次获得了成功。

专家系统是一种程序，能够依据一组从专门知识中推演出的逻辑规则在某一特定领域回答或解决问题。最早的示例由 Edward Feigenbaum 和他的学生们开发。1965 年起设计的 Dendral 能够根据分光计读数分辨混合物。1972 年设计的 MYCIN 能够诊断血液传染病。它们展示了这一方法的威力。

专家系统仅限于一个很小的知识领域，从而避免了常识问题；其简单的设计又使它能够较为容易地编程实现或修改。总之，实践证明了这类程序的实用性。直到现在 AI 才开始变得实用起来。

1980 年 CMU 为 DEC(Digital Equipment Corporation，数字设备公司)设计了一个名为 XCON 的专家系统，这是一个巨大的成功。在 1986 年之前，它每年为公司省下四千万美元。全世界的公司都开始研发和应用专家系统，到 1985 年它们已在 AI 上投入十亿美元以上，大部分用于公司内设的 AI 部门。为之提供支持的产业应运而生，其中包括 Symbolics、

Lisp Machines 等硬件公司和 IntelliCorp、Aion 等软件公司。

专家系统的能力来自于它们存储的专业知识。这是 70 年代以来 AI 研究的一个新方向。Pamela McCorduck 在书中写道，“不情愿的 AI 研究者们开始怀疑，因为它违背了科学研究中对最简化的追求。智能可能需要建立在对分门别类的大量知识的多种处理方法之上。”“70 年代的教训是智能行为与知识处理关系非常密切。有时还需要在特定任务领域非常细致的知识。”知识库系统和知识工程成为 80 年代 AI 研究的主要方向。

第一个试图解决常识问题的程序 Cyc 也在 80 年代出现，其方法是建立一个容纳一个普通人知道的所有常识的巨型数据库。发起和领导这一项目的 Douglas Lenat 认为别无捷径，让机器理解人类概念的唯一方法是一个一个地教会它们。这一工程几十年也没有完成。

第二次 AI 低谷：1987—1993 年

80 年代中商业机构对 AI 的追捧与冷落符合经济泡沫的经典模式，泡沫的破裂也在政府机构和投资者对 AI 的观察之中。尽管遇到各种批评，这一领域仍在不断前进。来自机器人学这一相关研究领域的 Rodney Brooks 和 Hans Moravec 提出了一种全新的人工智能方案。

“AI 之冬(en：AI winter)”一词由经历过 1974 年经费削减的研究者们创造出来。他们注意到了对专家系统的狂热追捧，预计不久后人们将转向失望。事实被他们不幸言中：从 80 年代末到 90 年代初，AI 遭遇了一系列财政问题。

变天的最早征兆是 1987 年 AI 硬件市场需求的突然下跌。Apple 和 IBM 生产的台式机性能不断提升，到 1987 年时其性能已经超过了 Symbolics 和其他厂家生产的昂贵的 Lisp 机。老产品失去了存在的理由：一夜之间这个价值五亿美元的产业土崩瓦解。

XCON 等最初大获成功的专家系统维护费用居高不下。它们难以升级、难以使用、脆弱(当输入异常时会出现莫名其妙的错误)，成了以前已经暴露的各种各样的问题的牺牲品。专家系统的实用性仅仅局限于某些特定情景。

到了 80 年代晚期，战略计算促进会大幅削减对 AI 的资助。DARPA 的新任领导认为 AI 并非“下一个浪潮”，拨款将倾向于那些看起来更容易出成果的项目。

1991 年人们发现十年前日本人宏伟的“第五代工程”并没有实现。事实上其中一些目标，比如“与人展开交谈”，直到 2010 年也没有实现。与其他 AI 项目一样，期望比真正可能实现的要高得多。

80 年代后期，一些研究者根据机器人学的成就提出了一种全新的人工智能方案。他们相信，为了获得真正的智能，机器必须具有躯体——它需要感知、移动、生存、与这个世界交互。他们认为这些感知运动技能对于常识推理等高层次技能是至关重要的，而抽象推理不过是人类最不重要，也最无趣的技能。他们号召“自底向上”地创造智能，这一主张复兴了从 60 年代就沉寂下来的控制论。

另一位先驱是在理论神经科学上造诣深厚的 David Marr，他于 70 年代来到 MIT 指导视觉研究组的工作。他排斥所有符号化方法(不论是 McCarthy 的逻辑学还是 Minsky 的框架)，认为实现 AI 需要自底向上地理解视觉的物理机制，而符号处理应在此之后进行。

在发表于 1990 年的论文“大象不玩象棋(Elephants Don’t Play Chess)”中，机器人研究者 Rodney Brooks 提出了“物理符号系统假设”，认为符号是可有可无的，因为“这个世界就是描述它自己最好的模型。它总是最新的。它总是包括了需要研究的所有细节。诀窍在于正确地,足够频繁地感知它。”在80年代和90年代也有许多认知科学家反对基于符号处理的智能模型,认为身体是推理的必要条件,这一理论被称为“具身的心灵/理性/认知(embodied mind/reason/cognition)”论题。

AI:1993 年至今

现已年过半百的AI终于实现了它最初的一些目标。它已被成功地用在技术产业中,不过有时是在幕后。这些成就有的归功于计算机性能的提升,有的则是在高尚的科学责任感驱使下对特定的课题不断追求而获得的。不过,至少在商业领域里AI的声誉已经不如往昔了。“实现人类水平的智能”这一最初的梦想曾在60年代令全世界的想象力为之着迷,其失败的原因至今仍众说纷纭。各种因素的合力将AI拆分为各自为战的几个子领域,有时候它们甚至会用新名词来掩饰“人工智能”这块被玷污的金字招牌。AI比以往的任何时候都更加谨慎,却也更加成功。

6.2 人工智能应用

人工智能没有社会性,没有人类的意识所特有的能动的创造能力,纯系无意识的机械的物理的过程。正因为如此它一直处在计算机技术的前沿,同时它的理论和发现在很大程度上将决定计算机技术的发展方向。

人工智能的实现方式有两种:第一种叫作工程学方法(Engineering approach),是采用传统的编程技术,使系统呈现智能的效果,而不考虑所用方法是否与人或动物机体所用的方法相同。它已在一些领域内做出了成果,如文字识别、电脑下棋等。第二种是模拟法(Modeling approach),它不仅要看效果,还要求实现方法也和人类或生物机体所用的方法相同或相类似。第一种方法需要人工详细规定程序逻辑,如果游戏简单,还是方便的。如果游戏复杂,角色数量和活动空间增加,相应的逻辑就会很复杂(按指数式增长),人工编程就非常烦琐,容易出错。而一旦出错,就必须修改原程序,重新编译、调试,最后为用户提供一个新的版本或提供一个新补丁,非常麻烦。采用第二种方法时,编程者要为每一角色设计一个智能系统(一个模块)来进行控制,这个智能系统(模块)开始什么也不懂,就像初生婴儿那样,但它能够学习,能渐渐地适应环境,应付各种复杂情况。

人工智能应用于企业管理的意义不在于提高效率,而是用计算机实现人们非常需要做,但工业工程信息却做不了或很难做到的事。智能教学系统(ITS)是人工智能与教育结合的主要形式。也是今后教学系统的发展方向。信息技术的飞速发展和新的教学体系开发模式的提出和不断完善,推动人们综合运用媒体技术、网络基础和人工智能技术开发新的教学体系。计算机智能教学体系就是其中的代表。

医学专家系统是人工智能与专家系统理论和技术在医学领域中的重要应用,具有极大的科研价值和应用价值,它可以帮助医生解决复杂的医学问题,作为医生诊断、治疗的辅助工具。目前,医学智能系统通过其在医学影像方面的重要应用,将其应用在其他医学领域中,并将其不断完善和发展。地质勘探、石油化工等领域是人工智能的主要发挥作用的领地。在超声无损检测(NDT)和无损评价(NDE)领域中,目前主要采用专家系统方法对超声损伤(UT)中缺陷的性质、形状、大小进行判断和分类。人工智能在电子技术领域的应用可谓由来已久。随着网络的迅速发展,网络技术的安全是我们关心的重点。因此,我们必须在传统技术的基础上进行技术的改进和变更，大力发展数据控制技术和人工免疫技术等高效的人工智能技术，以及开发更高级的AI通用和专用语言。另外，人工智能应用领域还有智能控制、专家系统、机器人学、语言和图像理解、遗传编程、机器人工厂等方面。

6.2.1　机器人

机器人(Robot)是自动执行工作的机器装置。它既可以接受人类指挥，又可以运行预先编排的程序，也可以根据以人工智能技术制定的原则纲领行动。它的任务是协助或取代人类工作的工作，例如生产业、建筑业，或是危险的工作。

国际上对机器人的概念已经逐渐趋近一致。一般来说，人们都可以接受这种说法，即机器人是靠自身动力和控制能力来实现各种功能的一种机器。联合国标准化组织采纳了美国机器人协会给机器人下的定义："一种可编程和多功能的操作机；或是为了执行不同的任务而具有可用电脑改变和可编程动作的专门系统。"它能为人类带来许多方便之处。

诞生于科幻小说之中一样，人们对机器人充满了幻想。也许正是由于机器人定义的模糊，才给了人们充分的想象和创造空间。

(1) 机器人发展历史

智能型机器人是最复杂的机器人，也是人类最渴望能够早日制造出来的机器朋友。然而要制造出一台智能机器人并不容易，仅仅是让机器模拟人类的行走动作，科学家们就要付出了数十甚至上百年的努力。

1920年，捷克斯洛伐克作家卡雷尔·恰佩克在他的科幻小说中，根据Robota(捷克文，原意为"劳役、苦工")和Robotnik(波兰文，原意为"工人")，创造出"机器人"这个词。

1939年，美国纽约世博会上展出了西屋电气公司制造的家用机器人Elektro。它由电缆控制，可以行走，会说77个字，甚至可以抽烟，不过离真正干家务活还差得远。但它让人们对家用机器人的憧憬变得更加具体。

1942年，美国科幻巨匠阿西莫夫提出"机器人三定律"，后来成为学术界默认的研发原则。定律1：机器人必须遵循人的命令，除非违背第一定律。定律2：机器人不得伤害人，亦不得因不作为而致人伤害。定律3：机器人必须保护自己，除非违背第一或第二定律。

1948年，诺伯特·维纳出版《控制论——关于在动物和机中控制和通讯的科学》，阐述了机器中的通信和控制机能与人的神经、感觉机能的共同规律，率先提出以计算机为核心的自动化工厂。

1954年，在达特茅斯会议上，马文·明斯基提出了他对智能机器的看法：智能机器"能够创建周围环境的抽象模型，如果遇到问题，能够从抽象模型中寻找解决方法"。这个定义影响到以后30年智能机器人的研究方向。

1956年，美国人乔治·德沃尔制造出世界上第一台可编程的机器人，并注册了专利。这种机械手能按照不同的程序从事不同的工作，因此具有通用性和灵活性。

1959年，德沃尔与美国发明家约瑟夫·英格伯格联手制造出第一台工业机器人。随后，成立了世界上第一家机器人制造工厂——Unimation公司。由于英格伯格对工业机器人的研发和宣传，他也被称为"工业机器人之父"。

1962年，美国AMF公司生产出"VERSTRAN"(意思是万能搬运)，与Unimation公司生产的Unimate一样成为真正商业化的工业机器人，并出口到世界各国，掀起了全世界对机器人和机器人研究的热潮。

1962—1963年，传感器的应用提高了机器人的可操作性。人们试着在机器人上安装各种各样的传感器，包括1961年恩斯特采用的触觉传感器，托莫维奇和博尼1962年在世界上最早的“灵巧手”上用到了压力传感器，而麦卡锡1963年则开始在机器人中加入视觉传感系统，并在1964年，帮助MIT推出了世界上第一个带有视觉传感器，能识别并定位积木的机器人系统。

1965年，约翰·霍普金斯大学应用物理实验室研制出Beast机器人。Beast已经能通过声呐系统、光电管等装置，根据环境校正自己的位置。20世纪60年代中期开始，美国麻省理工学院、斯坦福大学、英国爱丁堡大学等陆续成立了机器人实验室。美国兴起研究第二代带传感器、“有感觉”的机器人，并向人工智能进发。

1968年，美国斯坦福研究所公布他们研发成功的机器人Shakey。它带有视觉传感器，能根据人的指令发现并抓取积木，不过控制它的计算机有一个房间那么大。Shakey可以算是世界第一台智能机器人，拉开了第三代机器人研发的序幕。

1969年，日本早稻田大学加藤一郎实验室研发出第一台以双脚走路的机器人。加藤一郎长期致力于研究仿人机器人，被誉为“仿人机器人之父”。日本专家一向以研发仿人机器人和娱乐机器人的技术见长，后来更进一步，催生出本田公司的ASIMO和索尼公司的QRIO，如图6-2所示。

图6-2　索尼公司QRIO机器人

1973年，世界上第一次机器人和小型计算机携手合作，就诞生了美国Cincinnati Milacron公司的机器人T3。

1978年，美国Unimation公司推出通用工业机器人PUMA，这标志着工业机器人技术已经完全成熟。PUMA至今仍然工作在工厂第一线。

1984年，英格伯格再推机器人Helpmate，这种机器人能在医院里为病人送饭、送药、送邮件。同年，他还预言：“我要让机器人擦地板，做饭，出去帮我洗车，检查安全”。

1990年，中国著名学者周海中教授在《论机器人》一文中预言：到21世纪中叶，纳米机器人将彻底改变人类的劳动和生活方式。

1998年，丹麦乐高公司推出机器人(Mind-storms)套件，让机器人制造变得跟搭积木一样，相对简单又能任意拼装，使机器人开始走入个人世界。

1999年，日本索尼公司推出犬型机器人爱宝(AIBO)，当即销售一空，从此娱乐机器人成为机器人迈进普通家庭的途径之一。

2002年，美国iRobot公司推出了吸尘器机器人Roomba，它能避开障碍，自动设计行进路线，还能在电量不足时，自动驶向充电座。Roomba是目前世界上销量最大、最商业化的家用机器人。iRobot公司北京区授权代理商：北京微网智宏科技有限公司。

2006年6月，微软公司推出Microsoft Robotics Studio，机器人模块化、平台统一化的趋势越来越明显，比尔·盖茨预言，家用机器人很快将席卷全球。

如今机器人发展的特点可概括为：横向上，应用面越来越宽。由95%的工业应用扩展到更多领域的非工业应用。像做手术、采摘水果、剪枝、巷道掘进、侦查、排雷，还有空间机器人、潜海机器人。机器人应用无限制，只要能想到的，就可以去创造实现；纵向上，机器人的种类会越来越多，像进入人体的微型机器人，已成为一个新方向，可以小到像一个米粒般大小；机器人智能化得到加强，机器人会更加聪明。

(2) 机器人分类

中国的机器人专家从应用环境出发，将机器人分为两大类，即工业机器人和特种机器人。所谓工业机器人就是面向工业领域的多关节机械手或多自由度机器人。而特种机器人则是除工业机器人之外的、用于非制造业并服务于人类的各种先进机器人，包括服务机器人、水下机器人、娱乐机器人、军用机器人、农业机器人、机器人化机器等。在特种机器人中，有些分支发展很快，有独立成体系的趋势，如服务机器人、水下机器人、军用机器人、微操作机器人等。国际上的机器人学者，从应用环境出发将机器人也分为两类：制造环境下的工业机器人和非制造环境下的服务与仿人型机器人，这和中国的分类是一致的。

空中机器人又叫无人机器，在军用机器人家族中，无人机是科研活动最活跃、技术进步最大、研究及采购经费投入最多、实战经验最丰富的领域。80多年来，世界无人机的发展基本上是以美国为主线向前推进的，无论从技术水平还是无人机的种类和数量来看，美国均居世界之首位。

随着计算机技术和人工智能技术的飞速发展，使机器人在功能和技术层次上有了很大的提高，移动机器人和机器人的视觉和触觉等技术就是典型的代表。由于这些技术的发展，推动了机器人概念的延伸。80年代，将具有感觉、思考、决策和动作能力的系统称为智能机器人，这是一个概括的、含义广泛的概念。这一概念不但指导了机器人技术的研究和应用，而且又赋予了机器人技术向深广发展的巨大空间，水下机器人、空间机器人、空中机器人、地面机器人、微小型机器人等各种用途的机器人相继问世，许多梦想成为现实。将机器人的技术(如传感技术、智能技术、控制技术等)扩散和渗透到各个领域形成了各式各样的新机器——机器人化机器。当前与信息技术的交互和融合又产生了“软件机器人”“网络机器人”的名称，这也说明了机器人所具有的创新活力。

① 操作型：能自动控制，可重复编程，多功能，有几个自由度，可固定或运动，用于相关自动化系统中。

② 程控型：预先要求的顺序及条件，依次控制机器人的机械动作。

③ 数控型：不必使机器人动作，通过数值、语言等对机器人进行示教，机器人根据示教后的信息进行作业。

④ 搜救类:在大型灾难后,能进入人进入不了的废墟中,用红外线扫描废墟中的景象,把信息传送给在外面的搜救人员。

⑤ 示教再现型:通过引导或其他方式,先教会机器人动作,输入工作程序,机器人则自动重复进行作业。

⑥ 感觉控制型:利用传感器获取的信息控制机器人的动作。

⑦ 适应控制型:能适应环境的变化,控制其自身的行动。

⑧ 学习控制型:能“体会”工作的经验,具有一定的学习功能,并将所“学”的经验用于工作中。

⑨ 智能:以人工智能决定其行动的机器人。

(3) 机器人的特种功能

机器警察所谓地面军用机器人是指在地面上使用的机器人系统,它们不仅在和平时期可以帮助民警排除炸弹、完成要地保安任务,在战时还可以代替士兵执行扫雷、侦察和攻击等各种任务,今天美、英、德、法、日等国均已研制出多种型号的地面军用机器人。

在西方国家中,恐怖活动始终是个令当局头疼的问题。英国由于民族矛盾,饱受爆炸物的威胁,因而早在60年代就研制成功排爆机器人,如图6-3所示。英国研制的履带式“手推车”及“超级手推车”排爆机器人,已向50多个国家的军警机构售出了800台以上。英国又将手推车机器人加以优化,研制出土拨鼠及野牛两种遥控电动排爆机器人,英国皇家工程兵在波黑及科索沃都用它们探测及处理爆炸物。土拨鼠重35千克,在桅杆上装有两台摄像机。野牛重210千克,可携带100千克负载。两者均采用无线电控制系统,遥控距离约1千米。

图6-3 排爆用机器人

除了恐怖分子安放的炸弹外,在世界上许多战乱国家中,到处都散布着未爆炸的各种弹药。例如,海湾战争后的科威特,就像一座随时可能爆炸的弹药库。在伊科边境一万多平方公里的地区内,有16个国家制造的25万颗地雷,85万发炮弹,以及多国部队投下的布雷弹及子母弹的2 500万颗子弹,其中至少有20%没有爆炸。而且直到现在,在许多国家中甚至还残留有一次大战和二次大战中未爆炸的炸弹和地雷。因此,爆炸物处理机器人的需求量是很大的。

排除爆炸物机器人有轮式的及履带式的,它们一般体积不大,转向灵活,便于在狭窄的地方工作,操作人员可以在几百米到几千米以外通过无线电或光缆控制其活动。机器人车上一般装有多台彩色CCD摄像机用来对爆炸物进行观察;一个多自由度机械手,用它的手爪或夹钳可将爆炸物的引信或雷管拧下来,并把爆炸物运走;车上还装有猎枪,利用激光指示器瞄准后,它可把爆炸物的定时装置及引爆装置击毁;有的机器人还装有高压水枪,可以切割爆炸物。

在法国,空军、陆军和警察署都购买了Cybernetics公司研制的TRS200中型排爆机器人。DM公司研制的RM35机器人也被巴黎机场管理局选中。德国驻波黑的维和部队则装备了Telerob公司的MV4系列机器人。中国沈阳自动化所研制的PXJ-2机器人也加入了公安部队的行列。

美国 Remotec 公司的 Andros 系列机器人受到各国军警部门的欢迎，白宫及国会大厦的警察局都购买了这种机器人。在南非总统选举之前，警方购买了四台 AndrosVIA 型机器人，它们在选举过程中总共执行了 100 多次任务。Andros 机器人可用于小型随机爆炸物的处理，它是美国空军客机及客车上使用的唯一的机器人。海湾战争后，美国海军也曾用这种机器人在沙特阿拉伯和科威特的空军基地清理地雷及未爆炸的弹药。美国空军还派出 5 台 Andros 机器人前往科索沃，用于爆炸物及子炮弹的清理。空军每个现役排爆小队及航空救援中心都装备有一台 Andros VI。

排爆机器人不仅可以排除炸弹，利用它的侦察传感器还可监视犯罪分子的活动。监视人员可以在远处对犯罪分子昼夜进行观察，监听他们的谈话，不必暴露自己就可对情况了如指掌。1993 年年初，在美国发生了韦科庄园教案，为了弄清教徒们的活动，联邦调查局使用了两种机器人。一种是 Remotec 公司的 AndrosVA 型和 Andros MarkVIA 型机器人，另一种是 RST 公司研制的 STV 机器人。如图 6-4 所示。STV 是一辆 6 轮遥控车，采用无线电及光缆通信。车上有一个可升高到 4.5 米的支架，上面装有彩色立体摄像机、昼用瞄准具、微光夜视瞄具、双耳音频探测器、化学探测器、卫星定位系统、目标跟踪用的前视红外传感器等。该车仅需一名操作人员，遥控距离达 10 千米。在这次行动中共出动了 3 台 STV，操作人员遥控机器人行驶到距庄园 548 米的地方停下来，升起车上的支架，利用摄像机和红外探测器向窗内窥探，联邦调查局的官员们围着荧光屏观察传感器发回的图像，可以把屋里的活动看得一清二楚。

图 6-4　极限作业机器人

(4) 中国大会使用过的机器人

福娃：2008 年奥运会，福娃机器人出现在北京首都机场，它能够感应到一米范围内的游客，与人对话、摄影留念、唱歌舞蹈，还能回答与奥运会相关的问题，如图 6-5 所示。

海宝：海宝机器人实现的功能有迎宾服务、语音服务、信息服务、照相服务、导航服务等。海宝可以自动进入迎宾状态，采用中英语言做初始问候。请来宾在触摸屏上选择服务语种，包括中英双语，再次进行热情问候和自我介绍。流畅的肢体运动实现动感十足的拟人交流。在海宝的引导下，游客可以与海宝进行语言交互及问答。配合肢体动作、声光电效应营造出动人的时尚感。提供世博会信息平台服务，为来宾介绍上海世博会情况、世博会各场馆介绍。为来宾介绍机场、车站附近可换乘的公交路线及著名景点，以及播报近期天气信息等。

图 6-5　福娃机器人

在欢迎来宾后/监测到游客长期伫立身侧/在某些景点，海宝会主动询问游客是否需要照相服务，包括：与游客合影、为游客拍照。在准备合影过程中，机器人会随机摆出可爱的姿势与表情，并询问参与者是否满意。若游客提议“换一个”，机器人会更换另一姿势；游客表示“好的”等满意评价后，机器人还会询问参与者是否已经准备好，得到肯定的答复后便和参与者一起倒数准备拍照。游客通过触摸屏选择也可触发海宝的照相服务。海宝将语音引导参与者站到指定的位置进行拍照。拍照时，可基于人体检测和人脸检测实现自动对焦。参与者可在机器人触摸屏上看到所拍摄的照片，若对照片不满意，参与者可选择进行重拍。提供大头贴照相效果服务，利用人物提取、背景融合等技术为相片添加世博主题相关的趣味特效，游客可选择采用何种特效，特效处理结果可实时显示可在服务中心打印照片，或者将照片传到网上，供游客下载。通过友善可爱的语言提醒并控制单次服务时间。无论室内室外，海宝可随时知道自己的准确位置海宝通过语音交互或触摸屏选择获知游客目的地。为游客规划一条最便捷的到达路径。可表演多种舞蹈：中国特色舞蹈、中国各民族舞蹈、各国风情舞蹈、讲笑话/说故事、歌曲。室内外、展区间，机器人在完成了本区间的引领任务后，会将游客带领至下一区间的服务机器人处。下一区间的服务机器人将继续引领，直至游客到达目的地。机器人电量低、检修、故障时，可自动召唤备用机器人前来换岗；可设计具有较强观赏性的机器人定时换岗仪式。海宝家族的兄弟姐妹们可以一同协作，完成群体舞蹈或队列表演。

(5) 机器人的未来发展

现代高端科技研制的各种类型机器人，已经在众多的领域得到较广泛的应用，占有举足轻重的地位。科学在不断地发展，机器人制造工艺的各项性能水平也在不断地得到提升。从较早期只能执行简单程序、重复简单动作的工业机器人，发展到如今装载智能程序有较强智能表现的智能机器人，以及正在努力研制的具备犹如人类复杂意识般的意识化机器人。

机器人的发展史犹如人类的文明和进化史，在不断地向着更高级发展。从原则上说，意识化机器人已是机器人的高级形态，不过意识又可划分为简单意识和复杂意识之类。对于人类来说，是具有非常完美的复杂意识，而现代所谓的意识机器人，最多只是简单化意识，对于未来意识化智能机器人很可能的几大发展趋势，在这里概括性地分析如下。

① 语言交流功能越来越完美

智能机器人，既然已经被赋予“人”的特殊涵义，那当然需要有比较完美的语言功能，这样就能与人类进行一定的，甚至完美的语言交流，所以机器人语言功能的完善是一个非常重要的环节。

现代智能机器人的语言功能，主要是依赖于其内部存储器内预先储存大量的语音语句和文字词汇语句，其语言的能力取决于数据库内储存语句量的大小，以其储存的语言范围。如果与人类进行语言交流时，人类所提问的问题超过其数据库范围，那机器人很可能会答非所问，或者回答不知道，或者一直按统一的设定语句回答，还有相关的文字聊天机器人也一样。

从这方面来说，显然数据库词汇量越大的机器人，其聊天能力也会越强，这如同人类学习知识一般，学习的知识越多，知道得越多，掌握的技能也会越多，表达的能力也相对越强。由此我们可以进一步这样设想，假设机器人储存的聊天语句足够多的话，能涵盖所有的词汇、语句，那么机器人就有可能与常人的聊天能力相媲美，甚至还要强。此时的机器人相当于具有更广的知识面，虽然机器人可能并不清楚聊天语句的真正涵义。

对于未来智能机器人的语言交流功能会越来越完美化，是一个必然性趋势，在人类的完美设计程序下，它们能轻松地掌握多个国家的语言，远高于人类的学习能力。那机器人是怎样掌握的呢？方式很简易化，因为机器人主要是以内部储存的语言库进行交流，在未来互联网上很可能会建立一个对应于世界多个国家的机器人语言库下载网站。进入网站后，可以看到每个国家的语言包下载连接，语言包中将对应几乎所有的词汇、语句及相关的纯正发音和详细的解释。

所以，每个语言包理论上的容量都是非常大的，可能达到几百 GB 吧，这对人类来说制作语言包是极费时、费精力的工作，为此需要许多人类的参与才能顺利组建。而对未来机器人巨大的储存量，只需轻松地下载这些语言包，解压后就能瞬间掌握某个国家的语言，多下载、多掌握。这相比人类学习任何一种语言都得花费极大的时间和精力，人类只能自叹弗如了。

另外，机器人还能进行自我的语言词汇重组能力，就是当人类与之交流时，若遇到语言包程序中没有的语句或词汇时，可以自动地用相关的或相近意思词组，按句子的结构重组成一句新句子来回答，这也相当于类似人类的学习能力和逻辑能力，是一种意识化的表现。

② 各种动作的完美化

机器人的动作是相对于模仿人类动作来说的，我们知道人类能做的动作是极具多样化的，招手、握手、走、跑、跳等各种手势，都是人类的惯用动作。现代智能机器人虽也能模仿人的部分动作，不过相对是有点僵化的感觉，或者动作是比较缓慢的。未来机器人将以更灵活的类似人类的关节和仿真人造肌肉，使其动作更像人类，模仿人的所有动作，甚至做得更有形将成为可能。还有可能作出一些普通人很难做出的动作，如平地翻跟斗、倒立等。

③ 外形越来越酷似人类

科学家们研制越来越高级的智能机器人，是主要以人类自身形体为参照对象的。自然先需有一个很仿真的人型外表是首要前提，在这一方面日本应该是相对领先的，国内也是非常优秀的。当几近完美的人造皮肤、人造头发、人造五官等恰到好处地遮盖于金属内在的机器人身上时，站在那里还配以人类的完美化正统手势。这样从远处乍一看，还真的会误以为是一个大活人。当走近时，细看才发现原来只是个机器人，对于未来机器人，仿真程度很有可能达到即使近在咫尺细看它的外在，也只会把它当成人类，很难分辨是机器人，这种状况就如美国科幻大片《终结者》中的机器人物造型具有极至完美的人类外表。

④ 复原功能越来越强大

凡是人类都会有生老病死，而对于机器人来说，虽无此生物的常规死亡现象，但也有一系列的故障发生时刻，如内部原件故障、线路故障、机械故障、干扰性故障等。这些故障也相当于人类的病理现象，如果人类不帮助其排除相应故障，那机器人是绝难自行排除的，这些都是较明显的弊端所在。若一直无法排除，那故障会越来越严重，到最后机器人系统会完全损坏，也许这就是机器人的死亡。

未来智能机器人将具备越来越强大的自行复原功能，对于自身内部零件等运行情况，机器人会随时自行检索一切状况，并做到及时排除。它和检索功能就像我们人类感觉身体哪里不舒服一样是智能意识的表现。

另外机器人那完美人造皮肤下的钢筋铁骨也将越发坚不可摧，即使人造皮肤在被完全剥离机体的情况下，机械骨架还是能让身体继续呈现可怕的战斗能力，这种场景就如未来战士中的机器人原型，理论上这类超强机器人在未来我们是很可能看得到的。当然这一切还需要人类赋予其特殊能力，未来社会有太多的智能机器人将涉及各个领域。所以机器人的自行修复能力是必需的，如没有很强的修复能力，那在发生故障时，每次都需要人类努力地检修，帮助排除故障，会非常麻烦。而且机器人故障可不是一般人能修理的，需要特殊技术人员才能修理，考虑到这样，那研发机器人的专家会努力让其具有自行复原能力，这样也能最大化减轻人类的检修任务。

⑤ 体内能量储存越来越大

智能机器人的一切活动都需要体内持续的能量支持，这就像人类需要吃饭是同一道理，不吃会没力气，会饿死。机器人动力源多数使用电能，供应电能就需要大容量的蓄电池，对于机器人的电能消耗应该说是较大的。因为它走动时是人类步行的模式，而不用传统的轮子，脚走的那种身体起伏性是需要更大的能量支持的。我们知道现代蓄电池的蓄电量都是较有限的，未来蓄电池的储电能力应该能得到较大幅度的提高，但是也可能满足不了机器人的长久动力需求，而且蓄电池容量越大，充电时间也往往需越长，这样就显得较为麻烦。但如果用内燃机来做动力似乎也不妥，主要是噪声较大，而且内燃机会排放出较多的有害气体，这样机器人尤其不适合处于家庭环境中。

针对能量储存供应问题，未来应该会有多种解决方式，最理想的能源应该就是可控核聚变能，微不足道的质量就能持续释放非常巨大的能量，机器人若以聚变能为动力，永久性运行将得以实现。这就像电影《钢铁侠》中的人物形象，也以聚变能为动力。不过这种技术对人类来说，简直太困难了，将需要在其体内安装一台微型冷核聚变反应器。且运行必须非常安全，若不安全，聚变能一下子发生大爆炸，后果不堪设想。而现在人类连热核聚变装置的稳定运行都还有许多难点要攻克，冷聚变能否实现还是一个谜，所以核聚变动力实现是遥遥无期的。

另外，未来还很可能制造出一种超级能量储量器，其也是充电的，但有别于蓄电池在多次充电放电后，蓄电能力会逐步下降的缺点，能量储存器基本可永久保持储能效率。且充电快速而高效，单位体积储存能量相当于传统大容量蓄电池的百倍以上。也许这将成为智能机器人的理想动力供应源，还有可以用在未来社会普及的电动汽车上，使其一次充电能跑数万公里，那可谓是应用非常全面的理想储能器。

⑥ 逻辑分析能力越来越强

人类的大部分行为能力是需要借助于逻辑分析，例如思考问题需要非常明确的逻辑推理分析能力，而相对平常化的走路、说话之类看似不需要多想的事，其实也是种简单逻辑，因为走路需要的是平衡性，大脑在根据路况不断地分析判断该怎么走才不至于摔倒，人类在分析走路时，已是完美自如化的。而机器人走路则是要通过复杂的计算来进行。还有人类说话时需大脑的不断分析对方话语的含义和自己话语的意思，不能答非所问。

那么对于智能机器人为了完美化模仿人类，未来科学家会不断地赋予它许多逻辑分析程序功能，这也相当于是智能的表现。如自行重组相应词汇成新的句子是逻辑能力的完美表现形式，还有若自身能量不足，可以自行充电，而不需要主人帮助，那是一种意识表现。总之逻辑分析有助于机器人自身完成许多工作，在不需要人类帮助的同时，还可以尽量地帮助人类完成一些任务，甚至是比较复杂化的任务。在一定层面上讲，机器人有较强的逻辑分析能力，是利大于弊的。

⑦ 具备越来越多样化功能

人类制造机器人的目的是为人类所服务的，所以就会尽可能地把它变成多功能化，比如在家庭中，可以成为机器人保姆。会扫地、吸尘，还可以做聊天朋友，还可以看护小孩。到外面时，机器人可以帮助搬一些重物，或提一些东西，甚至还能当私人保镖。另外，未来高级智能机器人还会具备多样化的变形功能，比方从人形状态，变成一辆豪华的汽车也是有可能的，这似乎是真正意义上的变形金刚了，它载着你到处驶驰于想去的任何地方，这种比较理想的设想，在未来都是有可能实现的。

6.2.2 机器翻译

机器翻译(machine translation)，又称为自动翻译，是利用计算机将一种自然语言(源语言)转换为另一种自然语言(目标语言)的过程。它是计算语言学(Computational Linguistics)的一个分支，涉及计算机、认知科学、语言学、信息论等学科，是人工智能的终极目标之一，具有重要的科学研究价值。同时，机器翻译又具有重要的实用价值。随着经济全球化及互联网的飞速发展，机器翻译技术在促进政治、经济、文化交流等方面起到越来越重要的作用。

机器翻译技术的发展一直与计算机技术、信息论、语言学等学科的发展紧密相随。从早期的词典匹配，到词典结合语言学专家知识的规则翻译，再到基于语料库的统计机器翻译，随着计算机计算能力的提升和多语言信息的爆发式增长，机器翻译技术逐渐走出象牙塔，开始为普通用户提供实时便捷的翻译服务。

1. 机器翻译发展简史

机器翻译的研究历史可以追溯到20世纪三四十年代。20世纪30年代初，法国科学家G. B. 阿尔楚尼提出了用机器来进行翻译的想法。1933年，苏联发明家特罗扬斯基设计了把一种语言翻译成另一种语言的机器，并在同年9月5日登记了他的发明；但是，由于30年代技术水平还很低，他的翻译机没有制成。1946年，第一台现代电子计算机ENIAC诞生，随后不久，信息论的先驱、美国科学家W. Weaver和英国工程师A. D. Booth在讨论电子计算机的应用范围时，于1947年提出了利用计算机进行语言自动翻译的想法。1949年，W. Weaver发表《翻译备忘录》，正式提出机器翻译的思想。走过六十年的风风雨雨，机器翻译经历了一条曲折而漫长的发展道路,学术界一般将其划分为如下四个阶段。

(1) 开创期(1947—1964)。1954 年,美国乔治敦大学(Georgetown University)在 IBM 公司协同下,用 IBM-701 计算机首次完成了英俄机器翻译试验,向公众和科学界展示了机器翻译的可行性,从而拉开了机器翻译研究的序幕。中国开始这项研究也并不晚,早在 1956 年,国家就把这项研究列入了全国科学工作发展规划,课题名称是“机器翻译、自然语言翻译规则的建设和自然语言的数学理论”。1957 年,中国科学院语言研究所与计算技术研究所合作开展俄汉机器翻译试验,翻译了 9 种不同类型的较为复杂的句子。从 20 世纪 50 年代开始到 20 世纪 60 年代前半期,机器翻译研究呈不断上升的趋势。美国和苏联两个超级大国出于军事、政治、经济目的,均对机器翻译项目提供了大量的资金支持,而欧洲国家由于地缘政治和经济的需要也对机器翻译研究给予了相当大的重视,机器翻译一时出现热潮。这个时期机器翻译虽然刚刚处于开创阶段,但已经进入了乐观的繁荣期。

(2) 受挫期(1964—1975)。1964 年,为了对机器翻译的研究进展做出评价,美国科学院成立了语言自动处理咨询委员会(Automatic Language Processing Advisory Committee, ALPAC 委员会),开始了为期两年的综合调查分析和测试。1966 年 11 月,该委员会公布了一个题为《语言与机器》的报告(简称 ALPAC 报告),该报告全面否定了机器翻译的可行性,并建议停止对机器翻译项目的资金支持。这一报告的发表给了正在蓬勃发展的机器翻译当头一棒,机器翻译研究陷入了近乎停滞的僵局。机器翻译步入萧条期。

(3) 恢复期(1975—1989):进入 70 年代后,随着科学技术的发展和各国科技情报交流的日趋频繁,国与国之间的语言障碍显得更为严重,传统的人工作业方式已经远远不能满足需求,迫切地需要计算机来从事翻译工作。同时,计算机科学、语言学研究的发展,特别是计算机硬件技术的大幅度提高以及人工智能在自然语言处理上的应用,从技术层面推动了机器翻译研究的复苏,机器翻译项目又开始发展起来,各种实用的以及实验的系统被先后推出,例如 Weinder 系统、EURPOTRA 多国语翻译系统、TAUM-METEO 系统等。而我国在“十年浩劫”结束后也重新振作起来,机器翻译研究被再次提上日程。“784”工程给予了机器翻译研究足够的重视,80 年代中期以后,我国的机器翻译研究发展进一步加快,首先研制成功了 KY-1 和 MT/EC863 两个英汉机译系统,表明我国在机器翻译技术方面取得了长足的进步。

(4) 新时期(1990 年至今):随着 Internet 的普遍应用,世界经济一体化进程的加速以及国际社会交流的日渐频繁,传统的人工作业的方式已经远远不能满足迅猛增长的翻译需求,人们对于机器翻译的需求空前增长,机器翻译迎来了一个新的发展机遇。国际性的关于机器翻译研究的会议频繁召开,中国也取得了前所未有的成就,相继推出了一系列机器翻译软件,例如“译星”“雅信”“通译”“华建”等。在市场需求的推动下,商用机器翻译系统迈入了实用化阶段,走进了市场,来到了用户面前。新世纪以来,随着互联网的出现和普及,数据量激增,统计方法得到充分应用。互联网公司纷纷成立机器翻译研究组,研发了基于互联网大数据的机器翻译系统,从而使机器翻译真正走向实用,例如“百度翻译”“谷歌翻译”等。近年来,随着深度学习的进展,机器翻译技术得到了进一步的发展,促进了翻译质量的快速提升,在口语等领域的翻译更加流畅。

2. 机器翻译系统功能简介

机译系统可划分为基于规则(Rule-Based)和基于语料库(Corpus-Based)两大类。前者由词典和规则库构成知识源；后者由经过划分并具有标注的语料库构成知识源，既不需要词典也不需要规则，以统计规律为主。机译系统是随着语料库语言学的兴起而发展起来的，世界上绝大多数机译系统都采用以规则为基础的策略，一般分为语法型、语义型、知识型和智能型。不同类型的机译系统由不同的成分构成。抽象地说，所有机译系统的处理过程都包括以下步骤：对源语言的分析或理解，在语言的某一平面进行转换，按目标语言结构规则生成目标语言。技术差别主要体现在转换平面上。

(1) 基于规则的机器翻译系统

词汇型：从美国乔治敦大学的机器翻译试验到 50 年代末的系统，基本上属于这一类机器翻译系统。它们的特点是：①以词汇转换为中心，建立双语词典，翻译时，文句加工的目的在于立即确定相应于原语各个词的译语等价词；②如果原语的一个词对应于译语的若干个词，机器翻译系统本身并不能决定选择哪一个，而只能把各种可能的选择全都输出；③语言和程序不分，语法的规则与程序的算法混在一起，算法就是规则。由于第一类机器翻译系统的上述特点，它的译文质量是极为低劣的，并且设计这样的系统是一种十分琐碎而繁杂的工作，系统设计成之后没有扩展的余地，修改时牵一发而动全身，给系统的改进造成极大困难。

语法型：研究重点是词法和句法，以上下文无关文法为代表，早期系统大多数都属这一类型。语法型系统包括源文分析机构、源语言到目标语言的转换机构和目标语言生成机构三部分。源文分析机构对输入的源文加以分析，这一分析过程通常又可分为词法分析、语法分析和语义分析。通过上述分析可以得到源文的某种形式的内部表示。转换机构用于实现将相对独立于源文表层表达方式的内部表示转换为与目标语言相对应的内部表示。目标语言生成机构实现从目标语言内部表示到目标语言表层结构的转化。

60 年代以来建立的机器翻译系统绝大部分是这一类机器翻译系统。它们的特点是：①把句法的研究放在第一位，首先用代码化的结构标志来表示原语文句的结构，再把原语的结构标志转换为译语的结构标志，最后构成译语的输出文句；②对于多义词必须进行专门的处理，根据上下文关系选择出恰当的词义，不允许把若干个译文词一揽子列出来；③语法与算法分开，在一定的条件之下，使语法处于一定类别的界限之内，使语法能由给定的算法来计算，并可由这种给定的算法描写为相应的公式，从而不改变算法也能进行语法的变换，这样语法的编写和修改就可以不考虑算法。第二类机器翻译系统不论在译文的质量上还是在使用的方便上，都比第一类机器翻译系统大大地前进了一步。

语义型：研究重点是在机译过程中引入语义特征信息，以 Burtop 提出的语义文法和 Charles Fillmore 提出的格框架文法为代表。语义分析的各种理论和方法主要解决形式和逻辑的统一问题。利用系统中的语义切分规则，把输入的源文切分成若干个相关的语义元成分。再根据语义转化规则，如关键词匹配，找出各语义元成分所对应的语义内部表示。系统通过测试各语义元成分之间的关系，建立它们之间的逻辑关系，形成全文的语义表示。处理过程主要通过查语义词典的方法实现。语义表示形式一般为格框架，也可以是概念依存表示形式。最后，机译系统通过对中间语义表示形式的解释，形成相应的译文。

70 年代以来，有些机器翻译者提出了以语义为主的第 3 类机器翻译系统。引入语义平面之后，就要求在语言描写方面作一些实质性的改变，因为在以句法为主的机器翻译系统中，最小的翻译单位是词，最大的翻译单位是单个的句子，机器翻译的算法只考虑对一个句子的自动加工，而不考虑分属不同句子的词与词之间的联系。第 3 类机器翻译系统必须超出句子范围来考虑问题，除了义素、词、词组、句子之外，还要研究大于句子的句段和篇章。为了建立第3类机器翻译系统，语言学家要深入研究语义学，数学家要制定语义表示和语义加工的算法，在程序设计方面，也要考虑语义加工的特点。

知识型：目标是给机器配上人类常识，以实现基于理解的翻译系统，以Tomita提出的知识型机译系统为代表。知识型机译系统利用庞大的语义知识库，把源文转化为中间语义表示，并利用专业知识和日常知识对其加以精练，最后把它转化为一种或多种译文输出。

智能型：目标是采用人工智能的最新成果，实现多路径动态选择以及知识库的自动重组技术，对不同句子实施在不同平面上的转换。这样就可以把语法、语义、常识几个平面连成一有机整体，既可继承传统系统优点，又能实现系统自增长的功能。这一类型的系统以中国科学院计算所开发的IMT/EC系统为代表。

(2) 基于统计的机器翻译系统

一般的基于语料库(Corpus-Based)的机译系统就是基于统计的机器翻译，因为这一领域异军突起，统计就是统计平行语料，由此衍生出许多不同的统计模型。

不同于基于规则的机译系统由词典和语法规则库构成翻译知识库，基于语料库的机译系统是以语料的应用为核心，由经过划分并具有标注的语料库构成知识库。基于语料库的方法可以分为基于统计(Statistics-based)的方法和基于实例(Example-based)的方法。

基于统计的机器翻译方法把机器翻译看成是一个信息传输的过程，用一种信道模型对机器翻译进行解释。这种思想认为，源语言句子到目标语言句子的翻译是一个概率问题，任何一个目标语言句子都有可能是任何一个源语言句子的译文，只是概率不同，机器翻译的任务就是找到概率最大的句子。具体方法是将翻译看作对原文通过模型转换为译文的解码过程。因此统计机器翻译又可以分为以下几个问题：模型问题、训练问题、解码问题。所谓模型问题，就是为机器翻译建立概率模型，也就是要定义源语言句子到目标语言句子的翻译概率的计算方法。而训练问题，是要利用语料库来得到这个模型的所有参数。所谓解码问题，则是在已知模型和参数的基础上，对于任何一个输入的源语言句子，去查找概率最大的译文。

实际上，用统计学方法解决机器翻译问题的想法并非是20世纪90年代的全新思想，1949年W. Weaver在那个机器翻译备忘录就已经提出使用这种方法，只是由于乔姆斯基(N. Chomsky)等人对此的批判，这种方法很快就被放弃了。批判的理由主要是一点：语言是无限的，基于经验主义的统计描述无法满足语言的实际要求。

另外，限于当时的计算机速度，统计的价值也无从谈起。计算机不论从速度还是从容量方面都有了大幅度的提高，昔日大型计算机才能完成的工作，今日小型工作站或个人计算机就可以完成了。此外，统计方法在语音识别、文字识别、词典编纂等领域的成功应用也表明这一方法在语言自动处理领域还是很有成效的。

统计机器翻译方法的数学模型是由国际商业机器公司(IBM)的研究人员提出的。在著名的文章《机器翻译的数学理论》中提出了由五种词到词的统计模型，称为IBM模型1到IBM模型5。这五种模型均源自信源—信道模型，采用最大似然法估计参数。由于当时(1993年)计算条件的限制，无法实现基于大规模数据训练。其后，由Stephan Vogel提出了基于隐马尔科夫模型的统计模型也受到重视，该模型被用来替代IBM Model 2。在这时的研究中，统计模型只考虑了词与词之间的线性关系，没有考虑句子的结构。这在两种语言的语序相差较大时效果可能不会太好。如果在考虑语言模型和翻译模型时将句法结构或语义结构考虑进来，应该会得到更好的结果。

在此文发表后 6 年，一批研究人员在约翰·霍普金斯大学的机器翻译夏令营上实现了 GIZA 软件包。Franz Joseph Och 在随后对该软件进行了优化，加快训练速度。特别是 IBM Model 3 到 Model 5 的训练。同时他提出了更加复杂的 Model 6。Och 发布的软件包被命名为 GIZA＋＋，直到现在，GIZA＋＋还是绝大部分统计机器翻译系统的基石。针对大规模语料的训练，已有 GIZA＋＋的若干并行化版本存在。

基于词的统计机器翻译的性能却由于建模单元过小而受到限制。因此，许多研究者开始转向基于短语的翻译方法。Franz-Josef Och 提出的基于最大熵模型的区分性训练方法使统计机器翻译的性能极大提高，在此后数年，该方法的性能远远领先于其他方法。一年后 Och 又修改最大熵方法的优化准则，直接针对客观评价标准进行优化，从而诞生了今天广泛采用的最小错误训练方法（Minimum Error Rate Training）。

另一件促进统计机器翻译进一步发展的重要发明是自动客观评价方法的出现，为翻译结果提供了自动评价的途径，从而避免了烦琐与昂贵的人工评价。最为重要的评价是 BLEU 评价指标。绝大部分研究者仍然使用 BLEU 作为评价其研究结果的首要的标准。

Moses 是维护较好的开源机器翻译软件，由爱丁堡大学研究人员组织开发。其发布使得以往烦琐复杂的处理简单化。

Google 的在线翻译已为人熟知，其背后的技术即为基于统计的机器翻译方法，基本运行原理是通过搜索大量的双语网页内容，将其作为语料库，然后由计算机自动选取最为常见的词与词的对应关系，最后给出翻译结果。不可否认，Google 采用的技术是先进的，但它还是经常闹出各种“翻译笑话”。其原因在于：基于统计的方法需要大规模双语语料，翻译模型、语言模型参数的准确性直接依赖于语料的多少，而翻译质量的高低主要取决于概率模型的好坏和语料库的覆盖能力。基于统计的方法虽然不需要依赖大量知识，直接靠统计结果进行歧义消解处理和译文选择，避开了语言理解的诸多难题，但语料的选择和处理工程量巨大。因此通用领域的机器翻译系统很少以统计方法为主。

与统计方法相同，基于实例的机器翻译方法也是一种基于语料库的方法，其基本思想由日本著名的机器翻译专家长尾真提出，他研究了外语初学者的基本模式，发现初学外语的人总是先记住最基本的英语句子和对应的日语句子，而后做替换练习。参照这个学习过程，他提出了基于实例的机器翻译思想，即不经过深层分析，仅仅通过已有的经验知识，通过类比原理进行翻译。其翻译过程是首先将源语言正确分解为句子，再分解为短语碎片，接着通过类比的方法把这些短语碎片译成目标语言短语，最后把这些短语合并成长句。对于实例方法的系统而言，其主要知识源就是双语对照的实例库，不需要什么字典、语法规则库之类的东西，核心的问题就是通过最大限度的统计，得出双语对照实例库。

基于实例的机器翻译对于相同或相似文本的翻译有非常显著的效果，随着例句库规模的增加，其作用也越来越显著。对于实例库中的已有文本，可以直接获得高质量的翻译结果。对与实例库中存在的实例十分相似的文本，可以通过类比推理，并对翻译结果进行少量的修改，构造出近似的翻译结果。

这种方法在初推之时，得到了很多人的推崇。但一段时期后，问题出现了。由于该方法需要一个很大的语料库作为支撑，语言的实际需求量非常庞大。但受限于语料库规模，基于实例的机器翻译很难达到较高的匹配率，往往只有限定在比较窄的或者专业的领域时，翻译效果才能达到使用要求。因而到目前为止，还很少有机器翻译系统采用纯粹的基于实例的方法，一般都是把基于实例的机器翻译方法作为多翻译引擎中的一个，以提高翻译的正确率。

(3) 基于人工神经网络

2013 年来，随着深度学习的研究取得较大进展，基于人工神经网络的机器翻译(Neural Machine Translation)逐渐兴起。其技术核心是一个拥有海量结点(神经元)的深度神经网络，可以自动地从语料库中学习翻译知识。一种语言的句子被向量化之后，在网络中层层传递，转化为计算机可以“理解”的表示形式，再经过多层复杂的传导运算，生成另一种语言的译文，实现了“理解语言，生成译文”的翻译方式。这种翻译方法最大的优势在于译文流畅，更加符合语法规范，容易理解。相比之前的翻译技术，质量有“跃进式”的提升。

目前，广泛应用于机器翻译的是长短时记忆(Long Short-Term Memory，LSTM)循环神经网络(Recurrent Neural Network，RNN)。该模型擅长对自然语言建模，把任意长度的句子转化为特定维度的浮点数向量，同时“记住”句子中比较重要的单词，让“记忆”保存比较长的时间。该模型很好地解决了自然语言句子向量化的难题，对利用计算机来处理自然语言来说具有非常重要的意义，使得计算机对语言的处理不再停留在简单的字面匹配层面，而是进一步深入到语义理解的层面。

代表性的研究机构和公司包括，加拿大蒙特利尔大学的机器学习实验室，发布了开源的基于神经网络的机器翻译系统 Ground Hog。2015 年，百度发布了融合统计和深度学习方法的在线翻译系统，Google 也在此方面开展了深入研究。

3. 机器翻译存在的问题

很多人对机器翻译有误解，他们认为机器翻译偏差大，不能帮人们解决任何问题。其实其误差在所难免，原因在于机器翻译运用语言学原理，机器自动识别语法，调用存储的词库，自动进行对应翻译，但是因语法、词法、句法发生变化或者不规则，出现错误是难免的，比如《大话西游》中“给我一个杀你的理由，先……”之类状语后置的句子。机器毕竟是机器，没有人对语言的特殊感情，它怎么会感受“最是那一低头的温柔，像一朵水莲花不胜凉风的娇羞”的韵味？毕竟汉语因其词法、语法、句法的变化及其语境的更换，其意思大相径庭，就连很多国人都是丈二和尚——摸不着头脑，就别说机器了。

事实上，不论哪种方法，影响机译发展的最大因素在于译文的质量。就已有的成就来看，机译的质量离终极目标仍相差甚远。

中国数学家、语言学家周海中曾在论文《机器翻译五十年》中指出：要提高机译的译文质量，首先要解决的是语言本身问题而不是程序设计问题；单靠若干程序来做机译系统，肯定是无法提高机译的译文质量的。同时，他还指出：在人类尚未明了大脑是如何进行语言的模糊识别和逻辑判断的情况下，机译要想达到“信、达、雅”的程度是不可能的。这一观点恐怕道出了制约译文质量的瓶颈所在。

值得一提的是，美国发明家、未来学家雷·科兹威尔在接受《赫芬顿邮报》采访时预言，到 2029 年机译的质量将达到人工翻译的水平。对于这一论断，学术界还存在很多争议。

不论怎样，目前是人们对机译最为看好的时期，这种关注是建立在一个客观认识和理性思考的基础上的。我们也有理由相信：在计算机专家、语言学家、心理学家、逻辑学家和数学家的共同努力下，机译的瓶颈问题将会得以解决了。

6.2.3　模式识别

模式识别(Pattern Recognition)，就是通过计算机用数学技术方法来研究模式的自动处理和判读。我们把环境与客体统称为“模式”。随着计算机技术的发展，人类有可能研究复杂的信息处理过程。信息处理过程的一个重要形式是生命体对环境及客体的识别。对人类来说，特别重要的是对光学信息(通过视觉器官来获得)和声学信息(通过听觉器官来获得)的识别。这是模式识别的两个重要方面。市场上可见到的代表性产品有光学字符识别、语音识别系统。

模式识别是人类的一项基本智能，在日常生活中，人们经常在进行“模式识别”。随着20世纪40年代计算机的出现以及50年代人工智能的兴起，人们当然也希望能用计算机来代替或扩展人类的部分脑力劳动。模式识别在20世纪60年代初迅速发展并成为一门新学科。

模式识别是指对表征事物或现象的各种形式的(数值的、文字的和逻辑关系的)信息进行处理和分析，以对事物或现象进行描述、辨认、分类和解释的过程，是信息科学和人工智能的重要组成部分。

人们在观察事物或现象的时候，常常要寻找它与其他事物或现象的不同之处，并根据一定的目的把各个相似的但又不完全相同的事物或现象组成一类。字符识别就是一个典型的例子。例如数字“4”可以有各种写法，但都属于同一类别。更为重要的是，即使对于某种写法的“4”，以前虽未见过，也能把它分到“4”所属的这一类别。人脑的这种思维能力就构成了“模式”的概念。在上述例子中，模式和集合的概念是分开弄的，只要认识这个集合中的有限数量的事物或现象，就可以识别属于这个集合的任意多的事物或现象。为了强调从一些个别的事物或现象推断出事物或现象的总体，我们把这样一些个别的事物或现象叫作各个模式。

1. 模式识别发展简史

早期的模式识别研究着重在数学方法上。20世纪50年代末，F. 罗森布拉特提出了一种简化的模拟人脑进行识别的数学模型——感知器，初步实现了通过给定类别的各个样本对识别系统进行训练，使系统在学习完毕后具有对其他未知类别的模式进行正确分类的能力。1957年，周绍康提出用统计决策理论方法求解模式识别问题，促进了从50年代末开始的模式识别研究工作的迅速发展。1962年，R. 纳拉西曼提出了一种基于基元关系的句法识别方法。傅京孙(K. S. Fu)于1974年出版了一本专著《句法模式识别及其应用》。1982年和1984年，J. 荷甫菲尔德发表了两篇重要论文，深刻揭示出人工神经元，网路所具有的联想存储和计算能力，进一步推动了模式识别的研究工作，短短几年在很多应用方面就取得了显著成果，从而形成了模式识别的人工神经元网络方法的新的学科方向。

2. 模式识别使用的方法

决策理论方法又称统计方法，是发展较早也比较成熟的一种方法。被识别对象首先数字化，变换为适于计算机处理的数字信息。一个模式常常要用很大的信息量来表示。许多模式识别系统在数字化环节之后还进行预处理，用于除去混入的干扰信息并减少某些变形和失真。随后是进行特征抽取，即从数字化后或预处理后的输入模式中抽取一组特征。所谓特征是选定的一种度量,它对于一般的变形和失真保持不变或几乎不变,并且只含尽可能少的冗余信息。特征抽取过程将输入模式从对象空间映射到特征空间。这时,模式可用特征空间中的一个点或一个特征矢量表示。这种映射不仅压缩了信息量,而且易于分类。在决策理论方法中,特征抽取占有重要的地位,但尚无通用的理论指导,只能通过分析具体识别对象决定选取何种特征。特征抽取后可进行分类,即从特征空间再映射到决策空间。为此而引入鉴别函数,由特征矢量计算出相应于各类别的鉴别函数值,通过鉴别函数值的比较实行分类。

句法方法又称结构方法或语言学方法。其基本思想是把一个模式描述为较简单的子模式的组合,子模式又可描述为更简单的子模式的组合,最终得到一个树形的结构描述,在底层的最简单的子模式称为模式基元。在句法方法中选取基元的问题相当于在决策理论方法中选取特征的问题。通常要求所选的基元能对模式提供一个紧凑的反映其结构关系的描述,又要易于用非句法方法加以抽取。显然,基元本身不应该含有重要的结构信息。模式以一组基元和它们的组合关系来描述,称为模式描述语句,这相当于在语言中,句子和短语用词组合,词用字符组合一样。基元组合成模式的规则,由所谓语法来指定。一旦基元被鉴别,识别过程可通过句法分析进行,即分析给定的模式语句是否符合指定的语法,满足某类语法的即被分入该类。模式识别方法的选择取决于问题的性质。如果被识别的对象极为复杂,而且包含丰富的结构信息,一般采用句法方法;被识别对象不很复杂或不含明显的结构信息,一般采用决策理论方法。这两种方法不能截然分开,在句法方法中,基元本身就是用决策理论方法抽取的。在应用中,将这两种方法结合起来分别施加于不同的层次,常能收到较好的效果。

统计模式识别(statistic pattern recognition)的基本原理是:有相似性的样本在模式空间中互相接近,并形成“集团”,即“物以类聚”。其分析方法是根据模式所测得的特征向量 $X_i=(x_{i1},x_{i2},\cdots,x_{id})\mathbf{T}(i=1,2,\cdots,N)$,将一个给定的模式归入 C 个类 $\omega_1,\omega_2,\cdots,\omega_c$ 中,然后根据模式之间的距离函数来判别分类。其中,**T** 表示转置;N 为样本点数;d 为样本特征数。统计模式识别的主要方法有:判别函数法,近邻分类法,非线性映射法,特征分析法,主因子分析法等。在统计模式识别中,贝叶斯决策规则从理论上解决了最优分类器的设计问题,但其实施却必须首先解决更困难的概率密度估计问题。BP 神经网络直接从观测数据(训练样本)学习,是更简便有效的方法,因而获得了广泛的应用,但它是一种启发式技术,缺乏指定工程实践的坚实理论基础。统计推断理论研究所取得的突破性成果导致现代统计学习理论——VC 理论的建立,该理论不仅在严格的数学基础上圆满地回答了人工神经网络中出现的理论问题,而且导出了一种新的学习方法——支持向量机(SVM)。

3. 模式识别的应用领域

(1) 文字识别。汉字已有数千年的历史,也是世界上使用人数最多的文字,对于中华民族灿烂文化的形成和发展有着不可磨灭的功勋。所以在信息技术及计算机技术日益普及的今天,如何将文字方便、快速地输入到计算机中已成为影响人机接口效率的一个重要瓶颈,也关系到计算机能否真正在我国得到普及的应用。目前,汉字输入主要分为人工键盘输入和机器自动识别输入两种。其中人工键入速度慢而且劳动强度大;自动输入又分为汉字识别输入及语音识别输入。从识别技术的难度来说,手写体识别的难度高于印刷体识别,而在手写体识别中,脱机手写体的难度又远远超过了联机手写体识别。到目前为止,除了脱机手写体数字的识别已有实际应用外，汉字等文字的脱机手写体识别还处在实验室阶段。

(2) 语音识别技术。技术所涉及的领域包括：信号处理、模式识别、概率论和信息论、发声机理和听觉机理、人工智能等。近年来，在生物识别技术领域中，声纹识别技术以其独特的方便性、经济性和准确性等优势受到世人瞩目，并日益成为人们日常生活和工作中重要且普及的安全验证方式。而且利用基因算法训练连续隐马尔柯夫模型的语音识别方法现已成为语音识别的主流技术，该方法在语音识别时识别速度较快，也有较高的识别率。

(3) 指纹识别。我们手掌及其手指、脚、脚趾内侧表面的皮肤凹凸不平产生的纹路会形成各种各样的图案。而这些皮肤的纹路在图案、断点和交叉点上各不相同，是唯一的。依靠这种唯一性，就可以将一个人同他的指纹对应起来，通过比较他的指纹和预先保存的指纹进行比较，便可以验证他的真实身份。一般的指纹分成有以下几个大的类别：环形(loop)、螺旋形(whorl)、弓形(arch)，这样就可以将每个人的指纹分别归类，进行检索。指纹识别基本上可分成：预处理、特征选择和模式分类几个大的步骤。

(4) 遥感。遥感图像识别已广泛用于农作物估产、资源勘察、气象预报和军事侦察等。

(5) 医学诊断。在癌细胞检测、X射线照片分析、血液化验、染色体分析、心电图诊断和脑电图诊断等方面，模式识别已取得了成效。

4. 模式识别的发展潜力

模式识别技术是人工智能的基础技术，21世纪是智能化、信息化、计算化、网络化的世纪，在这个以数字计算为特征的世纪里，作为人工智能技术基础学科的模式识别技术，必将获得巨大的发展空间。在国际上，各大权威研究机构，各大公司都纷纷开始将模式识别技术作为公司的战略研发重点加以重视。

语音识别技术正逐步成为信息技术中人机接口(Human Computer Interface, HCI)的关键技术，语音技术的应用已经成为一个具有竞争性的新兴高技术产业。中国互联网中心的市场预测：未来5年，中文语音技术领域将会有超过400亿人民币的市场容量，然后每年以超过30%的速度增长。

生物认证技术(Biometrics)是21世纪最受关注的安全认证技术，它的发展是大势所趋。人们愿意忘掉所有的密码、扔掉所有的磁卡，凭借自身的唯一性来标识身份与保密。国际数据集团(IDC)预测：作为未来的必然发展方向的移动电子商务基础核心技术的生物识别技术在未来10年的时间里将达到100亿美元的市场规模。

90年代以来才在国际上开始发展起来的数字水印技术(Digital Watermarking)是最具发展潜力与优势的数字媒体版权保护技术。IDC预测，数字水印技术在未来的5年内全球市场容量超过80亿美元。

模式识别从20世纪20年代发展至今，人们的一种普遍看法是不存在对所有模式识别问题都适用的单一模型和解决识别问题的单一技术，我们现在拥有的只是一个工具袋，所要做的是结合具体问题把统计的和句法的识别结合起来，把统计模式识别或句法模式识别与人工智能中的启发式搜索结合起来，把统计模式识别或句法模式识别与支持向量机的机器学习结合起来，把人工神经元网络与各种已有技术以及人工智能中的专家系统、不确定推理方法结合起来，深入掌握各种工具的效能和应有的可能性，互相取长补短，开创模式识别应用的新局面。

对于识别二维模式的能力，存在各种理论解释。模板说认为，我们所知的每一个模式，在长时记忆中都有一个相应的模板或微缩副本。模式识别就是与视觉刺激最合适的模板进行匹配。特征说认为，视觉刺激由各种特征组成，模式识别是比较呈现刺激的特征和储存在长时记忆中的模式特征。特征说解释了模式识别中的一些自下而上过程，但它不强调基于环境的信息和期待的自上而下加工。基于结构描述的理论可能比模板说或特征说更为合适。

6.2.4 机器学习

机器学习(Machine Learning，ML)是一门多领域交叉学科，涉及概率论、统计学、逼近论、凸分析、算法复杂度理论等多门学科。专门研究计算机怎样模拟或实现人类的学习行为，以获取新的知识或技能，重新组织已有的知识结构使之不断改善自身的性能。

它是人工智能的核心，是使计算机具有智能的根本途径，其应用遍及人工智能的各个领域，它主要使用归纳、综合而不是演绎。

机器能否像人类一样能具有学习能力呢？1959 年美国的塞缪尔(Samuel)设计了一个下棋程序，这个程序具有学习能力，它可以在不断地对弈中改善自己的棋艺。4 年后，这个程序战胜了设计者本人。又过了 3 年，这个程序战胜了美国一个保持 8 年之久的常胜不败的冠军。这个程序向人们展示了机器学习的能力，提出了许多令人深思的社会问题与哲学问题。

机器的能力是否能超过人的，很多持否定意见的人的一个主要论据是：机器是人造的，其性能和动作完全是由设计者规定的，因此无论如何其能力也不会超过设计者本人。这种意见对不具备学习能力的机器来说的确是对的，可是对具备学习能力的机器就值得考虑了，因为这种机器的能力在应用中不断地提高，过一段时间之后，设计者本人也不知它的能力到了何种水平。

1. 机器学习发展简史

机器学习是人工智能研究较为年轻的分支，它的发展过程大体上可分为 4 个时期。

(1) 第一阶段是在 20 世纪 50 年代中叶到 60 年代中叶，属于热烈时期。

(2) 第二阶段是在 20 世纪 60 年代中叶至 70 年代中叶，被称为机器学习的冷静时期。

(3) 第三阶段是从 20 世纪 70 年代中叶至 80 年代中叶，称为复兴时期。

(4) 机器学习的最新阶段始于 1986 年。

机器学习进入新阶段的重要表现在下列诸方面：

(1) 机器学习已成为新的边缘学科并在高校形成一门课程。它综合应用心理学、生物学和神经生理学以及数学、自动化和计算机科学形成机器学习理论基础。

(2) 结合各种学习方法，取长补短的多种形式的集成学习系统研究正在兴起。特别是连接学习符号学习的耦合可以更好地解决连续性信号处理中知识与技能的获取与求精问题而受到重视。

(3) 机器学习与人工智能各种基础问题的统一性观点正在形成。例如学习与问题求解结合进行、知识表达便于学习的观点产生了通用智能系统 SOAR 的组块学习。类比学习与问题求解结合的基于案例方法已成为经验学习的重要方向。

(4) 各种学习方法的应用范围不断扩大，一部分已形成商品。归纳学习的知识获取工具已在诊断分类型专家系统中广泛使用。连接学习在声图文识别中占优势。分析学习已用于设计综合型专家系统。遗传算法与强化学习在工程控制中有较好的应用前景。与符号系统耦合的神经网络连接学习将在企业的智能管理与智能机器人运动规划中发挥作用。

(5) 与机器学习有关的学术活动空前活跃。国际上除每年一次的机器学习研讨会外，还有计算机学习理论会议以及遗传算法会议。

2. 机器学习方法简介

机器学习可以被划分为“机械学习”“示教学习”“类比学习”和“归纳学习”四种类型。其中,归纳学习的目标是从个例数据中进行抽象、发现个例背后的规律。随着计算机计算能力、通信能力和存储能力的快速发展,人们收集数据的能力得到了显著的增强。人们对利用数据需求的增加与归纳学习的发展相互促进,使得自 20 世纪 80 年代以来,归纳学习成为机器学习中被研究得最多、应用最广的分支。

在归纳学习中处理的数据,通常是对象的特征的描述。例如苹果可以用大小、质量、色泽等特征描述为一个特征向量。常见的归纳学习任务是要从示例样本的特征以及给出的对应概念标记数据中进行学习,发现特征与概念标记之间的关系。例如对于苹果,我们可以指定概念标记为“成熟”与“不成熟”,并给出一些示例样本,包含一部分成熟苹果的描述和一部分不成熟苹果的描述,并且每一条描述与“成熟”或“不成熟”概念关联。归纳学习从有限的示例样本中学习,得到的特征向量与概念标记之间的关系并不是随意的,而是对于尚未观察到的示例上,这个关系也要尽可能地成立,也就是说归纳学习的目标是得到可以泛化的特征与概念标记间的关系。也正是由于归纳学习的泛化能力,使得学习的结果可以用于未见示例的预测,从而一定程度上满足了人们对于数据利用的需求。

根据样本与概念标记之间的关系不同,可以将归纳学习进一步划分为不同的设定框架。传统对归纳学习设定框架的划分包括监督学习、非监督学习和强化学习三种。他们之间的区别被认为是概念标记的显示程度上的区别:在监督学习中概念标记对应于每一个特征向量,在非监督学习中只有特征向量而没有概念标记(或者可认为概念标记不可见),强化学习则介于他们两者之间,即概念标记仅在一系列的行为后才能获得。而在 21 世纪内,源于实际应用环境的需求,新兴的更贴近应用需求的归纳学习框架得到了发展,包括半监督学习、多示例学习、多标记学习等。

半监督学习问题来源于现实应用中,收集特征数据的代价很低,而将特征向量关联到概念标记的代价却很高这一情况。例如,可以很容易收集上百万条互联网网页的内容,但是要标记网页的类别,却需要花费大量人力逐条标记。在这样的情况下,我们面对的数据有一小部分包含了概念标记,即监督信息,而绝大部分则没有监督信息,因此这样的问题框架被称为半监督学习。如果使用传统的监督学习方法,那么只能利用少量的有监督信息的数据,却无法利用大量没有监督信息的样本。使用半监督学习方法,我们可以在标记代价保持在可以接受的范围下,利用唾手可得的未标记数据来获得更好泛化能力的学习器。如图 6-6 所示。

多示例学习问题,是研究者们在对药物活性预测问题的研究时,为了更好地表达对象而提出的。在多示例框架中,对个例对象不在只使用一个特征向量来描述,而是使用一组特征向量来描述。例如,在药物活性预测问题上,一个药物分子可以有很多个“低能量形态”,每一个形态用一个特征向量来描述,因此一个药物分子用一“包”特征向量来描述。同时,一个包对应了一个概念标记,例如药物分子的标记是“有效”或者“无效”。与使用单个特征向量的描述相比,多示例描述具有更好的表达能力,能够将对象的性质更有效地展现出来,同时

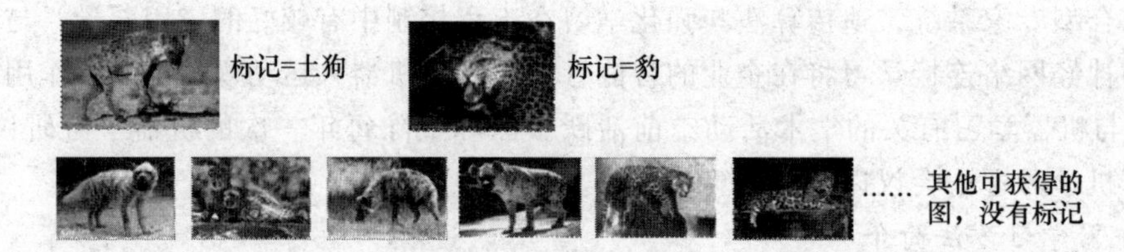

图 6-6　半监督学习环境示例

概念标记不再对应到单个特征向量，而是提升到了包的层次。使用多示例学习方法，可以更好的表达对象丰富的语义信息，有助于获得更好泛化能力的学习器。如图 6-7 所示。

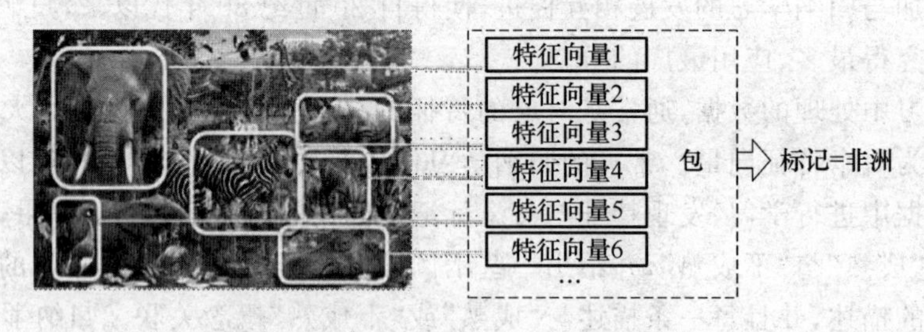

图 6-7　一幅图像的多实例表示

多标记学习问题源于一个对象往往同时具有多个方面的概念标记，例如一篇报道奥运会开幕式新闻文章可能同时具有奥运、运动员、国家元首等等标记。与传统的监督学习相比，多标记学习面临的是标记过剩的情况。多标记学习问题的一个最简单的处理方式是将标记分离，对每一个标记，使用传统的单标记学习方法来处理。然而这样的简单做法，并没有充分利用这些标记信息，同时也会面临逐一预测标记时计算开销过大的问题。多标记学习方法利用标记之间的关系，能够获得更好的泛化能力，也有利于减少计算开销。如图 6-8 所示。

图 6-8　一幅图像的多标记表示

除了学习框架外向更贴近应用需求发展外，学习结果的评价也更趋向符合应用需求。学习器在处理真实世界中的数据时，由于噪声等因素，往往难以做到完美无缺。传统对分类器的性能评价是以分类错误为指标，即有多少比例的示例被分错类别。在具体问题中，人们通常都会评估一个错误的代价，而往往不同的错误具有不同的代价。例如，在诊断病人时，将癌症诊断为正常的代价，会比将正常诊断为癌症的代价高许多。代价敏感学习的目标并不是简单的使得错误的数量最小，而是使得总的误分类代价最小，这样的决策更符合人们的需求。

3. 机器学习分类

(1) 基于学习策略的分类

学习策略是指学习过程中系统所采用的推理策略。一个学习系统总是由学习和环境两部分组成。由环境(如书本或教师)提供信息，学习部分则实现信息转换，用能够理解的形式记忆下来,并从中获取有用的信息。在学习过程中,学生(学习部分)使用的推理越少,他对教师(环境)的依赖就越大,教师的负担也就越重。学习策略的分类标准就是根据学生实现信息转换所需的推理多少和难易程度来分类的,依从简单到复杂、从少到多的次序分为以下六种基本类型。

① 机械学习(Rote learning)

学习者无须任何推理或其他的知识转换,直接吸取环境所提供的信息。如塞缪尔的跳棋程序,纽厄尔和西蒙的 LT 系统。这类学习系统主要考虑的是如何索引存储的知识并加以利用。系统的学习方法是直接通过事先编好、构造好的程序来学习,学习者不作任何工作,或者是通过直接接收既定的事实和数据进行学习,对输入信息不作任何的推理。

② 示教学习(Learning from instruction 或 Learning by being told)

学生从环境(教师或其他信息源如教科书等)获取信息,把知识转换成内部可使用的表示形式,并将新的知识和原有知识有机地结合为一体。所以要求学生有一定程度的推理能力,但环境仍要做大量的工作。教师以某种形式提出和组织知识,以使学生拥有的知识可以不断地增加。这种学习方法和人类社会的学校教学方式相似,学习的任务就是建立一个系统,使它能接受教导和建议,并有效地存储和应用学到的知识。不少专家系统在建立知识库时使用这种方法去实现知识获取。示教学习的一个典型应用例是 FOO 程序。

③ 演绎学习(Learning by deduction)

学生所用的推理形式为演绎推理。推理从公理出发,经过逻辑变换推导出结论。这种推理是“保真”变换和特化(specialization)的过程,使学生在推理过程中可以获取有用的知识。这种学习方法包含宏操作(macro-operation)学习、知识编辑和组块(Chunking)技术。演绎推理的逆过程是归纳推理。

④ 类比学习(Learning by analogy)

利用两个不同领域(源域、目标域)中的知识相似性,可以通过类比,从源域的知识(包括相似的特征和其他性质)推导出目标域的相应知识,从而实现学习。类比学习系统可以使一个已有的计算机应用系统转变为适应于新的领域,来完成原先没有设计的相类似的功能。

类比学习需要比上述三种学习方式更多的推理。它一般要求先从知识源(源域)中检索出可用的知识,再将其转换成新的形式,用到新的状况(目标域)中去。类比学习在人类科学技术发展史上起着重要作用,许多科学发现就是通过类比得到的。例如著名的卢瑟福类比就是通过将原子结构(目标域)同太阳系(源域)作类比,揭示了原子结构的奥秘。

⑤ 基于解释的学习(Explanation-based learning, EBL)

学生根据教师提供的目标概念、该概念的一个例子、领域理论及可操作准则,首先构造一个解释来说明为什么该例子满足目标概念,然后将解释推广为目标概念的一个满足可操作准则的充分条件。EBL 已被广泛应用于知识库求精和改善系统的性能。

著名的 EBL 系统有迪乔恩(G. DeJong)的 GENESIS、米切尔(T. Mitchell)的 LEXII 和 LEAP, 以及明顿(S. Minton)等的 PRODIGY。

⑥ 归纳学习(Learning from induction)

归纳学习是由教师或环境提供某概念的一些实例或反例,让学生通过归纳推理得出该概念的一般描述。这种学习的推理工作量远多于示教学习和演绎学习,因为环境并不提供一般性概念描述(如公理)。从某种程度上说,归纳学习的推理量也比类比学习大,因为没有一个类似的概念可以作为“源概念”加以取用。归纳学习是最基本的,发展也较为成熟的学习方法,在人工智能领域中已经得到广泛的研究和应用。

(2) 基于所获取知识的表示形式分类

学习系统获取的知识可能有行为规则、物理对象的描述、问题求解策略、各种分类及其他用于任务实现的知识类型。

对于学习中获取的知识,主要有以下一些表示形式。

① 代数表达式参数

学习的目标是调节一个固定函数形式的代数表达式参数或系数来达到一个理想的性能。

② 决策树

用决策树来划分物体的类属,树中每一内部节点对应一个物体属性,而每一边对应于这些属性的可选值,树的叶节点则对应于物体的每个基本分类。

③ 形式文法

在识别一个特定语言的学习中,通过对该语言的一系列表达式进行归纳,形成该语言的形式文法。

④ 产生式规则

产生式规则表示为条件—动作对,已被极为广泛地使用。学习系统中的学习行为主要是:生成、泛化、特化(Specialization)或合成产生式规则。

⑤ 形式逻辑表达式

形式逻辑表达式的基本成分是命题、谓词、变量、约束变量范围的语句,及嵌入的逻辑表达式。

⑥ 图和网络

有的系统采用图匹配和图转换方案来有效地比较和索引知识。

⑦ 框架和模式(schema)

每个框架包含一组槽,用于描述事物(概念和个体)的各个方面。

⑧ 计算机程序和其他的过程编码

获取这种形式的知识,目的在于取得一种能实现特定过程的能力,而不是为了推断该过程的内部结构。

⑨ 神经网络

这主要用在连接学习中。学习所获取的知识,最后归纳为一个神经网络。

⑩ 多种表示形式的组合

有时一个学习系统中获取的知识需要综合应用上述几种知识表示形式。

根据表示的精细程度,可将知识表示形式分为两大类:泛化程度高的粗粒度符号表示、泛化程度低的精粒度亚符号(sub-symbolic)表示。像决策树、形式文法、产生式规则、形式逻辑表达式、框架和模式等属于符号表示类;而代数表达式参数、图和网络、神经网络等则属亚符号表示类。

(3) 按应用领域分类

最主要的应用领域有专家系统、认知模拟、规划和问题求解、数据挖掘、网络信息服务、图像识别、故障诊断、自然语言理解、机器人和博弈等领域。

从机器学习的执行部分所反映的任务类型上看,大部分的应用研究领域基本上集中于以下两个范畴:分类和问题求解。

① 分类任务要求系统依据已知的分类知识对输入的未知模式(该模式的描述)作分析,以确定输入模式的类属。相应的学习目标就是学习用于分类的准则(如分类规则)。

② 问题求解任务要求对于给定的目标状态,寻找一个将当前状态转换为目标状态的动作序列;机器学习在这一领域的研究工作大部分集中于通过学习来获取能提高问题求解效率的知识(如搜索控制知识、启发式知识等)。

(4) 综合分类

综合考虑各种学习方法出现的历史渊源、知识表示、推理策略、结果评估的相似性、研究人员交流的相对集中性以及应用领域等诸因素,将机器学习方法区分为以下六类。

① 经验性归纳学习(empirical inductive learning)

经验性归纳学习采用一些数据密集的经验方法(如版本空间法、ID3 法,定律发现方法)对例子进行归纳学习。其例子和学习结果一般都采用属性、谓词、关系等符号表示。它相当于基于学习策略分类中的归纳学习,但扣除连接学习、遗传算法、加强学习的部分。

② 分析学习(analytic learning)

分析学习方法是从一个或少数几个实例出发,运用领域知识进行分析。其主要特征为如下。

- 推理策略主要是演绎,而非归纳;
- 使用过去的问题求解经验(实例)指导新的问题求解,或产生能更有效地运用领域知识的搜索控制规则。

分析学习的目标是改善系统的性能,而不是新的概念描述。分析学习包括应用解释学习、演绎学习、多级结构组块以及宏操作学习等技术。

③ 类比学习

它相当于基于学习策略分类中的类比学习。在这一类型的学习中比较引人注目的研究是通过与过去经历的具体事例作类比来学习,称为基于范例的学习(case_based learning),或简称范例学习。

④ 遗传算法(genetic algorithm)

遗传算法模拟生物繁殖的突变、交换和达尔文的自然选择(在每一生态环境中适者生存)。它把问题可能的解编码为一个向量,称为个体,向量的每一个元素称为基因,并利用目标函数(相应于自然选择标准)对群体(个体的集合)中的每一个个体进行评价,根据评价值(适应度)对个体进行选择、交换、变异等遗传操作,从而得到新的群体。遗传算法适用于非常复杂和困难的环境,比如,带有大量噪声和无关数据、事物不断更新、问题目标不能明显和精确地定义,以及通过很长的执行过程才能确定当前行为的价值等。同神经网络一样,遗传算法的研究已经发展为人工智能的一个独立分支,其代表人物为霍勒德(J. H. Holland)。

⑤ 连接学习

典型的连接模型实现为人工神经网络,其由称为神经元的一些简单计算单元以及单元间的加权连接组成。

⑥ 增强学习(reinforcement learning)

增强学习的特点是通过与环境的试探性(trial and error)交互来确定和优化动作的选择,以实现所谓的序列决策任务。在这种任务中,学习机制通过选择并执行动作,导致系统状态的变化,并有可能得到某种强化信号(立即回报),从而实现与环境的交互。强化信号就是对系统行为的一种标量化的奖惩。系统学习的目标是寻找一个合适的动作选择策略,即在任一给定的状态下选择哪种动作的方法,使产生的动作序列可获得某种最优的结果(如累计立即回报最大)。

在综合分类中,经验归纳学习、遗传算法、连接学习和增强学习均属于归纳学习,其中经验归纳学习采用符号表示方式,而遗传算法、连接学习和加强学习则采用亚符号表示方式;分析学习属于演绎学习。

实际上,类比策略可看成是归纳和演绎策略的综合。因而最基本的学习策略只有归纳和演绎。

从学习内容的角度看,采用归纳策略的学习由于是对输入进行归纳,所学习的知识显然超过原有系统知识库所能蕴涵的范围,所学结果改变了系统的知识演绎闭包,因而这种类型的学习又可称为知识级学习;而采用演绎策略的学习尽管所学的知识能提高系统的效率,但仍能被原有系统的知识库所蕴涵,即所学的知识未能改变系统的演绎闭包,因而这种类型的学习又被称为符号级学习。

(5)学习形式分类

① 监督学习(supervised learning)

监督学习,即在机械学习过程中提供对错指示。一般实在是数据组中包含最终结果(0,1)。通过算法让机器自我减少误差。这一类学习主要应用于分类和预测 (regression & classify)。监督学习从给定的训练数据集中学习出一个函数,当新的数据到来时,可以根据这个函数预测结果。监督学习的训练集要求是包括输入和输出,也可以说是特征和目标。训练集中的目标是由人标注的。常见的监督学习算法包括回归分析和统计分类。

② 非监督学习(unsupervised learning)

非监督学习又称归纳性学习(clustering)利用 K 方式(Kmeans),建立中心(centriole),通过循环和递减运算(iteration&descent)来减小误差,达到分类的目的。

6.3 人工智能发展方向

如果有这样一个世界,所有终端、设备和一切事物都具有更强大的直觉,那么这个世界将会变得更加简化而丰富。例如,智能手机能够更了解我们的喜好和所处环境,然后预测我们的需求,并在恰当的时间为我们提供相关信息。

为了使之成为现实,需要开发认知技术,包括人脑机器学习、仿真计算机视觉、智能连接以及永久感测等,如图 6-9 所示。

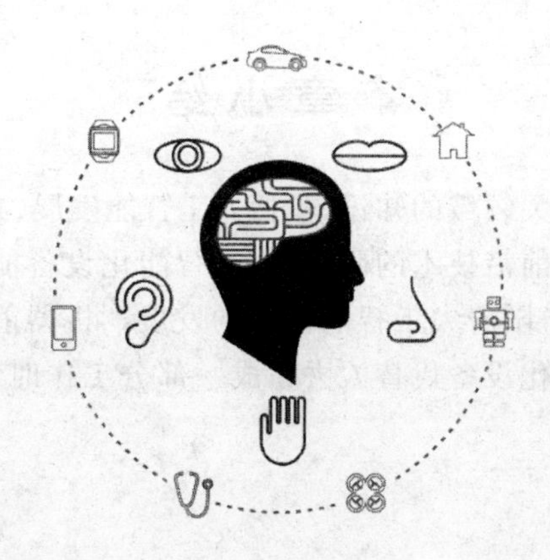

图 6-9 认知技术

在现有智能手机和移动行业规模基础上,我们期望这些认知技术能够突破移动领域的局限,也能为其他领域的终端、机器和事物提供帮助。

通过扩展人类的能力,认知技术可以作为人类感觉的自然延伸,让我们能够以新的方式发现和感知周围的世界。想象一下有了这些技术,可以根据双脚的 3D 模型来定制鞋子,而有视力障碍的人也可以依靠这些技术四处走动。而出国旅行时,这些技术可以翻译路标、描述周围地标并帮助您与当地人对话,使旅行变得更加简单。如图 6-10 所示。

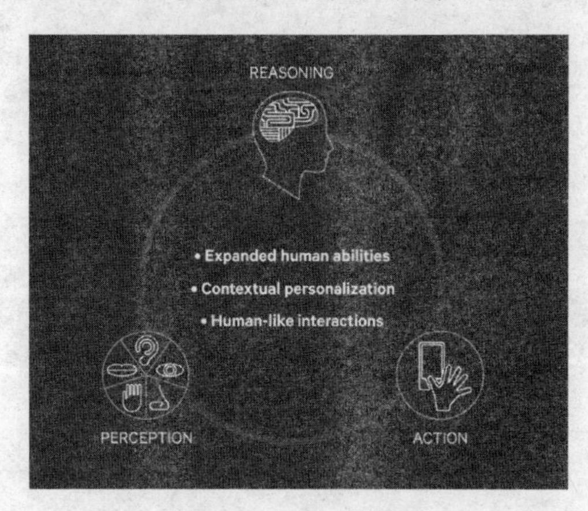

图 6-10 带认知技术的移动终端

终端处理器是把认知技术带入日常生活的关键核心。Qualcomm Technologies 采用最优的异构运算方法,成为唯一可以在满足功率、温度和尺寸限制的前提下支持在移动终端上运行大量计算技术的企业。而在终端上和云端上实现这些技术各有不同的优势。

想象一下,如果让更多终端、事物和机器拥有人类的能力,能够根据环境提供个性化服务,并像人类一样互动,这将对我们的生活产生多么大的影响。认知技术正在移动领域内逐渐普及,它的形式多样,例如,可将认知技术运用于移动终端,或让机器人在日常生活中更好地服务于我们等,这些都形成了重构行业的可能性。通过机器学习和计算机视觉技术,它们能够适应我们的需求,避开环境中会遇到的问题。因此将认知技术带入日常生活,可以简化并丰富我们的日常生活。

本 章 小 结

本章介绍了人工智能相关领域的知识，包括人工智能发展、人工智能领域所用技术以及发展方向。人工智能是当今前沿技术的研究热点，智能化设备能够方便人们在日常生活中处理一些危险、烦琐的事情。随着人工智能技术的发展，"机器能思考吗?"仍然作为研究者们努力的方向，同时，在智能化设备代替人去完成一部分工作时，对被解放出来的人是否有影响，值得人们深思。

第7章　物　联　网

物联网把新一代IT技术充分运用到各行各业中,具体地说,就是把传感器嵌入和装备到电网、铁路、桥梁、隧道、公路、建筑、大坝、供水系统、油气管道等各种物体中,然后将物联网与现有的互联网整合起来,实现人类社会与物理系统的整合。毫无疑问,物联网时代的到来,人们的日常生活将发生翻天覆地的变化。

本章将从物联网的概念入手,回溯物联网的产生与发展,展望物联网的发展趋势,接着介绍了物联网相关技术中的基本元件"传感器"和数据融合技术,最后介绍物联网技术的应用。

7.1　概　　述

物联网(Internt of Things,IoT),顾名思义就是"实现物物相连的互联网"。其内涵包含两层含义:一是物联网的核心和基础仍然是互联网,是在互联网基础上的延伸和扩展的网络;二是其用户端延伸和扩展到了任何物品与物品之间,进行信息交换和通信。

物联网的提出使世界上所有的人和物在任何时间、任何地点都可以方便地实现人与人、人与物、物与物之间的信息交互。

在本小节中,将从物联网概念及其发展两方面对物联网进行介绍。

7.1.1　物联网概念

刷员工卡进入办公大楼，你所在办公室的空调和灯会自动打开。快下班了，用手机短信发送一条指令，在家"待命"的电饭锅会立即做饭，空调开始工作预先降温。如果有人非法入侵你的住宅，你还会收到自动电话报警……这些不是科幻电影中的镜头，而是正在大步向我们走来的"物联网时代"的美好生活。

那什么是物联网呢？物理世界的联网需求和信息世界的扩展需求催生出了一类新型网络——物联网。物联网最初被描述为物品通过射频识别等信息传感设备与互联网连接起来,实现智能化识别和管理。其核心在于物与物之间广泛而普遍的互联。上述特点已超越了传统互联网应用范畴,呈现了设备多样、多网融合、感控结合等特征,具备了物联网的初步形态。物联网技术通过对物理世界信息化、网络化,对传统上分离的物理世界和信息世界实现互联和整合。

经过十几年的发展,物联网的概念在不断地发展与扩充。最早的物联网概念是在1999年由麻省理工学院(MIT)Auto-ID研究中心Ashton教授提出的,主要是建立在物品编码、射频识别(Radio Frequency Identification,RFID)技术和互联网的基础上,实现在任何时候、任何地点对任何物品的识别和管理,即物品的互联互通。随着研究领域的扩大,信息产业技术的不断发展,物联网的概念已经突破了传统的狭隘的定义,覆盖了包括传感网、互联网在内的传统领域。物联网所蕴含的内容在不断地丰富,人们对物联网的认识和研究也在不断加深,但是关于物联网究竟是什么,到目前为止学术界都还没有一个精确且公认的定义,而且随着发展还会不断地涌现出新的解释。

虽然目前对物联网还没有一个统一的标准定义,但从物联网本质上看,物联网是现代信息技术发展到一定阶段后出现的一种聚合性应用与技术提升,将各种感知技术、现代网络技术和人工智能与自动化技术聚合与集成应用,使人与物智慧对话,创造一个智慧的世界。因为物联网技术的发展几乎涉及信息技术的方方面面,是一种聚合性、系统性的创新应用与发展,也因此才被称为信息产业的第三次革命性创新。

目前,对于物联网这一概念的准确定义尚未形成比较权威的表述,这主要归因于:

(1) 物联网的理论体系没有完全建立,对其认识还不够深入,还不能透过现象看出本质;

(2) 由于物联网与互联网、移动通信网、传感网等都有密切关系,不同领域的研究者对物联网思考所基于的出发点和落脚点各异,短期内还没达成共识。

物联网实际是中国人的发明,整合了美国 CPS(Cyber-Physical Systems)、欧盟 IoT (Internet of Things)和日本 U-Japan 等概念。通过与传感网、互联网、泛在网等相关网络的比较分析,我们认为:物联网是一个基于互联网、传统电信网等信息载体,让所有能被独立寻址的普通物理对象实现互联互通的网络。普通对象设备化,自治终端互联化和普适服务智能化是其三个重要特征。

在物联网时代,每一件物体均可寻址,每一件物体均可通信,每一件物体均可控制。国际电信联盟(ITU)2005 年一份报告曾描绘物联网时代的图景:当司机出现操作失误时汽车会自动报警,公文包会提醒主人忘带了什么东西,衣服会“告诉”洗衣机对颜色和水温的要求等。毫无疑问,物联网时代的到来会使人们的日常生活发生翻天覆地的变化。

7.1.2 物联网的发展

物联网的发展主要经历了以下 4 个阶段。

(1) 1995—1999 年:物联网悄然萌芽

物联网的说法最早可追溯到比尔·盖茨 1995 年所著的《未来之路》一书。在《未来之路》中,比尔·盖茨已经提及物物互联,只是当时受限于无线网络、硬件及传感设备的发展,并未引起重视。

1998 年,美国麻省理工学院(MIT)的 Sarma、Brock 和 Siu 创造性地提出将信息互联网络技术与 RFID 技术有机地结合,即利用全球统一的物品编码(Electronic Product Code, EPC)作为物品标识,利用 RFID 实现自动化的“物品”与 Internet 的连接,而无须借助特定系统,即可在任何时间、任何地点,实现对任何物品的识别与管理。

(2) 1999—2005 年:物联网正式诞生

1999 年,美国 Auto-ID 中心首先提出了“物联网”的概念,当时的物联网主要是建立在物品编码、RFID 技术和互联网的基础上。它是以美国麻省理工学院 Auto-ID 中心研究的 EPC 为核心,把所有物品通过射频识别和条码等信息传感设备与互联网连接起来,实现智能化识别和管理。其实质就是将 RFID 技术与互联网相结合加以应用。因此,EPC 的成功研制,标志着物联网的诞生。

但由于技术的不成熟,EPC编码标准的争议及信息安全之嫌等诸多因素,物联网在茫茫的大海中漂泊。5年过去了,物联网再次出现在人们面前。

(3) 2005—2009年:物联网逐渐发展

物联网的基本思想出现于20世纪90年代,但近年来才真正引起人们的关注。2005年11月17日,在突尼斯举行的信息社会世界峰会(The World Summit on the Information Society,WSIS)上,国际电信联盟(ITU)发布了《ITU互联网报告2005:物联网》。报告指出,无所不在的"物联网"通信时代即将来临,世界上所有的物体从轮胎到牙刷、从房屋到纸巾都可以通过互联网主动进行信息交换。

国际电信联盟在《The Internet of Things》报告中对物联网概念进行扩展,提出任何时刻、任何地点、任何物体之间的互联,无所不在的网络和无所不在计算的发展情景,射频识别技术(RFID)、传感器技术、纳米技术、智能嵌入技术将得到更加广泛的应用。又是5年过去了,计算机技术与通信技术的普及,互联网的平民化,人与人之间的联系变得如此简单,物与物的联系成了人们的关注点,世界掀起了物联网的热潮。

(4) 2009年:物联网蓬勃兴起

2009年1月28日,奥巴马就任美国总统后与美国工商业领袖举行了一次"圆桌会议"。作为仅有的两名代表之一,IBM首席执行官彭明盛首次提出"智慧地球"这一概念。该战略认为,把感应器嵌入和装备到电网、铁路、桥梁、隧道、公路、建筑、供水系统、油气管道等各种物体中,物品之间普遍连接,形成所谓的"物联网",使得整个地球上的物都"充满智慧",然后将"物联网"与现有的互联网整合起来,实现人类社会与物理系统的整合。

2009年6月,欧盟委员会向欧盟议会、理事会、欧洲经济和社会委员会及地区委员会递交了"欧盟物联网行动计划",其目的是希望欧洲通过构建新型物联网管理框架来引导世界"物联网"的发展。

2009年9月,欧盟发布2010年、2015年、2020年三个阶段的"欧盟物联网战略研究路线图",提出物联网在汽车、医药、航空航天等18个主要应用领域,以及物联网构架、数据处理等12个方面需要突破的关键技术。

我国政府也高度重视物联网的研究和发展。1999年,中科院在无锡成立了微纳传感网工程技术研发中心,启动了传感网的研究,2009年8月7日,温家宝总理在对该中心视察时发表重要讲话,提出"感知中国"的战略构想,即建立中国的传感信息中心。随后,我国相继成立了物联网产业的相关组织,如2009年9月10日,全国高校首家物联网研究院在南京大学成立。

2009年10月11日,工业和信息化部部长李毅中在《科技日报》上发表题为《我国工业和信息化发展的现状和展望》的文章,首次公开提及传感网络,并将其上升到战略性新兴产业的高度。

2009年11月3日,温家宝在人民大会堂向首都科技界发表了题为《让科技引领中国可持续发展》的讲话,指示要着力突破传感网、物联网关键技术,将"物联网"并入信息网络发展的重要内容。

2012年,工业和信息化部、科技部、住房和城乡建设部再次加大了支持物联网和智慧城市方面的力度。

2015 年 5 月，物联网标准化（WG10）大会的召开，确定了无锡物联网产业研究院专家继续担任 ISO/IEC30141 项目主编，揭示了我国位于国际物联网的主导地位。

2015 年，李克强总理提出指定“互联网＋”计划，推动了 WSN 与现代制造结合，促进了 WSN 的广泛应用。

2016 年，首届国际物联网标准与产业峰会在上海隆重举行，为中国和国际物联网标准与产业发展带来难得的历史机遇和广阔的发展空间。

在 RFID 年代，我国的应用甚至超越了国外；到了物联网，我国与世界同步。目前，全球物联网尚处于概念、论证和试验阶段，处于攻克关键技术、制定标准规范与研发应用的初级阶段。我国处于与国际同步地位，因此，物联网的发展之路还很漫长，物联网的网络规模在不断扩大，接入系统也在增加，异构网络结构复杂度不断提升，相信在不久的将来，物联网将在人们的生产生活中扮演举足轻重的角色，同时作为一项新兴的技术，物联网还需要在非常有限的资源条件下满足低成本、绿色节能、用户和环境友好、以用户为中心、高效等极端要求。

7.2 物联网相关技术

泛在化的感知能力是物联网的重要特征。支持物联网覆盖范围泛在化的技术就是无线网络，它作为我们感知物理世界的网络——物联网的神经末梢。传感器是无线网络组成的基本元件，它的性能决定着无线网络的性能，进一步决定着物联网的性能，所有对传感器的学习是非常重要的。

无线传感网是物联网的重要组成部分，传感器网络存在能量约束，减少传输的数据量能够有效地节省能量，因此在从各个传感器节点收集数据的过程中，可利用节点的本地结算和存储能力处理数据的融合，去除冗余信息，从而达到节省能量的目的。由于传感器节点的易失效性，传感器网络也需要数据融合技术多种数据进行综合，提高信息的准确度。

在这一节中，将要介绍物联网相关技术中的基本元件“传感器”和数据融合技术。

7.2.1 传感器

人类通过感觉器官感受外界信息，这是人类认识世界的基本途径，但是感官感受到的外界信息范围很窄，如人类不能感知上千摄氏度的温度，也不能辨别温度的微小变化，所以迫切需要一种工具来帮助自己完成这些要求较高的检测任务。传感器是能够代替人的感觉器官完成感受外界信息的功能的一种器件，它可以感知人类感官无法或难以感知的被测量，如紫外线、红外线、电磁场、无色无味的气体及高温和各种微弱信号等。

当今社会是信息化的社会，在信息时代，人们的社会活动主要依靠对信息资源的开发、获取、输出与处理。尤其在物联网中，系统需要感知各种各样的物的信息，而如何识别这些物的信息，则需要依靠物联网前端的传感器。如果把计算机比喻为处理和识别信息的“大脑”，把通信系统比喻为传递信息的“神经系统”，那么传感器就是感知和获取信息的“感觉器官”。伴随着物联网技术的不断发展，现代传感技术具有巨大的应用潜力，拥有广泛的空间，发展前景十分广阔。

传感器是信息获取的重要手段，是连接物理世界与电子世界的重要媒介，是构成物联网的基础单元。传感器已经渗透到了人们当今的日常生活中，如热水器中的温控器、电视机中的红外遥控接收器、空调中的温度/湿度传感器等。此外，传感器也广泛应用到工农业、医疗卫生、军事国防、环境保护、航空航天等领域，几乎渗透到人类的一切活动领域，发挥着越来越重要的作用。

那么，什么是传感器呢？我国国家标准(GB 7665—2005《传感器通用术语》)对传感器的定义为"能够感受规定的被测量并按照一定规律转换成可用输出信号的器件和装置"。可以从以下几个方面来理解定义。

(1) 传感器是测量装置，能完成检测任务；

(2) 传感器的输入量应该是某一被测量，可能是物理量、化学量、生物量；

(3) 传感器的输出量应该是某种物理量，这种量要便于传输、转换、处理、显示等。这种量可以是气、光、电量等，主要是电量；

(4) 传感器的输入量与输出量之间要有一定的对应关系，且应能够达到一定的精度。

传感器一般由敏感元件、转换元件和基本电路组成，如图 7-1 所示。各部分的功能为

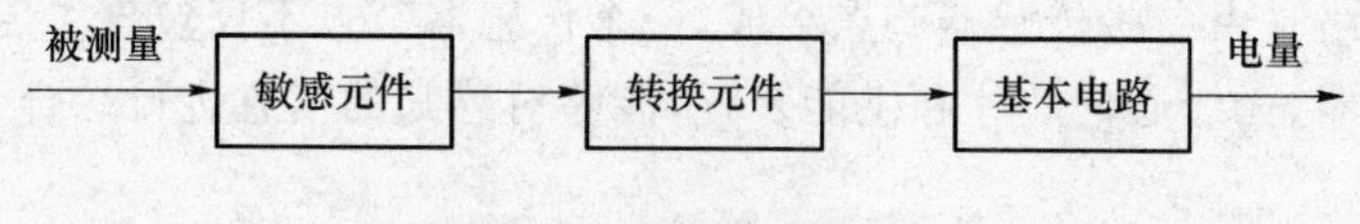

图 7-1 传感器的组成

(1) 敏感元件：传感器中能直接感受被测量的部分，并输出与被测量成确定关系的物理量。

(2) 转换元件：将敏感元件的输出作为输入转换成电路参数再输出，如电压、电感灯。

(3) 基本电路：将电路参数转换成电量输出。

传感器的种类繁多，已经达到成百上千种，以下就几种典型的传感器分别给以介绍。它们是温度传感器、湿度传感器、压力传感器、光电传感器和红外传感器等。

① 温度传感器

温度是表征物体冷热程度的物理量，温度不能直接测量，只能通过一些手段进行间接测量。

能感受温度并转换成可用输出信号的传感器。温度传感器是通过利用物质各种物理性质随温度变化的规律把温度转换为电量来间接测量温度的。

温度传感器可用于家电产品中的空调、干燥器、电冰箱、微波炉等，还用来控制汽车发动机，如测定水温、吸气温度等。

② 湿度传感器

空气的干湿程度叫作湿度，湿度传感器用来监测大气中的湿度，通常，空气的温度越高，最大湿度就越大。

湿度传感器可用于气象、科研、农业、纺织、机房、航空航天、电力等部门。

③ 压力传感器

能感受压力并转换成可用输出信号的传感器。通常使用的压力传感器主要是利用压电效应制造而成的，这样的传感器也成为压电传感器。

压力传感器是工业实践中最为常用的一种传感器，可广泛应用于军工、航空航天、铁路交通、水利水电、智能建筑、电力、石化、船舶等众多行业。

④ 光电传感器

光电传感器是以光为测量媒介、以光电器件为转换元件的传感器，它具有非接触、响应快、性能可靠等特性。

近年来，随着各种新型光电器件的不断涌现，特别是激光技术和图像技术的迅猛发展，光电传感器已成为各种光电检测系统中实现光电转换的关键元件，它可用于检测直接引起光量变化的非电量，如光强、光照度、辐射测温等；也可用来检测能转换成光量变化的其他非电量，如速度、零件直径、物体的形状等。光电传感器在传感器领域中扮演着重要的角色。

⑤ 红外传感器

红外传感系统是用红外线为介质的测量系统，红外线技术在测速系统中已经得到了广泛应用，许多产品已运用红外线技术能够实现车辆测速、探测等研究。红外传感技术已经在现代科技、国防和工农业等领域获得了广泛的应用。

7.2.2 数据融合与智能处理

无线传感网络是由一些传感器节点组成，一个传感器节点不仅包含了传感器部件，而且集成了微型处理器、无线通信芯片和供能装置，能够对感知的信息进行综合分析处理和网络传输。

在无线传感器网络中，传感器节点具有布置稠密、协作感知的特点，在数据采集过程中，相邻节点采集到的信息具有很大的相似性，而在具体应用中，往往只关心监测结果，并不需要收集大量的原始数据，所以，在数据采集的过程中充分利用节点的本地计算能力和存储能力，将多份数据或信息进行处理，组合出更有效、更符合用户需求的数据，这种数据处理的方式即为数据融合。

多传感器系统是数据融合的“硬件”基础，多源信息是数据融合的加工对象。多传感器数据融合简称数据融合，也被称为多传感器信息融合。多传感器数据融合的基本原理就像人脑综合处理信息的过程一样，它充分地利用多个传感器资源，通过对各种传感器及其观测数据的合理支配与使用，将各种传感器在空间和时间上的互补与冗余信息依据某种优化准则组合起来，产生对观测环境的一致性解释和描述。

数据融合具有如下 4 个显著特点。

(1) 信息的冗余性：同一个信号可能被不同传感器捕获，去除不必要的重复信息。

(2) 信息的互补性：一种传感器捕获一种特征，多种特征的结合将获得更全面的信息。

(3) 信息处理的及时性：多传感器的并行采集与处理。

(4) 信息处理的低成本性：为获得准确信息，可用多种廉价的传感器协作来代替单个功能强大但高价的传感器。

数据融合过程主要包括多传感器、数据预处理、数据融合中心和结果输出等环节，其过程如图 7-2 所示。

由于被测对象中包含具有不同特征的非电量，如压力、温度、色彩和清晰度等，因此首先要将它们转换成电信号，然后经过 A/D 转换将它们转换为能由计算机处理的数字量。数字化后的电信号由于环境等随机因素的影响，不可避免地会存在一些干扰和噪声。通过预处理滤除数据采集过程中的干扰和噪声，以便得到有用信号。预处理信号后的有用信号经过特征提取，并按一定的规则对特征量进行数据融合计算，最后输出融合结果。

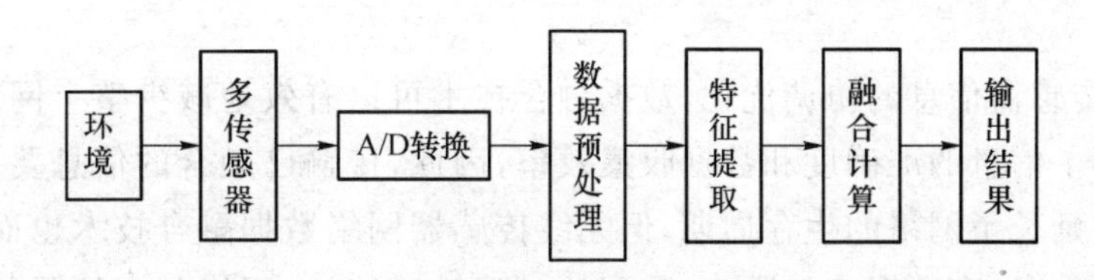

图 7-2 多传感器数据融合过程

(1) 信号获取

多传感器信号获取方法有很多,可根据具体情况采取不同的传感器获取被测对象的信号,首先将获取的信号转换成电信号,在经过 A/D 转换后进入计算机系统。

(2) 信号的预处理

在信号获取过程中,一方面由于各种客观因素的影响,在监测到的信号中常常混有噪声。另一方面,经过 A/D 转换后的离散时间信号除含有原来的噪声外,又增加了 A/D 转化器的量化噪声,因此,在对多传感器信号融合处理前,有必要对传感器输出信号进行预处理,以尽可能地去除这些噪声,提高信号的信噪比。

(3) 特征提取

对来自传感器的原始信息进行特征提取,特征可以是被测对象的各种物理量。

(4) 融合计算

数据融合的方法有很多,主要有数据相关技术、估计理论和识别技术等。数据融合大部分是根据具体问题及其特定对象来建立融合处理过程。数据融合的处理过程目前还没有统一标准。

与传统无线网络关注于高服务质量和高效的带宽利用率的特点不同,无线传感器网络节点的电池能量、计算能力、存储容量以及通信带宽都十分有限,因此,节能是其设计首要考虑的因素。

无线传感器网络大规模密集部署的特点导致收集到的数据存在大量的冗余,因此,可以在传输过程中对数据进行融合处理。在无线传感器网络应用中,数据融合技术具有以下几个作用。

(1) 节省能量。在部署无线传感器网络时,为了保证整个网络的可靠性和监测信息的准确性,配置节点时考虑了一定的冗余度。

(2) 获取更准确的信息。由于受到环境变化的影响,来自传感器节点的数据存在着较高的不可靠性,通过对监测同一区域的传感器节点采集的数据进行综合,可以有效地提高获取信息的精度和可信度。

(3) 提高数据收集效率。通过进行数据融合,可以减少网络数据的传输量,从而降低传输拥塞概率,降低数据传输延迟,减少传输数据冲突碰撞现象,可在一定程度上提高网络收集数据的效率。

数据融合处理的信息主要是来自同一类型的传感器数据,通常是对同一时间、不同空间的数据进行互补优化,得到一个较理想的结果。例如,森林防火应用中,需要对多个温度传感器探测到的环境温度数据进行融合。在无线传感器网络的实际应用中,经常将数据融合与多个协议层次进行结合。在应用层设计中,可以利用分布式数据库技术,对采集到的数据进行逐步筛选,达到融合的效果;在网络层中,很多路由协议均结合了数据融合机制,以减少数据传输量。

通过对多传感器信息的协调优化，数据融合技术可以有效地减少整个网络中不必要的通信开销，提高了信息的准确度和数据收集效率，因此，传输已融合的信息要比未经处理的数据节省能量，延长了网络的生存周期，但无线传感器网络数据融合技术也面临诸多挑战。例如，节点能源有限、多数据流的同步、数据的时间敏感特性、网络带宽的限制、无线通信的不可靠性和网络的动态特性。

7.3 物联网技术的应用

物联网用途广泛，遍及智能交通、环境保护、政府工作、公共安全、平安家居、智能消防、工业监测、老人护理、个人健康等多个领域，在生产生活中的应用举不胜举。在本节中，将要介绍三个典型应用，使读者进一步认识物联网，感受物联网的魅力，虽然物联网尚未发展完善，但已经实现的部分应用还是让我们看到了物联网的巨大潜力。

7.3.1 智能家居

大家都很熟悉以下的场景：忙碌了一天的您开车回家，在路上通过手机打开家中的空调和热水器；借助门磁或红外传感器，系统会自动打开门口的过道灯，同时打开电子门锁，开启家中的照明灯具和窗帘迎接您的归来；回到家里，坐在沙发上，喝着提前按照您的口味冲调好的咖啡，使用遥控器控制房间内各种电器设备，通过智能化照明系统选择预设的灯光场景；读书时营造书房舒适的安静；卧室里营造浪漫的灯光氛围；厨房配有可视电话，您可以一边做饭，一边接打电话或查看门口的来访者；在公司上班时，家里的情况还可以显示在办公室的电脑或手机上，供随时查看……这就是智能家居。

智能家居也称为数字家庭，或智能住宅，英文常用 Smart Home，通俗地说，智能家居是利用先进的计算机技术、网络通信技术、综合布线技术，将家庭中的各种设备(如照明系统、环境控制、安防系统、网络家电)通过家庭网络连接到一起。通过统筹管理，让家居生活更加舒适、安全、节能。

此外，智能家居还是以住宅为平台，兼备建筑、网络通信、信息家电、设备自动化，集系统、结构、服务、管理为一体的高效、舒适、安全、便利、环保的居住环境。

可以从两个方面来理解智能家居的含义：第一，智能家居将让用户有更方便的手段来管理家庭设备，比如，通过无线遥控器、电话、互联网或者语音识别方式控制家用设备，更可以执行场景操作，使多个设备形成联动；第二，智能家居内的各种设备相互间可以通信，不需要用户指挥也能根据不同的状态互动运行，从而给用户带来最大程度的高效、便利、舒适与安全。

与普通家居相比，智能家居不仅具有传统的居住功能，提供舒适安全、高品位且宜人的家庭生活空间，还提供全方位的信息交换功能，帮助家庭与外部保持信息交流畅通，优化人们的生活方式，帮助人们有效安排时间，增强家居生活的安全性，甚至为各种能源费用节约资金。

智能家居可以定义为一个系统，包含的子系统有中央控制系统、家庭安防系统、家居设备系统、家庭环境控制系统、家庭娱乐系统、家庭健康系统、家庭通信系统等,每个子系统的均具有自己完整的功能,如家庭安防系统,它是智能家居的"保安",负责家庭的一切财产安全,检查范围包括火情、水情、盗情、煤气泄漏等。一旦感知威胁,安防系统将发出警报,如遇紧急情况,还可以自动打开门窗保持救援通道畅通。

随着家居控制技术的逐渐成熟,智能家居在国外越来越普及。不同国家的国情不同,因此智能家居的风格也不一样。例如,美国智能家居偏重于豪华感,追求舒适和享受,但能耗很大,不符合世界范围内低碳、环保和开源节流的理念;澳大利亚的智能家居控制系统的特点是让房屋做到百分之百的自动化,而且不会看到任何手动的开关;日本的智能家居以人为本,注重功能,兼顾未来发展与环境保护,比较讲究充分利用空间和节省能源。

同国外相比,我国智能家居虽然起步较晚,但发展速度很快,2000年左右智能家居的概念才逐步引入中国;2001—2002年,我国进行智能家居的研究开发,有些机构和公司开始引进一些国外的系统和产品;2002—2004年,智能家居实验年,国内一些公司的网络产品逐渐进入市场;2004—2005年,智能家居推广年,新建的住宅和小区大部分配备一定的智能化设施和设备;2006年至未来几年,智能家居普及年,整个市场将以我国自行研究和开发的系统和产品为主,国外的产品将在高档系统产品占有一席之地。

在未来,没有智能家居系统的住宅将像今天不能上网的住宅那样不合潮流,但是现实的发展却是没有想象中的那么美好,还有很多现实的深层次问题值得探讨和研究。例如,智能家居必须建立统一的体系结构标准,这样才能实现各个生产厂家的产品相互兼容,但是现阶段短时间内还无法指定统一的标准,另外智能家居网络构建的原则是使用方便,安装简单,不需要额外布线,所以只有那些无线,或利用电力线和电话线的技术才比较符合家庭的要求。但目前利用现有电力线的技术存在着接入设备昂贵、技术成熟度不够的难题,利用电话线的技术也存在着家庭的电话插头少、接入产品不能芯片化、支持厂商少等问题,推广起来有一定难度。采用无线传输方式相对比较灵活,更适合智能家居环境。

物联网智能家居现在还处于起步阶段,产品大规模批量化生产还需要时间,随之而来的就是产品成本相对较高。在中国只有少部分用于试点研究安装,真正用于生活的还并不多见,所以在这个时候更加需要成熟的商业链推动其发展,使其能够在市场中找到相应的位置,同时政府也应该出台相应的扶持政策,催化物联网智能家居的可持续发展。

7.3.2 车联网

当前,交通问题的重点和主要的交通压力来源于城市道路拥挤。《2009福田指数——中国居民机动性指数报告》中显示,北京的拥堵经济成本为335.6元/月,居各城市之首,其次是广州和上海,拥堵经济成本分别为265.9元/月和253.6元/月。40%的车主每天至少被停车问题困扰过一次。拥堵问题的解决,亟待建立以车为节点的信息系统——车联网。

究竟什么是车联网呢?可以回顾一下上海世博园通用汽车馆的短片《2030》中的片段:下班高峰期,驾驶员根据车辆的自动驾驶系统驱车前行,到了十字路口却没看到红绿灯,然而,来回穿行的车辆却没有任何的碰撞。突然有一女孩穿过,汽车自动提示并且减速。此时,车前的挡风玻璃出现同时的影像,于是开始了一场视频会议……

车联网就是汽车移动物联网,指综合现有的电子信息技术,将每一辆汽车作为一个信息源，通过无线通信手段连接到网络中，进而实现对全国范围内车辆的统一管理。车联网技术是物联网技术与产业发展的重要组成部分，它利用先进传感技术、网络技术、计算技术、控制技术、智能技术，对道路和交通进行全面感知，可以实现对每一辆汽车进行交通全程控制，对每一条道路进行交通全时空控制，提高交通效率和交通安全。

从车联网定义的科学内涵来看，车联网颠覆了传统汽车与交通的概念，是物联网在交通领域的具体应用和新的表现形式，需要重点解决大规模复杂移动计算网络系统的公众信息服务可扩展性和可持续性的科学问题。为此，车联网需要建立以汽车为节点和信息源的网络信息系统，通过无线通信、人机交互等手段实现人、车、路及环境的协同交互，建立一个自主可控、可管、可靠、可预测、可扩展的超大网络系统，实现智能交通管理与控制，并为车主提供全方位的信息服务，从而达到"人—车—路—环境"的深度融合与和谐统一，这也正是构建车联网的终极目标之所在。

车联网技术研究是物联网和智能交通领域交叉研究的技术热点和前沿，具有巨大的发展潜力，主要发达国家和地区都在致力于建立基于车联网的研究和应用系统，如日本、欧美等国家和地区，以实现更高效、安全、环保的车辆和交通管理。

在国内，现已出现车联网应用的雏形，如基于 GPS/北斗卫星，北京、上海等大型城市已实现对危险品、客货运等特种车辆的实时监控与管理。通过 GPS 和车辆状态传感器监控车辆位置信息和运输路线，多种传感器组成的传感器网络监控货物安全状态，视频监测设备监控司机疲劳驾驶和槽罐闸门安全状态，后台的智能监控平台实时跟踪货物位置信息，动态预计货物到达时间，为货主、运输公司和政府监管部门提供实时可视化的全程监控手段，以便及时发现异常并提前报警。另外，北京市交通信息组织实施了星翼(STARWINGS)计划，通过浮动车系统(即通过无线通信技术收集车辆位置、速度等信息，计算生成路网实时路况信息)所生成的实时交通信息，向驾驶者提供实时的路况信息，以达到避让拥堵路段的目的。

目前，作为智能交通重要组成部分的车联网项目已被列为我国"十二五"期间的重点研究项目，作为物联网在智能交通领域的应用，车联网借助装载在车辆上的传感设备如 RFID、传感器、GPS 等收集车辆的属性信息和静、动态信息，并通过网络共享，使车与车、车与路上的行人、车与城市网络能够互相联结，从而实现更智能、更安全的驾驶运输。但当前的车联网都处于局部的试验性阶段，如果继续发展，还需要一张全国性车联网络，覆盖所有汽车能到的地方。

7.3.3　智慧地球

2009 年 1 月 28 日，奥巴马在就任美国总统后，在这一天与美国工商业领袖举行了一次"圆桌会议"。作为仅有的两名代表之一，IBM 全球董事长及首席执行总裁彭明盛明确提出"智慧地球"这一概念。

2010 年 1 月 12 日，IBM 首席执行总裁彭明盛在英国伦敦皇家国际关系学院，对"智慧地球"进一步阐述："对 IBM 而言，智慧地球是指我们能把智慧嵌入系统和流程之中，使服务的交付、产品开发、制造、采购和销售得以实现，使从人、资金到石油、水资源，乃至电子的运动方式都更加智慧，使亿万人的生活和工作方式都变得更加智慧。""大量的计算资源都能以一种规模小、数量多、成本低的方式嵌入到各类非电脑的物品中，如汽车、电器、公路、铁路、电网、服装等，或嵌入全球供应链，甚至是自然系统，如农业和水域中”。

IBM“智慧地球”战略的主要内容是把新一代IT技术充分运用在各行各业之中，即把感应器嵌入和装备到全球每个角落的医院、电网、铁路、桥梁、隧道、公路、建筑、供水系统、大坝、油气管道等各种物体中，通过互联形成“物联网”，而后通过超级计算机和云计算将物联网整合起来，人类能以更加精细和动态的方式管理生产和生活，从而达到全球“智慧”状态，最终形成“互联网＋物联网＝智慧地球”。

在“智慧地球”概念的基础上，IBM相继推出了各种具体的“智慧”解决方案，包括智慧医疗、智慧商务、智慧城市、智慧政府、智慧能源、智慧铁路、智慧银行、智慧零售等，其中，“智慧城市”是IBM“智慧地球”策略中的一个重要方面。构建智慧地球，从城市开始，“智慧城市”是“智慧地球”的缩影。

“智慧城市”能够充分运用信息和通信技术手段感测、分析、整合城市运行核心系统的各项关键信息，从而对于包括民生、环保、公共安全、城市服务、工商业活动在内的各种需求做出智能的相应，为人类创造更美好的城市生活。

“智慧城市”需要具备以下四大特征。

(1) 全面物联。智能传感设备将城市公共设施物联成网，对城市运行的核心系统实时感测。

(2) 充分整合。“物联网”与互联网系统完全连接和融合，将数据整合为城市核心系统的运行全图，提供智慧的基础设施。

(3) 激励创新。鼓励政府、企业和个人在智慧基础设施上进行科技和业务的创新应用，为城市提供源源不断的发展动力。

(4) 协同运作。基于智慧的基础设施，城市里的各个关键系统和参与者进行和谐、高效地协作，达成城市运行的最佳状态。

“智慧城市”是IBM提出的一个城市化发展新思路，它对于中国有重要的意义。一方面，智慧城市的实施将能够直接帮助城市管理者在交通、能源、环保、公共安全、公共服务等领域取得进步。另一方面，智慧基础设施的建设将为物联网、新材料、新能源等新兴产业提供广阔的市场，并鼓励创新，为知识型人才提供大量的就业岗位和发展机遇。除此之外，智慧城市还可以为地方政府管理城市、引导城市发展提供先进的手段，并客观上成为衡量城市科学发展水平的一把尺子。

下面列举几个“智慧地球”在中国的应用案例。

(1) 绿色之都

南京市人民政府与IBM签署战略合作备忘录，宣布双方将在智慧城市建设领域展开全方位的战略合作，携手打造“智慧之都”“绿色之都”“枢纽之都”以及“博爱之都”和落实“三个发展”的基本目标，共同以“智慧城市”驱动南京的科技创新，促进产业转型升级，加快发展创新型经济。双方将以四个领域为重点推动“智慧南京”发展进程，包括智慧的基础设施建设、智慧的产业建设、智慧的政府建设和智慧的人文建设。

(2) 生态沈阳

沈阳市人民政府与IBM及东北大学共同举行了战略合作签约仪式，宣布沈阳生态城市联合研究院城市成立。该生态城市联合研究院将以生态城市、环境建设样板城市为目标，结合各方技术资源和研究能力，推动沈阳在五年内从工业化城市向国家生态城市行列迈进，建成全国环境建设样板城市，为沈阳构建和谐、安全、便利、舒适的生态人居环境。

(3) 智慧昆明

昆明市人民政府与 IBM 共同举行了合作备忘录签约仪式，宣布双方将立足科学发展观，坚持以人为本，参考世界先进经验，综合运用物联网、云计算、决策分析与优化等先进信息技术着力解决人民群众最关心、最直接、最现实的问题，加速昆明市现代化和国际化进程，携手建设资源节约型和环境友好型的"智慧昆明"。在此合作中，"智慧交通""智慧物流""智慧医疗""服务型政府电子政务""人才培养"等领域将作为重点领域。

本章小结

本章首先阐述了物联网的基本概念，介绍了物联网的发展历史及国内外的发展现状，展望了物联网的发展趋势，然后介绍了传感器的概念、组成及其常见的一些传感器，接下来又介绍了数据融合的概念、特点、数据处理过程和作用，最后介绍了物联网未来的三个典型应用。

第8章 虚拟现实

虚拟现实利用计算机生成虚拟环境，通过人的视、听、处决等作用于用户，使之产生身临其境的感觉，在该虚拟环境中用户也可以操作系统中的对象并与之交互。虚拟现实技术所带来的身临其境的神奇效应征渗透到各行各业，成为近年来国际科技界关注的一个热点。

本章主要介绍虚拟现实的基本概念、发展历史、相关工具和应用概况，重点介绍了虚拟现实在虚拟博物馆、医学、室内设计、实验教学等方面的应用。

8.1 概 述

虚拟现实（Virtual Reality，VR）是计算机模拟的三维环境，是一种可以创建和体验虚拟世界（Virtual world）的计算机系统。虚拟环境是由计算机生成的，它通过人的视、听、触觉等作用于用户，使之产生身临其境的感觉的视景仿真。它是一门涉及计算机、图像处理与模式识别、语音和音响处理、人工智能技术、传感与测量、仿真、微电子等技术的综合集成技术。用户可以通过计算机进入这个环境并能操纵系统中的对象并与之交互。

8.1.1 虚拟现实基本概念

从技术的角度来说，虚拟现实可用 Burdea G 提出的“虚拟现实技术的三角形”简洁地说明虚拟现实技术的基本特征，即 3 个“I”，它们是 Immersion-Interaction-Imagination（沉浸—交互—构思），其逻辑结构如图 8-1 所示。这 3 个“I”突来人在虚拟现实系统中的主导作用：

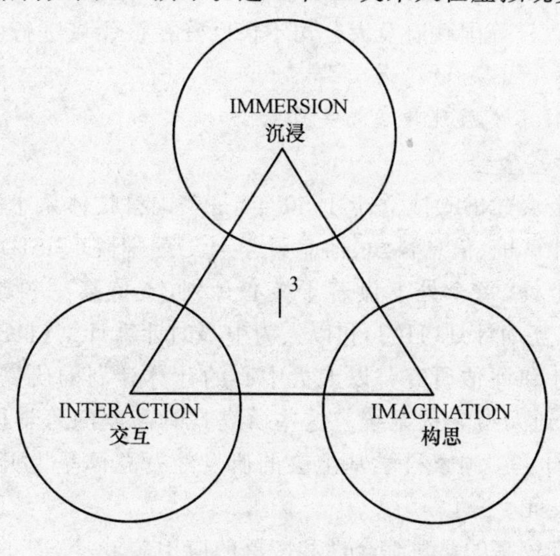

图 8-1 虚拟现实技术的基本特征

(1) 人不只是被动地通过键盘、鼠标等输入设备和计算机环境中的单维数字化信息发生交互作用、从计算机系统的外部去观测计算处理的单调结果,而是能够主动地浸到计算机系统所创建的环境中去,计算机将根据用户的特定行为而不是接口设备的状态来实现人机交互;

(2) 人用多种传感器与多维化信息系统的环境发生交互,即用集视、听、嗅、触等多感知于一体的、人类更为适应的认知方式和便利的操作方式来进行,以自然、直观的人机交互方式来实现高效的人机协作,从而使用户沉浸其中,使参与者有“真实”的体验;

(3) 人能像对待一般物理实体一样去体验、操作信息和数据,并在体验中插上想象的翅膀,翱翔于这个多维信息构成的虚拟空间中,成为和谐人际环境的主导者。

现在大部分虚拟现实技术都是通过计算机屏幕、特殊显示设备或立体显示设备获得一种视觉体验。一些仿真中也包含了其他的感觉处理,比如从音响和耳机中获得声音效果。在一些高级触觉系统中还包含了触觉信息(也叫作力反馈),如在医学和游戏等应用领域这种触觉信息非常重要。人们与虚拟环境交互或者通过使用标准装置(如键盘与鼠标),或者通过仿真装置(如电子手套、情景手臂、全方位踏车等)。虚拟环境即可以模仿现实世界中的一些事物(如飞行仿真和作战训练),也可以纯粹模拟一个场景(如虚拟现实游戏等)。就目前的实际情况来说,由于计算机处理能力、图像分辨率、通信带宽技术上的限制,还很难形成一个高逼真的虚拟现实环境。然而,随着处理器、图像和数据通信技术的不断发展,这些限制终将被突破。

8.1.2 虚拟现实的发展历史

VR 技术起源于 1965 年 Ivan Sutherland 在 IFIP 会议上所做的“终极的显示”报告。20 世纪 80 年代美国 VPL 公司的创建人之一 Jaron Lanier 正式提出了 Virtual Reality 一词。VR 技术兴起于 20 世纪 90 年代。2000 年以后,VR 技术整合发展中的 XML、Java 等先进技术,应用强大的 3D 计算能力和交互式技术,提高渲染质量和传输速度,进入了崭新的发展时代。VR 技术是经济和社会生产力发展需求的产物,有着广阔的应用前景。为了把握 VR 的技术优势,美、英、日等国政府及大公司不惜巨资在该领域进行研发,并显示出良好的应用前景。

1. 美国虚拟现实技术发展现状及相关政策

(1) 美国国家科学基金会

美国国家科学基金会(NSF)成立于 1950 年,是美国科技体系中的一个重要机构,NSF 下辖 7 个学部。其中计算机、信息科学、信息科学与工程学院(CISE)资助的 VR 技术项目最多。该学部下设 3 个处,每个处下设若干核心计划,支持某一领域的科研项目,其中与 VR 技术相关的是人机互动计划(HCI)和以人为中心的计算计划(HCC)。人机互动计划支持对人机互动系统设计和评估研究。以人为中心的计算计划的研究对象覆盖各种计算平台,设备规模从单用户到大型异构系统。这些研究具有高度的跨学科特性,因而经常得到 NSF 其他计划的联合自主。国家科学基金会的研发经费总体呈上升趋势,CISE 每年的平均研发经费约为 5 亿美元。

由于虚拟现实具有较高的学科综合性和广泛的应用领域,NSF 的其他学部也都资助与 VR 技术相关的项目。资助项目较多的有工程学部(ENG)下设的产业创新与合作处(IIP)

和民用、机械与制造创新处(CMMI)以及教育与人力资源学部(EHR)下设的大学本科教育处(DUE)。

(2) 美国航空航天局

美国国家航天(NASA)成立于1958年,是世界上最大的空间开发机构。NASA已经建立了航空、卫星维护VR训练系统,空间站VR训练系统,以及可供全国使用的VR教育系统。NASA下辖10个研究中心,其中支持VR技术研发最多的是艾姆斯研究中心(ARC)。

艾姆斯研究中心是美国信息技术的领先研究机构之一,年度预算6亿美元(2008年),研究重点是高性能计算、网络技术和智能系统。其中与VR关系最为密切的是中心下设的探索技术理事会下的人际综合处(HSID),该处主要研究领域为虚拟航空建模仿真、平视显示器、虚拟环境界面等。HISD的研发工作主要由航空研究任务理事会(ARMD)和探索系统任务由理事会(ESMD)资助。每个理事会下设若干研究计划,资助HISD研发的计划有空域系统计划、航空安全计划、基础航空计划、星座计划、人类研究计划等。艾姆斯研究中心开展了一系列的虚拟现实研究项目,如"虚拟行星探索(VPE)"的实验计划,设立未来飞行中心(Future Flight Central),利用VR技术估计跑道安全等。

(3) 国防部

美国国防部(DOD)主导美国国防科研。第二次世界大战后,国防科技在美国的科技创新体系中长期占据主导地位,其所获得的联邦政府科研投入一直占联邦科研经费总额的50%左右。美国国防部非常重视VR技术的研发和应用。VR技术在武器系统性能评价、武器操纵训练及指挥大规模军事演习等方面发挥着重要作用。

20世纪80年代初,美国的DARPA(Defense Advanced Research Projects Agency)为坦克编队作战训练开发了一个使用的虚拟战场系统SIMNET。SIMNET系统中的每个独立的模拟器都能单独模拟M1坦克的全部特性,包括导航、武器、传感和显示等性能,对坦克装置上的武器、传感器和发动机等的模拟是在特定的作战环境下进行的。DARPA计划进一步扩大仿真数据库,从目前的1 000个对象扩大到100 000个(2000年前完成)。北大西洋公约组织(NATO)计划把各个不同国家的兵力逐步汇集入SIMNET而成为一个虚拟战场,然后把空战仿真系统(Air Warfare Simulation System,AWSIMS)和海战仿真系统(Naval Warfare Simulation System,NWSIMS)与SIMNET相连。

(4) 其他部门

美国能源部(DOE)为改善运作模式、节省研发经费和时间积极发展VR技术。能源部1995年启动了"高级仿真和计算计划",旨在帮助能源部用计算机仿真代替传统的实验方法。

美国卫生与福利部(HHS)下属的卫生研究院(NIH)进行了一系列VR技术的研究。早在1986年就着手开展"可视人计划",应用于诸多领域。另外,卫生研究院还资助其他科研人员进行VR技术研究。2008年精神卫生研究所应用VR技术研究治疗创伤后应激综合征(PTSD),取得良好效果。同年伊利诺伊卫斯理大学的研究人员获得资助,应用VR技术研究人们的性行为选择,以降低艾滋病病毒(HIV)的传播。

此外,联邦航空局(FAA)、教育部(ED)甚至一些州政府也都有开展VR技术研发的机构或计划。联邦航空局下属的民用航天医学研究所(CAMI)开发了首个VR空间定向障碍示范器(VRS-DD)。教育部资助了一些虚拟现实的研究项目,比如培训系统的开发。美国加州政府则将 VR 技术作为重要应用写入宽带网络发展计划中。

(5) 美国大学虚拟现实技术研发现状

高校是推动虚拟现实技术基础研究的重要力量。北卡罗来纳大学(UNC)计算机系是进行虚拟现实研究最早最著名的大学。他们主要研究分子建模、航空驾驶、外科手术仿真、建筑仿真等。

Lonma Linda 大学医学中心的 David Warner 博士和他的研究小组成功地将计算机图形及 VR 的设备用于探讨与神经疾病相关的问题,首创了 VR 儿科治疗法。

麻省理工学院(MIT)是研究人工智能、机器人和计算机图形学及动画的先锋,这些技术都是 VR 技术的基础。1985 年 MIT 成立了媒体实验室,进行虚拟环境的正规研究。

SRI 研究中心建立了"视觉感知计划",研究现有 VR 技术的进一步发展,1991 年后,SRI 进行了利用 VR 技术对军用飞机或车辆驾驶的训练研究,试图通过仿真来减少飞行事故。

华盛顿大学的华盛顿技术中心的人机界面技术实验室(HIT Lab)将 VR 研究引入了教育、设计、娱乐和制造领域。伊利诺斯州立大学研制出在车辆设计中支持远程协作的分布式 VR 系统。乔治梅森大学研制出一套在动态虚拟环境中的流体实时仿真系统。

(6) 美国企业虚拟现实技术研发及应用现状

企业是推动 VR 技术应用和产业化的重要力量。IBM 公司把互联网和 VR 技术作为正在兴起的商机,投入上亿资金资助研发。其推出的 Bluegrass 是一个虚拟现实应用程序,能够让用户建立虚拟的会议室。

IBM 2008 年启动的"Sametime 3D"项目,将虚拟世界整合到 Lotus Sametime 即时通信与协作应用软件。IBM 还与故宫博物院合作推出"超越时空的紫禁城"。这是中国第一个在互联网上展现重要历史文化景点的虚拟世界。

微软公司开发了诸多 VR 技术:Photosynth 软件能够让用户使用一组有相似性的照片生成一个 3D 场景;Silverlight 插件支持 3D 效果,并能使用显示卡的 GPU 硬件加速功能来提高显示质量;3D 体感摄影机 Project Natal 导入了即时动态捕捉、影像辨识、麦克风输入、语音辨识、社群互动等功能;World-Wide Telescope 基于 Web 2.0 可视化环境,是 Inter-net 上的一个虚拟望远镜,用户可以对图像进行无缝缩放和平移;Virtual Earth 3D 的使用者可以浏览美国主要城市的全方位 3D 图片。谷歌地球(Google Earth,GE)是一款谷歌公司开发的虚拟地球仪软件,如图 8-2 所示,它把卫星照片、航空照相和 GIS 布置在一个地球的三维模型上,还可以看火星、月球和星空地图。

施乐公司(Xerox)研究中心在 VR 领域主要从事利用虚拟现实通信建立未来办公室的研究,并设计一项基于 VR 使得数据存取更容易的窗口系统。此外,波音公司的波音 777 运输机采用全无纸化设计,利用所开发的 VR 系统将虚拟环境叠加于真实环境之上,把虚拟的模板显示在正在加工的工件上,工人根据此模板控制待加工尺寸,简化加工过程。需要强调的是,美国企业的 VR 技术不单着眼于研发,许多 VR 商品以面向市场、面向用户为基础,其商业化应用取得了良好的效果。

2. VR 技术在欧洲的研究现状

在欧洲,英国在 VR 开发的某些方面,特别是在分布并行处理、辅助设备(包括触觉反馈)设计和应用研究方面,在欧洲来说是领先的。英国 Bristol 公司发现,VR 应用的焦点应

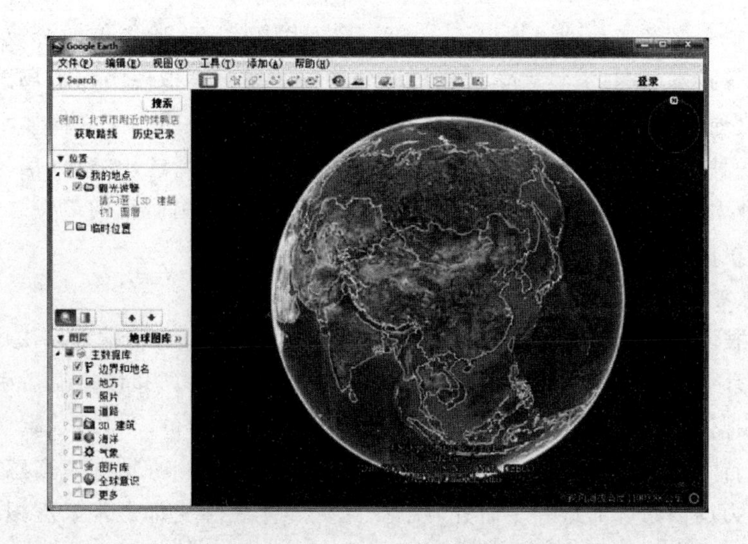

图 8-2 Google Earth 界面

集中在整体综合技术上，他们在软件和硬件的某些领域处于领先地位。英国 ARRL 公司关于远地呈现的研究实验，主要包括 VR 重构问题，其产品还包括建筑和科学可视化计算。

欧洲其他一些发达国家，如荷兰、德国、瑞典等也积极进行了 VR 的研究与应用。

瑞典的 DIVE 分布式虚拟交互环境，是一个基于 UNIX 的、不同节点上的多个进程可以在同一世界中工作的异质分布式系统。

荷兰海牙 TNO 研究所的物理电子实验室（TNO-PEL）开发的训练和模拟系统，通过改进人机界面来改善现有模拟系统，以使用户完全介入模拟环境。

德国在 VR 的应用方面取得了出乎意料的成果。在传统产业方面，一是用于产品设计、降低成本，避免新产品开发的风险；二是产品演示，吸引客户争取订单；三是用于培训，在新生产设备投入使用前用虚拟工厂来提高工人的操作水平。

2008 年 10 月 27～29 日在法国举行的 ACM Symposium on Virtual Reality Software and Technology 大会，从整体上促进了虚拟现实技术的深入发展。

3. 我国虚拟现实技术发展及应用现状

我国 VR 技术研究起步较晚，与国外发达国家还有一定的差距，但现在已引起国家有关部门和科学家们的高度重视，并根据我国的国情，制定了开展 VR 技术的研究计划。就五规划、国家自然科学基金委、国家高技术研究发展计划等都把 VR 列入了研究项目。国内一些重点院校，已积极投入到这一领域的研究工作。

北京航空航天大学是国内最早进行 VR 研究、最有权威的单位之一，并在以下方面取得了进展：着重研究了虚拟环境中物体物理特性的表示与处理；在虚拟现实中的视觉接口方面开发出部分硬件，并提出了有关算法及实现方法；实现了分布式虚拟环境网络设计，可以提供实时三维动态数据库、虚拟现实演示环境、用于飞行员训练的虚拟现实系统、虚拟现实应用系统的开发平台。

浙江大学 CAD&CG 国家重点实验室开发出了一套桌面虚拟建筑环境实施漫游系统，还研制出了在虚拟环境中一种新的快速漫游算法和一种递进网格的快速生成算法；哈尔滨工业大学计算机系已经成功地虚拟出了人的高级行为中特定人脸图像的合成、表情的合成和唇动的合成等技术问题；清华大学计算机科学和技术系对虚拟现实和临场感的方面进行了研究；西安交通大学信息工程研究所对虚拟现实中的关键技术——立体显示技术进行了研究，提出另一种集约 JPEG 标准压缩编码新方案，获得了较高的压缩比、信噪比以及解压速度；北方工业大学 CAD 研究中心是我国最早开展计算机动画研究的单位之一，中国第一部完全用计算机动画技术制作的科教片《相似》就出自该中心。

4. *虚拟现实技术的发展趋势及未来*

虚拟现实技术依赖于计算机的高速运算和传输。高速运算和传输能解决虚拟现实环境的复杂逼真的环境构造和海量数据处理的问题，从而解决因计算和传输滞后引起参与者的心理疾病。虚拟体的基本属性是与几何、物理和生物行为融合的。再好的真实感也离不开虚拟体的仿真行为。虚拟现实技术的真实感主要体现在视觉和听觉上，“多感知交互”正在成为热点。对力反馈系统的进一步研究、嗅觉、味觉和体表感受都是未来虚拟现实的内容。基于互联网的虚拟现实伴随互联网那个的发展而成为热点。

我国的虚拟软件还处于起步阶段，希望国内有更多的自主知识产权的开发平台。国内的食品安全问题严峻，利用虚拟现实技术可重现农作物生产过程中的病虫害和治理过程，并计算污染程度等，是在源头杜绝污染是食品检测的有效手段之一。

广阔的应用领域又向虚拟现实技术提出了新的穿衣和难题，应进一步推动虚拟现实的发展，目前 VR 技术的发展仅限于人们的想象。

8.2 虚拟现实的实现

8.2.1 技术基础

虚拟现实是多种技术的综合，包括实时三维计算机图形技术、广角（宽视野）立体显示技术、对观察者头、眼和手的跟踪技术以及触觉/力觉反馈、立体声、网络传输、语音输入输出技术等。下面对这些技术分别加以说明。

(1) 实时三维计算机图形

相比较而言，利用计算机模型产生图形图像并不是太难的事情。如果有足够准确的模型，又有足够的时间，我们就可以产生不同光照条件下各种物体的精确图像，但是这里的关键是实时。例如在飞行模拟系统中，图像的刷新相当重要，同时对图像质量的要求也很高，再加上非常复杂的虚拟环境，问题就变得相当困难。

(2) 显示

人在看周围的世界时，由于两只眼睛的位置不同，得到的图像略有不同，这些图像略有不同，这些图像在脑子里面融合起来，就形成了一个关于周围世界的整体景象。这个景象中包括了距离远近、物体大小的比较等。

在 VR 系统中，双目立体视觉起了很大作用。用户的两只眼睛看到的不同图像是别产生的，显示在不同的显示器上。有的系统采用单个显示器，但用户带上特殊的眼镜后，一只眼睛只能看到奇数帧图像，另一只眼睛只能看到偶数帧图像，奇、偶帧之间的不同就使视差产生了立体感。

(3) 用户(头、眼)的跟踪

在人造环境中,每个物体相对于系统的坐标系都有一个位置与姿态,而用户也是如此。用户看到的景象是由用户的位置和头(眼)的方向来确定的。

跟踪头部运动的虚拟现实头套:在传统的计算机图形技术中,视场的改变是通过鼠标或键盘来实现的,用户的视觉系统和运动感知。

系统是分离的,而利用头部跟踪来改变图像的视角,用户的视觉系用和运动感知系统之间就可以联系起来,感觉更逼真。另一个优点是,用户不仅可以通过双目立体视觉去认识环境,而且可以通过头部运动去观察环境。

在用户与计算机的交互中,键盘和鼠标是目前最常用的工具,但对于三维空间来说,他们都不太适合。在三维空间中因为有六个自由度,我们很难找出比较直观的办法把鼠标的平面运动映射成三维空间的任意运动。现在,已经有一些设备可以提供六个自由度,如 3Space 数字化仪和 Space Ball 空间球等。另外一些性能比较优异的设备是数据手套和数据衣。

(4) 声音

人能够更好地判断声源的方向。在水平方向上,我们靠声音的相位差及强度的差别来确定声音的方向,因为声音到达两只耳朵的时间或距离有所不同。常见的立体声效果就是靠左右耳听到在不同位置录制的不同声音来实现的,所以会有一种方向感。在现实生活中当头部转动时,听到的声音的方向就会改变。但目前在 VR 系统中,声音的方向与用户头部的运动无关。

(5) 感觉反馈

在一个 VR 系统中,用户可以看到一个虚拟的杯子。你可以设法去抓住它,但是你的手没有真正接触杯子的感觉,并有可能穿过虚拟杯子的“表面”,而在这现实生活中是不可能的。解决这一问题的常用装置是在手套内安装一些可以振动的触点来模拟触觉。

(6) 语音

在 VR 系统中,语音的输入/输出也很重要。再聚合就是要求虚拟环境能够听懂人的语言,并能与人实时交互。而让计算机是别人的语音是相当困难的,因为语音信号和自然语言信号有其“多边性”和复杂性。例如,连续语音中词语词之间没有明显的停顿,同一词、同一字的发音受前后词、字的影响。不仅不同人说同一词会有所不同,就是同一人的发音也会受到心理、生理和环境的影响而有所不同。

8.2.2 虚拟现实的交互工具

使用人的自然语言作为计算机输入目前有两个问题:首先是效率问题,为便于计算机理解,输入语音可能会相当啰唆;其次是正确性问题,计算机理解语音的方法是对比匹配,而没有人的智能。

作为人和计算机交互通信的工具有很多。通过这些交互工具,计算机能够迅速方便地获取人的动作、声音、视觉以及生理信号等信息。同时交互工具还可以通过一些化学或者物理方法反馈给人触觉、嗅觉、视觉、听觉等信息。下面介绍一些主要的交互工具。

(1) 数据手套

数据手套是虚拟仿真中最常用的交互工具,如图 8-3 所示。数据手套设有弯曲传感器,弯曲传感器由柔性电路板、力敏元件、弹性封装材料组成，通过导线连接至信号处理电路；在柔性电路板上设有至少两根导线，以力敏材料包覆于柔性电路板大部，再在力敏材料上包覆一层弹性封装材料，柔性电路板留一端在外，以导线与外电路连接。把人手的姿态准确实时地传递给虚拟环境，并且能够把与虚拟物体的接触信息反馈给操作者。使操作者以更加直接、更加自然、更加有效的方式与虚拟世界进行交互，大大增强了互动性和沉浸感；并为操作者提供了一种通用、直接的人机交互方式，特别适用于需要多自由度手模型对虚拟物体进行复杂操作的虚拟现实系统。数据手套本身不提供与空间位置相关的信息，必须与位置跟踪设备连用。

(2) 力矩球

力矩球(空间球 Space Ball，见图 8-4)是一种可提供为 6 自由度的外部输入设备，他安装在一个小型的固定平台上。6 自由度是指宽度、高度、深度、俯仰角、转动角和偏转角，可以扭转、挤压、拉伸以及来回摇摆，用来控制虚拟场景做自由漫游，或者控制场景中某个物体的空间位置机器方向。力矩球通常使用发光二极管来测量力。它通过装在球中心的几个张力器测量出手所施加的力，并将其测量值转化为三个平移运动和三个旋转运动的值送入计算机中，计算机根据这些值来改变其输出显示。力矩球在选取对象时不是很直观，一般与数据手套、立体眼镜配合使用。

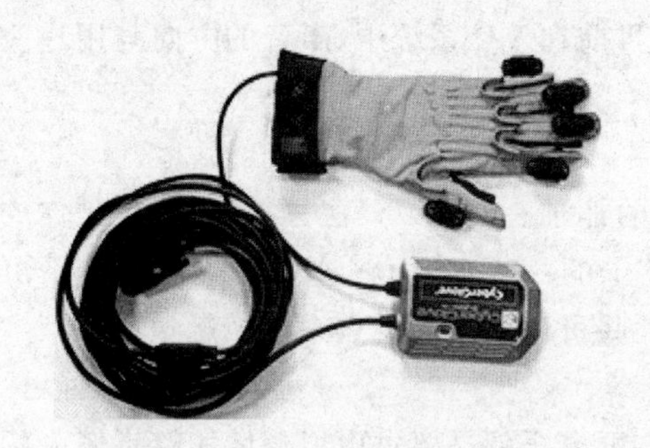

图 8-3　数据手套

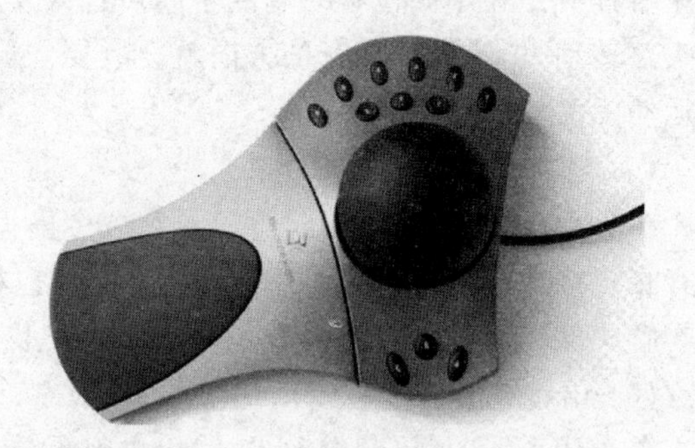

图 8-4　力矩球

(3) 操纵杆

操纵杆(见图 8-5)是一种可以提供前后左右上下 6 个自由度及手指按钮的外部输入设备，适合对虚拟飞行等的操作。由于操纵杆采用全数字化设计，所以其精度非常高。无论操作速度多快，它都能快速作出响应。操纵杆的优点是操作灵活方便，真实感强，相对于其他设备来说价格低廉。缺点是只能用于特殊的环境，如虚拟飞行。

图 8-5　操纵杆

(4) 触觉反馈装置

在 VR 系统中如果没有触觉反馈，当用户接触到虚拟世界的某一物体时易使手穿过物体，从而失去真实感。解决这种问题的有效方法是在用户交互设备中增加触觉反馈。触觉反馈主要是居于视觉、气压感、振动触感、电子触感和神经肌肉模拟等方法来实现的。向皮肤反馈可变点脉冲的电子触感反馈和直接刺激皮层的神经肌肉模拟反馈都不太安全，相对而言，气压式和振动触感是较为安全的触觉反馈方法。

气压式触摸反馈是一种采用小空气袋作为传感装置的。它由双层手套组成，其中一个输入手套来测量力，有20～30个力敏元件分布在手套的不同位置，当使用者在VR系统中产生虚拟接触的时候，检测出手的各个部位的手里情况。用另一个输出手套再现所检测的压力，手套上也装有20～30个空气袋放在对应的位置，这些小空气袋由空气压缩泵控制其气压，并由计算机对气压值进行调整，从而实现虚拟手物碰触时的触觉感受和手里情况。该方法实现的触觉虽然不是非常的逼真，但是已经有较好的结果。

振动反馈是用声音线圈作为振动换能装置以产生振动的方法。简单的换能装置就如同一个未安装喇叭的声音线圈，复杂的换能器是利用状态记忆合金支撑。当电流通过这些换能装置时，它们都会发生形变和弯曲。可能根据需要把换能器做成各种形状，把它们安装在皮肤表面的各个位置，这样就能产生对虚拟物体的光滑度、粗糙度的感知。

(5) 力觉反馈装置

力觉和触觉实际是两种不同的感知，触觉包括的感知内容更加丰富，如接触感、质感、纹理感以及温度感等；力觉感知设备要求能反馈力的大小和方向，与触觉反馈装置相比，力反馈装置相对成熟一些。目前已经有的力反馈装置有力量反馈臂、力量反馈操纵杆、笔式六自由度游戏棒等。其主要原理是有计算机通过力反馈系统对用户的手、腕、臂等运动产生阻力，从而使用户感受到作用力的方向和大小。由于人对力觉感知非常敏感，一般精度的装置根本无法满足要求，而研制高精度力反馈装置又相当昂贵，这是人们面临的难题之一。

(6) 运动捕捉系统

在VR系统中为了实现人与VR系统的交互，必须确定参与者的头部、手、身体等位置的方向，准确地跟踪测量参与者的动作，将这些动作实时监测出来，以便将这些数据反馈给显示和控制系统。这些工作对VR系统是必不可少的，也正是运动捕捉技术的研究内容。到目前为止，常用的运动捕捉技术从原理上说可分为机械式、声学式、电磁式和光学式。同时，不依赖于传感器而直接识别人体特征的运动捕捉技术也将很快进入实用。从技术角度来看，运动捕捉就是要测量、跟踪、记录物体在三维空间中的运动轨迹。

(7) 机械式运动捕捉

机械式运动捕捉(见图8-6)依靠机械装置来跟踪和测量运动轨迹。典型的系统由多个关节和刚性连杆组成，在可转动的关节中装有角度传感器，可以测得关节转动角度的变化情况。装置运动是根据角度传感器所测得的角度变化和连杆的昂度，可以得出杆件末端点在空间中的位置和运动轨迹。实际上，装置上任何一点的轨迹都可以求出，刚性连杆也可以换成长度可变的伸缩杆。机械式运动捕捉的一种应用形式是将欲捕捉的运动物体与机械结构相连，物体运动带动机械装置，从而被传感器记录下来。这种方法的优点是成本低、精度高，可以做到实时测量，还可以允许多个角色同时表演，但是使用起来非常不方便，机械结构对表演者的动作的阻碍和限制很大。

(8) 声学运动捕捉

常用的声学捕捉设备由发送器、接收器和处理单元组成。发送器是一个固定的超声波发送器，接收器一般由呈三角形排列的三个超声波探头组成。通过测量声波从发送器到接

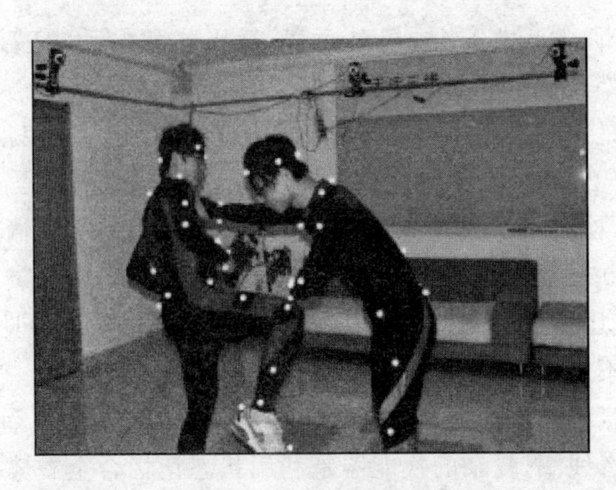

图 8-6 机械式运动捕捉

收器的时间或者相位差，系统可以确定接收器的位置和方向。这类装置的成本较低，但对运动的捕捉有较大的延迟和滞后，实时性较差，精度一般不很高，声源和接收器之间不能有大的遮挡物，受噪声影响和多次反射等干扰较大。由于空气中声波的速度与大气压、湿度、温度有关，所以必须在算法中做出相应的补偿。

(9) 电磁式运动捕捉

电磁式运动捕捉是比较常用的运动捕捉设备。一般由发射源、接收传感器和数据处理单元组成。发射源在空间按照一定时空规律分布的电磁场；接收传感器安置在表演者沿着身体的相关位置，随着表演者在电磁场中运动，通过电缆或者无线方式与数据处理单元相连。它对环境的要求比较严格，在使用场地附近不能有金属物品，否则会干扰电磁场，影响精度。系统的允许范围比光学式要小，特别是电缆对使用者的活动限制比较大，对于比较剧烈的运动则不适用。

(10) 光学式运动捕捉

光学式运动捕捉通过对目标上特定光点的监视和跟踪来完成运动捕捉的任务。目前常见的光学式运动捕捉大多数居于计算机视觉原理。从理论上说，对于空间中的一个点，只要它能同时被两个相机缩减，则根据同一时刻两个相机所拍摄的图像和相机参数，可以确定这一时刻该点在空间中的位置。当相机以足够高的速率连续拍摄时，从图像序列中就可以得到该店的运动轨迹。这种方法的缺点就是价格昂贵，虽然可以实时捕捉运动，但后期处理的工作量非常大，对于表演场的光照、反射情况有一定的要求，装置定标也比较烦琐。

(11) 数据衣

在 VR 系统中比较常用的运动捕捉是数据衣。数据衣为了让 VR 系统识别全身运动而设计的输入装置。它是根据“数据手套”的原理研制出来的，这种衣服装备着许多触觉传感器，穿在身上，衣服里面的传感器能够根据身体的动作探测和跟踪人体的所有动作。数据衣对人体大约 50 个不同的关节进行测量，包括膝盖、手臂、躯干和脚。通过光电转换，身体的运动信息被计算机识别，反过来衣服也会反作用在身上产生压力和摩擦力，使人的感觉更加逼真。和 HMD、数据手套一样，数据衣也有延迟大、分辨率低、作用范围小、使用不便的缺点，另外数据衣还存在着一个潜在的问题就是人的体型差异比较大。为了检测全身，不但要检测肢体的伸张状况，而且还要检测肢体的空间位置和方向，这需要许多空间跟踪器。

我国 VR 技术研究起步较晚，与国外发达国家还有一定的差距，但现在已引起国家有关部门和科学家们的高度重视，并根据我国的国情，制定了开展 VR 技术的研究计划。九五规划、国家自然科学基金委、国家高技术研究发展计划等都把 VR 列入了研究项目。国内一些重点院校，已积极投入到了这一领域的研究工作。

关于虚拟现实的研究我国已经完成了 2 个“863”项目，完成了体视动画的自动生成部分算法与合成软件处理，完成了 VR 图像处理与演示系统的多媒体平台及相关的音频资料库，制作了一些相关的体视动画光盘。

当前，我国专注于虚拟现实与仿真领域的软硬件研发与推广，已具备了国际上比较先进的虚拟现实技术解决方案和相关服务，产品有虚拟现实编辑器、数字城市仿真平台、物理模拟系统、三维网络平台、工业仿真平台、三维仿真系统开发包，以及多通道环幕立体投影解决方案等，能够满足不同领域不同层次的客户对虚拟现实的需求。

8.3 虚拟现实的应用

虚拟现实科学技术领域具有两个方面的结合性特点：一是由多学科交叉结合形成，在多学科交叉结合中创新、发展虚拟现实技术，在建模、绘制、人机交互等方面的研究需要综合数学、物理、电子学、控制学、计算机科学、心理学、人工智能等不同学科的研究成果；二是具有很强的应用性，与应用领域的特点、需求密切结合，虚拟现实应用于不同的行业和领域时，要结合该行业、领域的特点，研究与不同领域应用模型相结合的方法和技术应用是虚拟现实技术发展的主要推动力。

任何一种科学技术都有其产生的背景，也都有其真正的适用、能够发挥作用的领域。虚拟现实的本质作用就是“以虚代实”“以科学计算代实际试验”。因此，有专家认为虚拟现实对工程应用的作用就如同数学对于物理的作用。

虚拟现实通过沉浸、交互和构思的 3I 特性能够高精度地对现实世界或家乡世界的对象进行模拟与表现，辅助用户进行各种分析，从而为解决面临的复杂问题提供了一种新的有效手段。因此虚拟现实从产生之初就受到许多行业，特别是一些需要消耗大量人、财、物，以及具有危险性的应用领域的高度关注，如在军事、航空航天等领域研制了分布式虚拟战场环境和哈勃望远镜的维修训练系统等，并取得了成功，令人瞩目。目前，除上述领域外，虚拟现实技术被广泛应用于公共安全、工业设计、医学、规划、交通和文化教育等行业和部门，开发建立了多种类型的应用系统，产生了巨大的经济和社会效益。

一般来说，虚拟现实在不同领域的应用主要集中在培训与演练、规划与设计、展示与娱乐 3 个方面。其中，培训与演练类系统的特点是对现实世界进行建模，形成虚拟环境以代替真实的训练环境，操作人员可以参与到这一虚拟环境中进行反复的操作训练和协同工作，达到与真实环境中训练相近的效果；规划与设计类系统的特点是对现实尚不存在的对象和尚未发生的现象进行逼真模拟、预测和评价，从而使计划、设计更加科学合理；展示与娱乐系统的特点是将真实或虚构的事物进行模拟，通过传媒和人们的参与达到观赏和娱乐的目的。

虚拟现实应用在很多领域都有较为成功的典型系统，特别是在军事、医学、工业和教育文化等几个领域。

8.3.1 军事应用

军事仿真训练与演练是虚拟现实技术最重要的应用领域之一，也是虚拟现实技术应用最早、最多的一个领域。20 世纪 90 年代初，美国率先将虚拟现实技术用于军事领域。近几年，随着科学技术的发展，虚拟现实技术已经渗透进了军事生活的各个方面，并开始在军事领域中发挥着越来越大的作用。世界各国都将虚拟现实技术在军事领域的应用列为高度军事机密。目前，虚拟现实技术在军事领域的应用主要集中在虚拟战场环境、军事训练和武器装备的研制与开发等方面。

(1) 虚拟战场环境

通过相应的三维战场环境图形图像库，包括作战背景、各种武器装备和作战人员等，为使用者创造一种险象环生、逼近真实的立体战场环境，以增强其临场感觉，提高训练质量。如图 8-7 所示，美军士兵使用虚拟战场系统进行演练。

图 8-7　虚拟战场环境

(2) 单兵模拟训练

单兵模拟训练包括虚拟战场环境下的作战训练和虚拟武器装备操作训练。前者是利用虚拟战场环境，让士兵携带各种传感设备，士兵可以通过操作传感设备选择不同的战场环境，输入不同的处置方案，体验不同的作战效果从而像参加实战一样，锻炼和提高参训人员的战术动作水平、心理承受能力和战场应变能力。后者是在虚拟武器装备环境进行的，通过训练可以达到对真实装备进行实际操作的目的。虚拟武器装备操作训练能够有效地解决军队现阶段大型新式武器数量少的难题，同时又能解决部队面临的和平时期部队训练场地受限的问题。例如，解放军炮兵学院为我军驻港部队研制的“虚拟现实炮兵射击指挥系统”有效地解决了驻港部队在训练场地受限条件下组织炮兵进行训练的问题。

(3) 近战战术训练

近战战术训练系统把在地理上分散的各个学校、战术分队的多个训练模拟器和仿真器连接起来，以当前的武器系统、配置、战术和原则为基础，把陆军的近战战术训练系统、空军的合成战术训练系统、防空合成战术训练系统、野战炮兵合成战术训练系统、工程兵合成战术训练系统，通过局域网和广域网连接起来。这样的虚拟作战环境，可以使众多军事单位参与到作战模拟之中，而不受地域的限制，具有动态的、分布交互作用；可以进行战役理论和作战计划的检验，并预测军事行动和作战计划的效果；可以评估武器系统的总体性能，启发新的作战思想。

(4) 实施诸军兵种联合演习

按照军队的实际编制、作战原则、战役战术要求，使各军兵种相处异地但却共同处于仿真战场环境中，指挥员根据仿真环境中的各种情况及其变化，来判断敌情作决定，并采取相应的作战行动。在仿真战场环境中的诸军兵种联合战役训练中可以做到在不动一枪、一弹、一车的情况下，对一定区域或全区域所属的诸军兵种进行适时协调一致的训练。通过训练能够发现协同作战行动中的问题，提高各军兵种的协同作战能力，并能够对诸军兵种联合训练的原则、方法进行补充和校正。目前，各国军事部门都很重视这种训练模式，在美国的国防大学中专门开设了联合与合成仿真作战课程。实践证明，在仿真战场环境中对诸军兵种进行联合战役训练能够极大地提高参战部队的作战能力。

随着现代科学技术不断应用于军事领域，现代武器装备的科技含量越来越多，研制难度越来越大，开发周期越来越长，研制费用越来越高。将虚拟现实技术应用于武器装备的研制与开发，它可以使研制者首先对武器装备进行系统建模，对武器装备的作战性能进行初步评估和改进，从而使武器装备的各种性能指标更接近实战要求。在随后的研制阶段，研制者和使用者可以同时进入虚拟作战环境中对所研制的武器装备进行虚拟操作，进一步检验武器装备的设计、技术战术性能及操作的合理性，为武器装备的最后定型提供依据。在整个武器装备的研制开发过程中可以做到边设计边开发，边测试调整边开发，从而缩短了开发时间，节约了开发费用。

此外，随着计算机技术、虚拟现实技术及相关技术的发展，虚拟现实技术在军事领域里还将出现许多新的应用。如美军正在计划的利用虚拟现实技术来加强心理战部队建设，便是将虚拟现实技术、激光技术、现代仿声仿形技术和隐身技术引入心理战实战，以提高心理战不对的作战效果。虚拟现实技术还可以用在战场远程医疗、战场救护等方面。

8.3.2 医疗应用

医学领域对虚拟现实技术有着巨大的应用需求，为虚拟现实技术发展提供了强大的牵引力，同时也对虚拟现实研究提出了严峻的挑战。由于人体的集合、物理、生理和生化等数据量庞大，各种组织、脏器等具有弹塑性的特点，各种交互操作如切割、缝合、摘除等也需要改变人体拓扑结构。因此构造实时、沉浸和交互的医用虚拟现实系统具有相当难度。目前，虚拟现实技术已初步应用于虚拟手术训练、远程会诊、手术规划及导航、远程协作手术等方面，某些应用已成为医疗过程不可替代的重要手段和环节。

在虚拟手术训练方面，典型的系统有瑞典 Mentice 公司研制的 Prodedicus MIST 系统、Surgical Science 公司开发的 LapSim 系统、德国卡尔斯鲁厄研究中心开发的 Select IT VEST System 系统等；在远程会诊方面，美国北卡罗来纳大学开发了一套 3D 远程医疗会诊系统，利用为数不多的摄像机重建了一个实时、在线的真实环境，并结合头部位置和方向跟踪，为医生提供连续动态的远程画面和复合视觉效果的立体视角。克服了传统 2D 视频系统无法得到所需摄像机角度和层次感差的缺点；西班牙 UPC 大学开发了一套远程协同医用虚拟环境平台——ALICE，使用了基于 P2P 拓扑的多线程技术，用户利用该平台可以相互交流，能在自己的客户端打开一个窗口观察另一个远程用户的实时画面。

在手术规划及导航方面，国内已有一些初步可用的虚拟手术规划系统，如美国的哈佛大学的治疗滑脱股骨头骨臼的手术规划系统、加拿大皇后大学的胫骨截骨手术规划系统、清华大学与解放军总医院合作开发的治疗小儿先天性髋脱位的虚拟手术规划系统、北京航空航天大学机器人研究所与海军总医院神经外科中心合作开发的机器人辅助脑外科手术规划和导航系统等。

在远程协作手术方面，美国斯坦福国际研究所研制的远程手术医疗系统，通过虚拟现实系统把手术部位放大，医生按放大后的常规手术动作幅度进行手术操作。同时，虚拟现实系统实时地把手术动作缩小为显微手术机械手的细微动作，对病人实施手术，使显微手术变得较为容易。日本东京大学和冈山大学医学部远程控制的血管缝合机器人，通过老鼠实验实现了对直径 1mm 的血管的远程操作缝合手术。但是，由于机器人远程手术存在设备要求高、风险大等问题。目前，远程协作手术与系统主要用于高水平医生异地对实施手术的医务人员进行指导，真正的手术过程还需要现场医务人员完成。

虚拟人体在医学领域的应用范围是很广阔的。虚拟人体是指通过先进的信息技术和生物技术相结合的方式，把人体形态学、物理学和生物学等信息，通过大型计算机处理而实现数字化虚拟人体，可代替真实人体进行基础实验研究的技术平台。它是人体从微观到宏观结构与机能的数字化、可视化，进行完整地描述人体的基因、蛋白质、细胞、组织以及器官的形态与功能，最终达到对人体信息进行整体精确的模拟。

8.3.3 教育应用

教育文化也是虚拟现实技术的一个重要领域。现在虚拟现实已经成为数字博物馆/科学馆、大型活动开闭幕式彩排仿真、沉浸式互动游戏等应用系统的核心支撑技术。在数字博物馆/科学馆方面，利用虚拟现实技术可以进行各种文献、手稿、照片、录音、影片和藏品等文物的数字化和产品展示。对这些吻突展品高精度的建模也不断给虚拟现实建模方法和数据采集设备提出更高的要求，推动了虚拟现实的发展。许多国家都积极开展了这方面的工作，如纽约大都会博物馆、大英博物馆、俄罗斯冬宫博物馆和法国卢浮宫等都建立了自己的数字博物馆。我国也开发并建立了大学数字博物馆、数字科技馆和虚拟敦煌、虚拟故宫等。

虚拟技术在教学上的应用模式有两种：虚拟课堂，即以学生省委虚拟对象或教师为虚拟对象的所谓的“虚拟大学”；虚拟实验室，设备为虚拟对象，即应用计算机建立能客观反映世界规律的虚拟仪器用于虚拟实验，可以部分地替代在现实世界难以进行的，或费时、费力和费资金的实验，学生和科研人员在计算机上进行虚拟实验和虚拟预测分析。

虚拟现实技术可以成为大型文艺演出、大型活动开闭幕式等提供具有沉浸感和逼真性的仿真彩排手段，从而使这些活动流程编排更合理、艺术效果更好。这类应用的范例是 2004 年雅典奥运会开闭幕式使用虚拟现实技术进行烟火创意设计和视觉效果模拟展示。由于虚拟现实技术可以为游戏提供实时、逼真的三维虚拟场景，支持网络环境下的多用户的主动、协同参与，并借助高精度交互设备增强游戏的交互自然性，因此虚拟现实在游戏领域也得到了越来越广泛的应用，而且游戏产品不断追求更大规模的用户接入、更逼真的视听效果、更自然的人机交互，这对虚拟现实技术、系统和设备的研究开发不断提出新的需求。

8.3.4　工业领域应用

在工业领域，虚拟现实技术多用于产品论证、设计、装配、人机工效和性能评价等。代表性的应用，如模拟训练、虚拟样机技术等已受到许多工业部门的重视。20 世纪 90 年代美国约翰逊航天中心使用虚拟现实技术对哈勃望远镜进行维护训练，波音公司利用虚拟现实技术辅助波音 777 的管线设计就是典型的成功范例。

美国空军阿姆斯特朗实验室（Armstrong Lab.）开发完成的 DEPHT 系统，采用可视化和虚拟现实技术进行维修性与保障性分析，是设计人员在设计的同时就能够了解维修任务是否可行，在飞机设计定型之前，就可以发现潜在保障性问题。该系统在 F-22、F-16、B-1B 等飞机上验证了虚拟维修行为的可行性，已成为洛克希德·马丁（Lockheed Martin）战术飞机系统（LMTAS）将虚拟维修性分析的主要支持工具。

洛克希德·马丁的航空部门将虚拟样机用于来拟合歼击机 JSF 项目，全面支持新剂型的设计构思、方案选择、性能测试、加工装配、维修培训和新产品演示。系统采用网络化技术进行协同设计，通过 Intranet 仿真演示设计、制造、运行、培训、维护全过程，并为用户提供各层次的交互与分析工具，用于发现并解决概念设计和制造中的缺陷。统计数据表明，利用虚拟样机取代实物样机，研制费用平均低 30%，周期缩短 40%。

Chrvele 公司与 IBM 合作开发的虚拟制造环境用于其新车型的研制，缩短了设计研发的周期，提高了精准度；德国 BMW 公司把虚拟现实作为装配和维护过程中的验证手段；我国的西北工业大学正在研究将虚拟现实技术应用在飞机内仓的装饰设计；日本 NTT 综合研究所开发了让体验者产生虚拟机速感的耳后电极技术。这套虚拟加速感受系统与先进 3D 绘图技术、立体显示技术以及多声道环绕音效技术的结合，可以体验到驾驶车辆的超真实感受。

8.4　虚拟现实与增强现实

增强现实技术（Augmented Reality，AR），是一种实时地计算摄影机影像的位置及角度并加上相应图像、视频、3D 模型的技术，这种技术的目标是在屏幕上把虚拟世界套在现实世界并进行互动。现实效果如图 8-8 所示。

图 8-8　Magic Leap 公司宣传片

增强现实技术,它是一种将真实世界信息和虚拟世界信息"无缝"集成的新技术,是把原本在现实世界的一定时间空间范围内很难体验到的实体信息(视觉信息、声音、味道、触觉等),通过计算机等科学技术,模拟仿真后再叠加,将虚拟的信息应用到真实世界,被人类感官所感知,从而达到超越现实的感官体验。真实的环境和虚拟的物体实时地叠加到了同一个画面或空间同时存在。

增强现实技术,不仅展现了真实世界的信息,而且将虚拟的信息同时显示出来,两种信息相互补充、叠加。在视觉化的增强现实中,用户利用头盔显示器,把真实世界与电脑图形多重合成在一起,便可以看到真实的世界围绕着它。

增强现实技术包含了多媒体、三维建模、实时视频显示及控制、多传感器融合、实时跟踪及注册、场景融合等新技术与新手段。增强现实提供了在一般情况下,不同于人类可以感知的信息。

在未来,我们佩戴的眼镜或隐形眼镜会再一次变革我们的通信设备、办公设备、娱乐设备等;在未来,我们不再需要计算机、手机等实体,只需在双眼中投射屏幕的影响,即可创造出悬空的屏幕以及3D立体的操作界面;在未来,人眼的边界将被再一次打开,双手的界限将被再一次突破,几千千米外的朋友可以立即出现在面前与你面对面对话,你也将会触摸到虚幻世界的任何物件;在未来,一挥手你就可以完全沉浸在另一个虚拟世界,一杯茶,一片海,甚至是另一个人生、现实世界无法到达的千千万万种可能的人生。如图8-9所示。

图8-9　电影《钢铁侠》片段

本章小结

计算机已经成为社会生活中不可缺少的重要组成部分,友好的人机接口技术早已成为人们关心的一个重要课题。随着计算机图形学、人工智能等技术的发展,虚拟现实技术和增强现实技术将给人们更好的人际交互体验。

课后习题

第1章 习 题

一、简答题

1. 什么是信息？信息的主要特征是什么？

2. 信息与数据的区别是什么？

3. 日常生活中所接触到的信息有哪些？它们如何通过数据来表示？

4. 信息处理具体包括哪些内容？

5. 使用莫尔斯码书写自己所在专业以及自己的姓名。

6. 什么是信息技术？信息技术对我们的生活有什么影响？

7. 作为当代大学生，在使用计算机及计算机网络期间应该注意哪些问题？

二、上网练习

1. 使用搜索引擎（百度、Google 等）查找密码学相关知识，尝试使用简单的加密方法对信息进行加密。

2. 通过搜索引擎查找自己专业相关信息，列出专业所需学习的课程名称。通过浏览招聘网站（应届生求职网、中华英才网、高校人才网等）查看与所学专业相关职位及要求。

3. 许多高校的图书馆都已经有自己的网站，通过浏览自己所在学校的图书检索系统，查找自己感兴趣的图书，如果有，将该书借阅。

4. 我们的公民身份证是由 18 位数字及符号组成的，上网查找各个数字或符号代表的含义。

三、探索题

1. 在访问 Web 站点期间，该站点一般要收集个人信息。这个信息通常会保存在本地计算机中，当再次访问该站点时，这些信息被再一次读取和使用。什么类型的信息被收集？为什么推断站点收集信息？站点是否有道德上的义务在使用他们的计算机资源前通知访问者？这一活动是否侵犯了用户的隐私？为什么？

2. 我们可以通过计算机快速高效地完成许多事情，可以方便地和全世界的人们联系和通信。但是，是否想过事情的反面呢？所有的变化都是积极的吗？计算机和计算机网络的广泛使用会产生什么负面的影响吗？讨论这些问题和其他能想到的问题。

第2章 习 题

一、简答题

1. 计算机的发展经历了哪几个阶段？每个阶段的主要特征是什么？

2. 计算机如何分类？自己所接触的计算机属于哪种？

3. 计算机内部的信息为什么要采用二进制编码方式？

4. 简述冯·诺依曼结构计算机的组成与工作原理。

5. 简述 RAM 与 ROM 的区别。

6. 什么是数制？采用位权表示法的数制具有哪三个特点？

7. 十进制整数转换为非十进制整数的规则是什么？

8. 将下列十进制数分别转换为二进制数、八进制数和十六进制数：

7,15,510,1024,0.25,5.625

9. 将下列数用位权法展开：

123.567D,1001.001B,351.01O,78AF.1H

10. 将下列二进制数转换为十进制数：

1111,100111,11110111,11.001,1001.1001

11. 二进制转换为八进制或十六进制的相互转换规则是什么？

12. 将下列八进制或十六进制数转换为二进制数：

45372.321O,87F2C.B9H

13. 将下列二进制数转换为八进制数和十六进制数：

100101110101110,101111010.101000101

14. 什么是原码、反码和补码？写出下列各数的原码、反码和补码：135D,35FH

15. 什么是 ASCII 码？什么是 BCD 码？

16. 计算机游戏有何益处和弊端？如何正确对待计算机游戏？

二、上网练习

1. 结合所学专业，上网查找相关资料，了解计算机在本专业的应用情况。

2. 浏览超级计算机 TOP500 强排行榜（网址为 https://www.top500.org），查看排名前十的超级计算机的相关参数，以及分布在哪些国家。

3. Intel 公司是最著名的微处理器开发与制造商，请访问该公司网站 http://www.intel.com，了解最新微处理器的发展。选择两个流行的微处理器，并写一段文章，对这两种微处理器进行比较。

4. 摩尔定律是由英特尔（Intel）创始人之一戈登·摩尔（Gordon Moore）提出来的。其内容为：当价格不变时，集成电路上可容纳的元器件的数目，约每隔 18～24 个月便会增加一倍，性能也将提升一倍。但随着晶体管电路逐渐接近性能极限，晶体管增加的速度放缓。通过上网查询相关信息，讨论未来计算机的发展是否仍然符合此定律。

5. 通过上网查询与自己所学专业相关的大学生学科竞赛，选择符合自己兴趣的并查看竞赛规则，并做出一份参加该竞赛的计划。

三、探索题

1. 试分析电子商务的发展需要进一步解决的问题，并描述电子商务的发展前景。

2. 怎样才能使交通监控系统更加智能化？

3. 计算机在农业中可能有哪些应用领域？其中将要用到哪些技术？

4. 计算机还可能有哪些新的应用领域？其中将要用到哪些技术？

5. 目前，是否存在没有使用计算机相关技术的领域？如果存在，计算机可以在此领域中发挥怎样的作用？

第3章　习　　题

一、简答题

1. 什么是操作系统？它的主要作用是什么？

2. 常用的计算机操作系统有哪些？

3. 常用的手机操作系统有哪些？

4. 自己常用的软件有哪些？选择一款最熟悉的软件，对其功能进行描述。

5. 什么是算法？算法的特性有哪些？

6. 程序的基本结构有哪三种？请分别用流程图描述。

7. 使用自然语言写一个算法，指引学生从宿舍到图书馆。路线指示可以用学校的路标或主要建筑来标注。

二、上网练习

1. 访问微软公司的网站 https://www.microsoft.com，了解该公司的 Windows 操作系统。

2. 访问 Linux 操作系统相关的网站 http://www.linux.org/，了解 Linux 操作系统。

3. 通过搜索引擎查找 UNIX、Mac OS 等操作系统的相关信息，查看它们各自特点。

4. 通过上网查询 Microsoft Office 外的其他办公软件，查看它们各自的特点。

5. 共享软件(shareware)是指在一定条件或一定时间范围内可以免费使用的软件。在免费试用期间，可能会限制软件的某些功能，在经过试用期后，用户可以向软件作者或公司注册、购买，成为正版用户并享受正版用户的售后服务和免费升级。而免费软件(freeware)指那些没有任何限制，不需要注册，随意使用和传播的软件。开放源码软件(open-source)被定义为描述其源码可以被公众使用的软件，并且此软件的使用、修改和分发也不受许可证的限制。通过搜索引擎查找相关信息，比较它们的异同。

第4章 习 题

一、简答题

1. 什么是信息检索?
2. 计算机网络的定义。
3. 常见网络应用有哪些?
4. 简述调制解调器的主要功能。
5. 简述计算机网络的主要功能。

二、选择题

1. 目前我们所使用的计算机网络是根据什么的观点来定义的(　　)。

A. 资源共享　　B. 狭义　　C. 用户透明　　D. 广义

2. 如果要在一个建筑物中的几个办公室进行联网,一般应采用(　　)的技术方案。

A. 广域网　　B. 城域网　　C. 局域网　　D. 互联网

3. 计算机网络分为广域网、城域网、局域网,其划分的主要依据是(　　)。

A. 网络的作用范围　　B. 网络的拓扑结构

C. 网络的通信方式　　D. 网络的传输介质

4. 计算机网络最突出的优点是(　　)。

A. 内存容量大　　B. 资源共享　　C. 计算精度高　　D. 运算速度快

5. 下列传输介质中,哪种传输介质的抗干扰性最好?(　　)

A. 光缆　　B. 双绞线　　C. 同轴电缆　　D. 无线介质

6. 下列哪一种媒体传输技术不属于无线媒体传输技术(　　)。

A. 无线电　　B. 红外线　　C. 微波　　D. 光纤

7. 星形、总线型、环形和网状形是按照(　　)对计算机网络分类。

A. 网络功能　　B. 管理性质　　C. 网络跨度　　D. 网络拓扑

8. 目前网络应用系统采用的主要模型是(　　)。

A. 离散个人计算模型　　B. 主机计算模型

C. 客户机/服务器计算模型　　D. 网络/文件服务器计算模型

9. 一座大楼内的一个计算机网络系统,属于(　　)。

A. PAN　　B. LAN　　C. MAN　　D. WAN

10. 下列有关集线器的说法正确的是(　　)。

A. 集线器只能和工作站相连

B. 利用集线器可将总线型网络转换为星形拓扑

C. 集线器只对信号起传递作用

D. 集线器不能实现网段的隔离

三、上网练习

1. 注册并使用邮件服务。使用QQ邮箱给自己发一封电子邮件,查看邮箱服务的其他设置。

2. 选择任一MOOC网站进行注册,并选择自己喜欢的课程学习。讨论通过MOOC学习与课堂学习的不同之处,哪种学习方式更好呢?

3. 通过搜索引擎查询自己的个人信息,是否能够查到,为什么?

4. 上网查询开设所学专业的高校,查看其他高校该专业相关信息。

四、探索题

1. 互联网使人们的生活发生了很大的变化,请描述自己是如何使用Web和Internet的,喜欢它们什么以及不喜欢什么?计划将来如何使用它们?

2. 讨论将来计算机网络的发展趋势。

第5章 习题

一、简答题

1. 数据库系统有哪些优点?
2. 什么是数据模型?建立数据模型的目的是什么?
3. 论述概念模型和逻辑模型的区别与联系。
4. 数据库设计过程包括几个主要阶段?
5. 从数据库发展到数据仓库的原因是什么?
6. 描述数据挖掘的应用领域。

二、选择题

1. 数据库(DB)、数据库系统(DBS)和数据库管理系统(DBMS)三者之间的关系是(　　)。

A. DBS包括DB和DBMS　　B. DBMS包括DB和DBS

C. DB包括DBS和DBMS　　D. DBS就是DB,也就是DBMS

2. 对于数据库系统,负责定义数据库内容,决定存储结构和存储及安全授权等工作的是(　　)。

A. 应用程序员　　B. 数据库管理员

C. 数据库管理系统的软件设计员　　D. 数据库使用者

3. 用二维表结构表示实体以及实体间联系的数据模型称为(　　)。

A. 网状模型　　B. 层次模型

C. 关系模型　　D. 面向对象模型

4. 关系数据模型(　　)。

A. 只能表示实体间的1∶1关系　　B. 只能表示实体间的1∶n关系

C. 不能表示实体间的 m∶n 关系　　D. 能够表示任意 m∶n 关系

5. (　　)是按照一定的数据模型组织的，长期储存在计算机内，可为多个用户共享的数据的聚集。

A. 数据库系统　　B. 数据库

C. 关系数据库　　D. 数据库管理系统

6. E-R 图是数据库设计的工具之一，它适用于建立数据库的(　　)。

A. 逻辑模型　　B. 概念模型　　C. 结构模型　　D. 物理模型

7. 设属性 A 是关系 R 的主属性，则属性 A 不能取空值(NULL)，这是(　　)。

A. 实体完整性规则　　B. 参照完整性规则

C. 用户定义完整性规则　　D. 域完整性规则

三、填空题

1. DBMS 提供(　　　　)语言(DDL)，定义数据库的三级模式、两级映像、数据完整性和安全性等。

2. 在 E-R 图中，主要元素是实体型、属性和(　　　)。

3. 数据管理技术经历了人工管理阶段、文件系统管理阶段和(　　　　)阶段。

4. 在关系数据库中，二维表称为一个(　　　　)。表的每一行称为(　　　　)，表的每一列称为(　　　　)。

四、探索题

一个百货公司有若干连锁店，每家连锁店经营若干商品，同一种商品可以在任何一家连锁店中销售，每家连锁店有若干职工，但每个职工只能服务于一家商店。现该百货公司准备建一个计算机管理系统，请你帮助它设计一个数据库模式，基于该数据库模式百货公司经理可以掌握职工信息、连锁店商品信息和销售信息。已知基本信息如下。

连锁店：连锁店名、地址、经理职工号

职工：职工号、职工名、年龄、性别

商品：商品号、商品名、价格、生产厂家

画出表示该数据库 E-R 模型的 E-R 图。

第6章　习　题

一、探索题

1. 人工智能的定义可以分为两部分，即“人工”和“智能”。“人工”比较好理解，争议性也不大。有时我们会要考虑什么是人力所能及制造的，或者人自身的智能程度有没有高到可以创造人工智能的地步，等等。但总的来说，“人工系统”就是通常意义下的人工系统。关于什么是“智能”，问题就很多了。这涉及其他诸如意识(CONSCIOUSNESS)、自我(SELF)、思维(MIND)(包括无意识的思维(UNCONSCIOUS_MIND))等问题。人唯一了解的智能是人本身的智能,但是我们对我们自身智能的理解都非常有限,对构成人的智能的必要元素也了解有限,所以就很难定义什么是"人工"制造的"智能"了。因此人工智能的研究往往涉及对人的智能本身的研究。关于动物或其他人造系统的智能也普遍被认为是人工智能相关的研究课题。

请根据自己的理解讨论"人工"和"智能"的定义、相关内容及研究范围。

2. 2013年,帝金数据普数中心数据研究员 S. C WANG 开发了一种新的数据分析方法,该方法导出了研究函数性质的新方法。作者发现,新数据分析方法给计算机学会"创造"提供了一种方法。本质上,这种方法为人的"创造力"的模式化提供了一种相当有效的途径。这种途径是数学赋予的,是普通人无法拥有但计算机可以拥有的"能力"。从此,计算机不仅精于算,还会因精于算而精于创造。计算机学家们应该斩钉截铁地剥夺"精于创造"的计算机过于全面的操作能力,否则计算机真的有一天会"反捕"人类。

请根据自己掌握的知识说明计算机是否会"反捕"人类。

3. 研究人员让两个机器人碰面时,它们可以互相交流,自己选择适合的交配伴侣,通过 Wi-Fi 发送自己的基因组。这种有性生殖机制可产生新的基因组,基因组代码被发送到 3D 打印机上,然后打印成新的机器人部件进行组装。当机器人父母繁殖后代时,它们的功能随机组合。小机器人出生后,需要经历学习过程。如果满足条件,小机器人就可长大成人,继续繁育下一代,这项技术可用于殖民火星。

请结合实际情况,判断以上文字描述的内容是否有实现的可能。

4. 人工智能就其本质而言,是对人的思维的信息过程的模拟。对于人的思维模拟可以从两条道路进行:一是结构模拟,仿照人脑的结构机制,制造出"类人脑"的机器;二是功能模拟,暂时撇开人脑的内部结构,而从其功能过程进行模拟。现代电子计算机的产生便是对人脑思维功能的模拟,是对人脑思维的信息过程的模拟。

弱人工智能如今不断地迅猛发展,尤其是2008年经济危机后,美日欧希望借机器人等实现再工业化,工业机器人以比以往任何时候更快的速度发展,更加带动了弱人工智能和相关领域产业的不断突破,很多必须用人来做的工作如今已经能用机器人实现。而强人工智能则暂时处于瓶颈,还需要科学家们和人类的努力。

请查询资料了解上文提到的"弱人工智能"和"强人工智能"的概念并分析为什么"强人工智能"的研究处于瓶颈。

5. 请介绍所了解的人工智能相关的科幻电影,并简单分析电影中哪些功能是可能实现的哪些功能是不可能实现的,并说明原因。

6. 请发挥自己的想象力,设想在机器不断代替人类劳动的情况下,将来人类是在机器人的帮助下是怎样生活和发展科技的。

7. 人工智能在我们日常生活中有哪些应用? 将来我们身边的哪些工作可以使用人工智能?

第7章 习 题

一、简答题

1. 什么是物联网?
2. 简述物联网的国内外发展状况。
3. 什么是传感器? 简要介绍一下传感器的组成及各部分的功能。
4. 列举几个常见的传感器。
5. 什么是数据融合? 为什么要进行数据融合?
6. 什么是智能家居?
7. 什么是车联网?
8. 智慧城市有哪些特征?

二、选择题

1. 被称为世界信息产业第三次浪潮的是(　　)。

A. 计算机　　B. 互联网　　C. 传感网　　D. 物联网

2. 物联网(Internet of Things)这个概念最先是由谁最早提出的(　　)。

A. 比尔盖茨　　B. Auto-ID　　C. 国际电信联盟　　D. 彭明盛

3. 2009 年 8 月 7 日温家宝总理在江苏无锡调研时提出下面哪个概念(　　)。

A. 感受中国　　B. 感应中国　　C. 感知中国　　D. 感想中国

4. 智慧地球(Smarter Planet)是谁提出的(　　)。

A. 无锡研究院　　B. 温总理　　C. 奥巴马　　D. IBM

5. 下列哪项不是传感器的组成元件(　　)。

A. 敏感元件　　B. 转换元件　　C. 变换电路　　D. 电阻电路

6. 同一个信号可能被不同传感器捕获,去除不必要的重复信息,指的是数据融合的(　　)特性。

A. 信息的冗余性　　B. 信息的互补性

C. 信息处理的及时性　　D. 信息处理的低成本性

7. 数据融合的数据来源是(　　)。

A. 直接来自传感器未经任何处理的数据

B. 对各传感器采集的原始数据进行特征提取后的数据

C. 充分利用特征级融合后所提取的测量对象的各类特征信息数据

D. 进行特征提取和识别后的数据

三、填空题

1. 物联网有(　　　　　　)、(　　　　　　)和(　　　　　　)三个重要特征。
2. 2015 年,(　　　　　　)提出指定“互联网+”计划,推动了 WSN 与现代制造结合。
3. (　　　　　　)是信息获取的重要手段,是连接物理世界与电子世界的重要媒介，是构成物联网的基础单元。

4. Smart Home 的中文称为(　　　　　　　　)。

5. 构建智慧地球，从城市开始，(　　　　　　　　)是“智慧地球”的缩影。

四、探索题

1. 讨论一个智能家居解决方案。

2. 讨论物联网将来的发展趋势。

3. 讨论自己身边的哪些物品可以接入物联网。

4. 可穿戴便携设备是近年来的一个热点，自己所了解的可穿戴便携设备有哪些？它们的用途都是什么？将来会产生哪些可穿戴便携设备？

第8章　习　　题

一、上网练习

1. 虚拟现实技术是一种新型发展的技术，通过搜索引擎查找虚拟现实相关内容，描述使用虚拟现实的公司或企业，以及它们是怎样应用虚拟现实。

2. 通过上网查找人们日常生活中所用到的虚拟现实技术，试想将来有哪些方面会使用虚拟现实技术？

3. 上网查找关于增强现实相关资料，对比虚拟现实与增强现实，描述它们各自的特点。并讨论这两种技术对人们的生活带来了什么影响。

附录 A ASCII 码表

ASCII(American Standard Code for Information Interchange,美国信息互换标准代码)是基于拉丁字母的一套编码系统,由美国国家标准学会(American National Standard Institute,ANSI)制定,主要用于显示现代英语和其他西欧语言,是现今最通用的单字节编码系统。

它最初是美国国家标准,供不同计算机在相互通信时用作共同遵守的西文字符编码标准,它已被国际标准化组织(International Organization for Standardization,ISO)定为国际标准,称为 ISO 646 标准。

ASCII 码使用指定的 7 位或 8 位二进制数组合来表示 128 或 256 种可能的字符。标准 ASCII 码也叫基础 ASCII 码,使用 7 位二进制数来表示所有的大写和小写字母,数字 0 到 9、标点符号,以及在美式英语中使用的特殊控制字符。其中:

0~31 及 127(共 33 个)是控制字符或通信专用字符(其余为可显示字符),如控制符:LF(换行)、CR(回车)、FF(换页)、DEL(删除)、BS(退格)、BEL(振铃)等;通信专用字符:SOH(文头)、EOT(文尾)、ACK(确认)等;ASCII 值为 8、9、10 和 13 分别转换为退格、制表、换行和回车字符。它们并没有特定的图形显示,但会依不同的应用程序,而对文本显示有不同的影响。

32~126(共 95 个)是字符(32 是空格),其中 48~57 为 0 到 9 十个阿拉伯数字;65~90 为 26 个大写英文字母,97~122 号为 26 个小写英文字母,其余为一些标点符号、运算符号等。

同时还要注意,在标准 ASCII 中,其最高位(b7)用作奇偶校验位。目前许多基于 x86 的系统都支持使用扩展(或"高")ASCII。扩展 ASCII 码允许将每个字符的第 8 位用于确定附加的 128 个特殊符号字符、外来语字母和图形符号。

表 A.1 ASCII 码表

二进制	十进制	十六进制	缩写/字符	解释
00000000	0	00	NUL(null)	空字符
00000001	1	01	SOH(start ofheadling)	标题开始
00000010	2	02	STX(start of text)	正文开始
00000011	3	03	ETX(end of text)	正文结束
00000100	4	04	EOT(end of transmission)	传输结束
00000101	5	05	ENQ(enquiry)	请求
00000110	6	06	ACK(acknowledge)	收到通知
00000111	7	07	BEL(bell)	响铃

续表

二进制	十进制	十六进制	缩写/字符	解释
00001000	8	08	BS(backspace)	退格
00001001	9	09	HT(horizontal tab)	水平制表符
00001010	10	0A	LF(NL line feed,new line)	换行键
00001011	11	0B	VT(vertical tab)	垂直制表符
00001100	12	0C	FF(NP form feed,new page)	换页键
00001101	13	0D	CR(carriage return)	回车键
00001110	14	0E	SO(shift out)	不用切换
00001111	15	0F	SI(shift in)	启用切换
00010000	16	10	DLE(data link escape)	数据链路转义
00010001	17	11	DC1(device control 1)	设备控制 1
00010010	18	12	DC2(device control 2)	设备控制 2
00010011	19	13	DC3(device control 3)	设备控制 3
00010100	20	14	DC4(device control 4)	设备控制 4
00010101	21	15	NAK(negative acknowledge)	拒绝接收
00010110	22	16	SYN(synchronous idle)	同步空闲
00010111	23	17	ETB(end of trans. block)	传输块结束
00011000	24	18	CAN(cancel)	取消
00011001	25	19	EM(end of medium)	介质中断
00011010	26	1A	SUB(substitute)	替补
00011011	27	1B	ESC(escape)	溢出
00011100	28	1C	FS(file separator)	文件分割符
00011101	29	1D	GS(group separator)	分组符
00011110	30	1E	RS(record separator)	记录分离符
00011111	31	1F	US(unit separator)	单元分隔符
00100000	32	20	(space)	空格
00100001	33	21	!	
00100010	34	22	"	
00100011	35	23	#	
00100100	36	24	$	
00100101	37	25	%	
00100110	38	26	&	
00100111	39	27	'	
00101000	40	28	(	
00101001	41	29	)	
00101010	42	2A	*	

续表

二进制	十进制	十六进制	缩写/字符	解释
00101011	43	2B	+	
00101100	44	2C	,	
00101101	45	2D	-	
00101110	46	2E	.	
00101111	47	2F	/	
00110000	48	30	0	
00110001	49	31	1	
00110010	50	32	2	
00110011	51	33	3	
00110100	52	34	4	
00110101	53	35	5	
00110110	54	36	6	
00110111	55	37	7	
00111000	56	38	8	
00111001	57	39	9	
00111010	58	3A	:	
00111011	59	3B	;	
00111100	60	3C	<	
00111101	61	3D	=	
00111110	62	3E	>	
00111111	63	3F	?	
01000000	64	40	@	
01000001	65	41	A	
01000010	66	42	B	
01000011	67	43	C	
01000100	68	44	D	
01000101	69	45	E	
01000110	70	46	F	
01000111	71	47	G	
01001000	72	48	H	
01001001	73	49	I	
01001010	74	4A	J	
01001011	75	4B	K	
01001100	76	4C	L	
01001101	77	4D	M	

续表

二进制	十进制	十六进制	缩写/字符	解释
01001110	78	4E	N	
01001111	79	4F	O	
01010000	80	50	P	
01010001	81	51	Q	
01010010	82	52	R	
01010011	83	53	S	
01010100	84	54	T	
01010101	85	55	U	
01010110	86	56	V	
01010111	87	57	W	
01011000	88	58	X	
01011001	89	59	Y	
01011010	90	5A	Z	
01011011	91	5B	[	
01011100	92	5C	\	
01010111	87	57	W	
01011000	88	58	X	
01011001	89	59	Y	
01011010	90	5A	Z	
01011011	91	5B	[	
01011100	92	5C	\	
01011101	93	5D	]	
01011110	94	5E	^	
01011111	95	5F	_	
01100000	96	60	`	
01100001	97	61	a	
01100010	98	62	b	
01100011	99	63	c	
01100100	100	64	d	
01100101	101	65	e	
01100110	102	66	f	
01100111	103	67	g	
01101000	104	68	h	
01101001	105	69	i	
01101010	106	6A	j	

续 表

二进制	十进制	十六进制	缩写/字符	解释
01101011	107	6B	k	
01101100	108	6C	l	
01101101	109	6D	m	
01101110	110	6E	n	
01101111	111	6F	o	
01110000	112	70	p	
01110001	113	71	q	
01110010	114	72	r	
01110011	115	73	s	
01110100	116	74	t	
01110101	117	75	u	
01110110	118	76	v	
01110111	119	77	w	
01111000	120	78	x	
01111001	121	79	y	
01111010	122	7A	z	
01111011	123	7B	{	
01111100	124	7C			
01111101	125	7D	}	
01111110	126	7E	～	
01111111	127	7F	DEL (delete)	删除

参考文献

[1] 黄国兴.计算机导论[M].2版.北京:清华大学出版社,2008.
[2] 王移芝.大学计算机基础[M].2版.北京:高等教育出版社,2007.
[3] 彭慧卿.大学计算机基础[M].2版.北京:清华大学出版社,2013.
[4] 黄小寒.从不同领域信息学的比较研究再论信息的本质[J].自然辩证法研究,2005,21(12):87-90.
[5] 李国杰.计算的力量[J].中国计算机学会通讯,2016,6:7.
[6] 百度百科.信息[EB/OL].http://baike.baidu.com/view/1527.htm.
[7] 百度百科.基因信息[EB/OL].http://baike.baidu.com/view/5178258.htm.
[8] 百度百科.信息素[EB/OL].http://baike.baidu.com/view/518.htm.
[9] 百度百科.蜜蜂舞[EB/OL].http://baike.baidu.com/view/930778.htm.
[10] 百度百科.信息处理[EB/OL].http://baike.baidu.com/view/553565.htm.
[11] 百度百科.信息存储[EB/OL].http://baike.baidu.com/view/6713975.htm
[12] 格雷克.信息简史[M].北京:人民邮电出版社,2013.
[13] 程向前.基于RAPTOR的可视化计算案例教程[M].北京:清华大学出版社,2014.
[14] 谢希仁.计算机网络[M].北京:电子工业出版社,2003.
[15] 焦玉英,符绍宏.信息检索[M].2版.北京:武汉大学出版社,2008.
[16] 张海威,袁晓洁.数据库系统原理与实践[M].北京:中国铁道出版社,2011.
[17] 张晨霞.数据库技术[M].北京:中国水利水电出版社,2013.
[18] 王珊,萨师煊.数据库系统概论[M].北京:高等教育出版社,2005.
[19] 罗森林,马俊,潘丽敏.数据挖掘理论与技术[M].北京:电子工业出版社,2013.
[20] 张兴会,等.数据仓库与数据挖掘技术[M].北京:清华大学出版社,2011.
[21] 陈燕.数据挖掘技术与应用[M].北京:清华大学出版社,2011.
[22] 陈文伟.数据仓库与数据挖掘教程[M].北京:清华大学出版社,2006.
[23] 陈京民.数据仓库原理、设计与应用[M].北京:中国水利水电出版社,2004.
[24] 詹青龙.物联网工程导论[M].北京:清华大学出版社,北京交通大学出版社,2012.
[25] 卢建军,等.物联网概论[M].北京:中国铁道出版社,2012.
[26] 石志国,王志良,丁大伟.物联网技术与应用[M].北京:清华大学出版社,北京交通大学出版社,2012.
[27] 马静,唐四元,王涛.物联网基础教程[M].北京:清华大学出版社,2012.
[28] 刘云浩.物联网导论[M].北京:科学出版社,2013.
[29] 赵宏.计算思维应用实例[M].北京:清华大学出版社,2015.